机场建设管理丛书

上海机场建设综合管理

戴晓坚

—— 主编 ——

U0311754

上海科学技术出版社

图书在版编目(CIP)数据

上海机场建设综合管理 / 戴晓坚主编.—上海：
上海科学技术出版社，2019.9
（机场建设管理丛书）
ISBN 978－7－5478－4577－6

Ⅰ.①上… Ⅱ.①戴… Ⅲ.①机场建设-研究-上海
②机场管理-研究-上海 Ⅳ.①V35

中国版本图书馆 CIP 数据核字（2019）第 182774 号

上海机场建设综合管理

戴晓坚 主编

上海世纪出版(集团)有限公司
上海 科 学 技 术 出 版 社 出版、发行
（上海钦州南路 71 号 邮政编码 200235 www.sstp.cn）
苏州望电印刷有限公司印刷
开本 787×1092 1/16 印张 17.5
字数 330 千字
2019 年 9 月第 1 版 2019 年 9 月第 1 次印刷
ISBN 978－7－5478－4577－6/V·25
定价：158.00 元

内容提要

全书共 17 章,分为计划财务篇、质量安全篇和党建篇三部分。计划财务篇(第 1～8 章)内容包括科学全面的工程计划管理、建设与运营筹备融合的进度管理、以精细策划为基础的招标采购管理、工程建设全过程的投资控制、严谨务实的工程合同管理、"业财融合"理念下的财务管理、积极推进的工程建设前期工作和多样性需求下的工程建设管理模式。质量安全篇(第 9～13 章)内容包括总述、工程总体策划、质量管理、安全管理和环境管理。党建篇(第 14～17 章)内容包括"虚功"实做、开拓创新、党旗飘飘和党建文萃。

本书作为机场建设管理丛书之建设综合管理分册,是上海机场三期扩建工程建设的经验提炼和总结传承。全书资料翔实、图表丰富,分别从计划财务管理、质量安全管理和党建工作等方面,对上海机场建设综合管理工作进行了系统、科学的总结。

本书主要读者对象为从事民航规划、管理、科研工作的企事业单位、高等院校、科研院所人员,以及从事机场建设的设计、施工、管理、科研工作的相关人员。

丛书编委会

主编

戴晓坚

常务副主编

李金良

副主编

徐　萍　李育红　华志坚　胡建华

编委

按姓氏笔画排序

王振军　王晓鸿　包继循　许巨川　吴玉林　张　悦

张志良　张晓军　柴震林　殷振慧　董政民　舒文春

丛书编委办

编委办主任

徐 萍

常务副主任

李育红

副主任

王晓鸿

成员

按姓氏笔画排序

王 颖　王燕鹏　乐少斌　冯达升　李 旸

杨善端　张晓军　周 净　黄 渝　斯碧峰

本书编写人员

按姓氏笔画排序

王振军　王梦迪　石　磊　包继循　冯达升　匡　娟

许巨川　李　旸　李　勇　李　铭　李欣苗　杨序诣

杨善端　余　音　张依芸　陆　航　陈　亮　陈　勇

邵　权　周　净　夏　锋　徐　衡　徐荣梅　高振宇

陶震胜　黄晓磊　戚建军　蒋小红　韩　梅　傅润彦

曾琼怡　魏圆方

序

我国经济发展已由高速增长阶段转向高质量发展阶段，大众出行对安全、便捷、品质等方面的关注不断增强，对成本、质量、效率和环境提出了更高要求。截至 2018 年，上海浦东机场和虹桥机场年旅客吞吐量达到 1.18 亿人次、年货邮吞吐量完成 418 万吨。推进上海航空枢纽建设，着力提升上海机场国际枢纽竞争力，是新时代民航强国战略的重要组成部分，也是上海建设国际航运中心的重要举措，对增强上海城市国际竞争力，更好地服务长三角、服务全国具有重要的战略意义。

上海机场集团坚持对标"最高标准、最好水平"，加快推进上海两场基础设施改扩建。2014 年 12 月 20 日和 2015 年 12 月 29 日，虹桥机场东片区改造工程和浦东机场三期扩建工程相继全面开工建设。围绕浦东机场三期扩建工程和虹桥机场东片区改造工程，上海机场建设指挥部克服了点多面广、工期紧、施工作业交叉多等困难，在两场高位运行的情况下，圆满地完成了两大项目群的建设任务。在建设过程中，上海机场建设指挥部的干部员工和参建者一道，勇于担当、攻坚克难，积累了一批具有理论和实践意义的创新成果。

浦东机场卫星厅工程是世界上最大的单体卫星厅，上海机场首次在捷运系统采用了"钢轨钢轮"城市地铁制式，既节约了建设和运营成本，又为大型枢纽机场捷运系统建设开创了新的局面，打破了国外技术在机场捷运系统上的垄断，形成了《机场空侧旅客捷运系统工程项目建设指南》行业标准。在浦东机场飞行区下穿通道的建设过程中，上海机场建设指挥部坚持"以运营为导向"，为把对运营影响降至最低，将工程划分为三个阶段进行，在机位上，按"占一至少还一"的原则，加强不停航施工管理、强化既有隧道和建筑物限制条件下的明挖施工管理，确保了工程质量安全全面受控。

在虹桥机场东片区 1 号航站楼改造工程中,按照时任上海市委书记韩正提出的"脱胎换骨"的总要求,上海机场建设指挥部坚持以打造"平安、绿色、智慧、人文""四型机场"为目标,充分考虑航空公司和机场运营管理需求,以旅客为本;保留虹桥机场不同时代的建筑风貌,传承文脉;始终贯彻绿色可持续发展理念,以最小资源和能耗为旅客提供最舒适体验,项目荣获"联合国全球绿色解决方案——既有建筑绿色改造解决方案金奖";注重智能设备应用,打造"智慧"机场,成为国内首家全自助航站楼。

2019 年 9 月 16 日,浦东机场即将迎来通航 20 周年,浦东机场卫星厅等工程也将以全新的面貌展现在世人的面前,接受社会大众的检验和考验。上海机场建设指挥部在原上海浦东机场建设丛书的基础上,组织编写了三期建设丛书。丛书重点介绍本期工程在管理和科技创新方面的成果,希望能与广大民航同行和其他工程建设者共享。

上海机场的建设得到了各级领导的关心和指导,也离不开设计、施工和监理等单位和广大建设者的积极参与和辛勤付出,在此一并表示感谢和敬意。

上海机场(集团)有限公司党委书记、董事长

2019 年 8 月

目录

计 划 财 务 篇

质 量 安 全 篇

党 建 篇

计 划 财 务 篇

第1章
科学全面的工程计划管理

上海浦东国际机场(以下简称"浦东机场")三期扩建工程于 2015 年 12 月启动建设,其是上海国际航运中心建设的重要组成部分,对提升浦东机场基础设施保障能力、加快建设上海航空枢纽意义重大。浦东机场三期扩建工程共包含机场卫星厅、旅客捷运系统、港湾机坪、下穿通道、长时停车库等十几个项目。其中的机场卫星厅工程,其主体为大跨钢混结构,总建筑面积 62.2 万 m^2。工程计划和财务管理是工程建设管理的一项重要工作,机场建设指挥部(以下简称"指挥部")计划财务部在以往机场建设经验的基础上,对此做了进一步的研究和探索,在浦东机场三期扩建工程建设过程中,从工程进度计划管理、工程投资计划管理、工程资金计划管理等方面开展了富有成效的工作。

浦东机场三期扩建工程涉及面广、任务重、难度大、战线长、时间紧,工程建设的组织实施面临各种不确定性和诸多挑战,对管理精细化程度提出新的要求。为加强工程计划管理工作,确保完成机场三期扩建工程的建设任务,指挥部通过工程进度计划管理、投资计划管理和资金计划管理三条主线,对浦东机场三期扩建工程的各个项目进行了全面的工程计划管理。

1.1 工程计划管理概述

工程计划管理是工程项目建设管理的一项重要工作,其工作质量直接影响大型复杂工程的建设目标和建设成效。

1.1.1 工程计划管理的意义与分类
1) 工程计划工作的意义
工程计划工作在整个管理过程中具有以下非常重要的意义。
(1) 通过计划工作可以明确组织追求的目标,指明组织运行管理的方向。

（2）通过计划工作可以对目标进行细化，并对实现过程中的各种风险和不确定因素进行分析，进而提出风险处理措施，减少组织存在的风险。

（3）计划工作的编制、审核与部署落实过程也是组织和协调的过程，通过计划工作可以提高组织各级各部门之间在今后计划执行过程中的协同程度和工作效率。

（4）通过计划工作，可以将组织的目标与组织的各项活动联系在一起，从而实现对目标实现过程的管理细化，有利于提高组织的管理有效性。

（5）计划是实施过程控制的依据，没有目标、没有计划，控制就失去了基础。因此，建设工程项目计划一般可从计划编制的内容和目的上分为两大类：第一类是通过对目标的分解细化而编制的目标计划，就是在保证工程安全质量的前提下并在投资分解的基础上编制的进度计划、投资计划和资金计划；第二类是目标实施方案，即为保证目标实施而在经济、技术、组织和管理方面采取的行动方案（措施）。

2）工程计划的分类

浦东机场三期扩建工程中，指挥部计划财务部从多重角度出发，对工程计划进行了详细的分类。

（1）按性质，划分为工程进度计划、固定资产投资计划和资金计划三类。工程进度计划反映三期扩建工程的各建设项目、单项工程及其各分部分项工程组织实施的时间计划安排；固定资产投资计划反映与进度计划相匹配的建设项目投资的计划安排；资金计划是按照固定资产投资计划反映资金使用分配的计划安排。

（2）按编制时间和深度，划分为总进度计划、年度计划和月度计划。总进度计划是对指挥部所承建的所有工程项目总体实施的进度计划安排，在项目建设初始即编制形成；年度计划和月度计划是对各建设项目分别按年度和月度进行计划的详细编制和控制，年度计划通过月度计划来实施，月度计划是在年度计划的指导下提出的具体行动安排。总进度计划、年度计划和月度计划中均分别包括工程形象进度计划、固定资产投资计划和资金计划安排。

在对总进度目标进行科学论证的基础上，基于以上各类计划，指挥部对浦东机场三期扩建工程开展了全面有效的工程计划管理。

1.1.2 工程计划管理的总体思路

指挥部遵循以科学发展观为统领，以"标准化管理"为总体要求，牢牢把握浦东机场三期扩建工程的建设特点，以工程建设总进度计划为龙头、以工程质量和工程安全为基础、以进度目标为方向、以降低建设投资为中心、以管理创新为手段，不断调整和平衡计划，确保三期扩建工程建设项目目标的实现。

为使工程计划管理的相关工作有效开展，指导工程建设顺利实施的工程计划及其管理工作的基本原则和思路如下。

1）从实际出发

工程计划编制过程中，综合考虑项目实际面临的资源约束与环境约束，编制项目计划必须根据国家的方针政策，从项目内外的实际情况出发，充分挖掘项目内部潜力，使项目计划既积极可靠，又切实可行。

2）限定因素的充分考虑

木桶所盛的水量,是由木桶壁上最短的那块木板所决定的。因此,越多地了解对实现工程目标起制约作用的因素,就越能够有效、有针对性地编制计划。在编制计划时,指挥部深入了解对目标实现起主导制约作用的因素,即起到"瓶颈"作用的"短板",从而使计划更加具有有效性和针对性。

3）计划的系统性与相关性

工程计划本身是一个系统,由一系列子计划组成,各个子计划不是孤立存在的,彼此之间相对独立又紧密相关。计划编制过程中,指挥部重视计划的系统性,使制定的计划也具有系统的目的性、相关性、层次性、适应性、整体性等基本特征,项目计划成为有机协调的整体。在编制某一项专项计划时,注意其与其他专项计划的相关性,结合其他专项计划实际情况进行编制。

4）计划的弹性

编制工程计划,应留有余地,保持计划的一定弹性。在编制计划时,对计划期内的项目内外环境变化是很难准确预计的。在计划期内,项目的内部或外部的技术经济状况和环境条件很可能发生各种各样超出预期的变化。因此,在编制计划时应增加方案的"弹性"。

5）计划的挑战性

工程计划编制中,计划目标应是可实现的。在编制计划时,指挥部注意计划不仅要考虑可实现目标,还要考虑目标的实现具有一定的挑战性。也就是说,计划编制时,将计划的强度维持在"通过组织成员的努力,计划目标是可实现的"状态。具有挑战性而又不脱离组织成员面临实际情况的目标与计划,对组织成员具有激励作用,而又不会因为压力过大而导致组织成员积极性受到负面影响。

6）计划的动态修正

计划编制既要考虑相应的弹性,又要具有挑战性,弹性不能留得过大,因此在项目内外环境发生超过预期的"弹性"范围所能承受的水平时,为了保证目标的顺利实现,可以进行计划的调整。计划的动态修正必须注意两点:第一,计划的修正应非常慎重,必须重新履行计划编制的审批流程;第二,计划的修正必须系统性开展,不能就事论事。必须从计划体系整体进行调整,保持调整以后的计划体系的完整性和一致性。

7）计划的充分参与

计划编制过程中,指挥部尽量考虑项目组织内高层决策人员、中层管理人员和基层操作人员充分参与。一方面,各层级人员的参与是反映项目实际情况的过程,通过各级人员计划工作诉求的表达,可以充分反映项目的实际情况。另一方面,通过计划工作的员工参与,让组织的成员感受到自己是项目管理的参与者,有助于提高基层人员的工作积极性,有利于计划的落实。此外,各级人员参与计划编制过程,也是统一思想、协调沟通的过程,有利于项目团队建设和协同工作。

1.1.3　工程计划管理的组织架构

工程计划管理工作的组织架构设置应从有利于项目计划目标实施控制的角

度出发,面向总体任务,最大限度地提高信息流在组织内部的传递速度。工程计划管理组织架构主要服务于工程建设最高决策层,并对整体工程信息进行收集、分析、处理、加工,并最终以简洁清晰的方式,将相关信息向最高决策层汇报,提供决策支持。

在浦东机场三期扩建工程计划管理的组织架构中,设置有三个组织管理平面,分别为计划财务部层面、各专业部门层面、施工总包单位及设计单位层面。计划财务部服务于指挥部最高决策层,收集各相关工程的进度信息并汇总分析,形成分析成果,总体把控各项工程建设的计划实施与进度控制工作。指挥部其他相关职能部门根据总进度计划推进工程建设并定期收集信息后及时向计划财务部传递。施工总包单位及设计单位,根据总进度计划目标、关键性进度节点,负责编制各自专项计划并有序推进自身相关工作。

工程计划管理组织架构中,计划财务部负责指挥部工程项目建设的总进度计划、年度计划和月度计划的汇总、编制,实施计划的月度动态管理以及项目立项报批、工程类招投标、合同签订,工程竣工结算、决算、审计、工程实物及资产移交、各专项计划的编制和实施。设计管理部、信息设备部、各工程部等,具体负责本部门建设任务进度计划和固定资产投资计划的编制和组织实施,按月向计划财务部报送任务完成情况和下月计划。其中,设计管理部负责项目前期和设计阶段工作计划的编制和实施;信息设备部负责项目甲供设备(材料)采购计划的编制和实施;各工程部负责项目施工阶段和竣工验收阶段计划的编制和实施。

工程计划要落实到具体的单位、部门和个人,才能有序并可控地推进并实现进度计划目标。指挥部通过合同,明确工程建设各个参与方包括设计单位、施工单位等的进度要求及进度责任,并适时将部分关键性控制节点作为考核节点,纳入合同条款。同时,指挥部采用进度计划分层执行和控制的方法,在组织上保持了进度管理的相对独立性。具体做法是建立"指挥部领导层—指挥部各职能部门—其他各合同参与单位"为主要参与方的进度管理平台,在指挥部内部建立完善的进度节点考核体系,以月度、季度和年度为单位,进行绩效考核。

1.2 工程计划管理的特点与作用

1.2.1 工程计划管理的特点

工程计划管理包括两大内容:计划的编制和计划的控制。工程计划的编制是对工程的实施预先做出安排和打算,使工程可以有条不紊地推进;计划的控制是对计划的执行及偏差进行测量分析,采取必要的控制手段和管理措施,以实现工程的计划目标。

浦东机场三期扩建工程的建设周期紧、工程建设难度大、技术要求高,尤其是项目中包括的如1号卫星厅(以下简称"S1")、2号卫星厅(以下简称"S2")捷运站,1号航站楼(以下简称"T1")、2号航站楼(以下简称"T2")捷运站,飞行区联络道等,存在诸多交叉工作界面,稍有不慎将直接影响三期扩建工程的顺利开展以及浦东机场的正常运营。为确保三期扩建工程在 2019 年 5 月进行竣工验收、7

月进行行业验收、9月投入使用运营,指挥部从工程进度计划管理、工程投资计划管理、工程资金计划管理三个方面入手,开展全面的工程计划管理工作,明确工程项目建设及其管理的方向,促进工程管理水平不断提升。

指挥部实施的进度计划、投资计划和资金计划这三类计划的管理并不是简单的平行关系,而是相互指导、相互关联的递进关系。浦东机场三期扩建工程建设的工程计划管理工作是以工程总进度计划为龙头,首先编制总进度计划,确定关键性控制节点,制定年度进度计划;在此基础上,制定对应的投资计划,按时间划分可编制年度投资计划;其后,以投资计划为基础形成相应的资金计划。

1.2.2 工程计划管理的重要性与作用

工程计划管理在工程项目管理中是一项重要的工作内容,工程计划管理的效果决定了建设项目的进度、质量、安全、物资、资金、合同、劳务、经营、预算等方面的控制效果。其次,工程计划管理文件可以为建设项目的决策提供有价值的依据,并作为工程项目建设实施的指导性文件,在工程管理中发挥着重要作用。

相比于其他一般工程来说,机场工程极其复杂,指挥部面临的问题也是前所未有,从战略定位、规划设计,到管理实施无不充满挑战。浦东机场三期扩建工程分为飞行区工程、航站区工程、配套设施工程、航油工程等五大类,投资规模超过200亿元,涉及范围包括规划、建筑、结构、机械、电气、管道、消防、信息和弱电、行李、捷运等多个专业,仅信息和弱电系统就由航班信息集成、网络、离港等50多个子系统组成。因此,对机场三期扩建工程的建设开展工程计划管理,有着以下极其重要的作用。

1)工程进度计划管理:龙头指引、统筹兼顾

浦东机场三期扩建工程中,工程进度计划是所有工程管理工作的龙头,是指导机场三期扩建工程顺利实施的纲领性文件,也是编制投资计划和资金计划的依据。指挥部的工程建设管理工作围绕工程总进度计划为中心展开。工程进度计划管理就是根据工程实际情况,对工程的实施做出整体安排,并对进度计划进行平衡与不断调整,提高工程进度计划的合理性和可行性,是保证工程项目按时完成的管理活动。

项目进度计划的编制,即通过项目的活动定义、排序、时间估算,综合考虑和平衡项目资源和其他制约因素,确定各活动的起始时间、完成日期、实施方案,拟定在规定时间内经济合理的工程实施计划。拟定的进度计划可以为项目建设实施的进度控制、投资控制、资金配置提供依据。

项目进度计划的控制,即在执行工程进度计划的过程中,检查实际的工程建设进度是否与计划进度一致。若工程实际进度与进度计划不一致,出现偏差,就须寻找原因,采取适当的控制措施进行纠偏,直至项目建设完成。

2)工程投资计划管理:全面周密、条分缕析

工程投资计划管理是工程计划管理的核心内容之一。工程投资计划管理的主要目的为约束工程投资行为,提供融资需求信息,保证工程项目的顺利建设。浦东机场三期扩建工程的投资计划管理牢牢紧扣工程进度计划,制定全面且周密

的投资安排计划。

浦东机场三期扩建工程的投资计划以总进度计划、关键性控制节点、年度进度计划等进度计划为依据,对工程建设所需投资进行分析估算,形成与进度计划完全匹配的投资计划安排。此外,投资计划也作为绩效考评的重要依据之一。

3) 工程资金计划管理:业财融合、深入细致

资金计划是计划财务部门测算项目资金筹措方案和资金支付的基础。在负责"投资多少"的投资计划基础上,计划财务部遵循"业财融合"的理念编制了细致的"怎么花、何时花"的资金计划安排。

如此,浦东机场三期扩建工程便形成了以工程总进度计划为龙头指引、全面周密的投资计划为方向、深入细致的工程资金计划为保障的工程计划管理体系。

1.3　工程进度计划类别与编制

按照工程计划管理的整体思路与原则,指挥部各项工程计划按照各建设项目具体情况进行编制。从建设项目立项报批阶段开始,即按照"由粗到细"的原则逐步形成各建设项目总进度计划、年度计划和月度计划,分述如下。

1) 总进度计划及其编制

在项目前期阶段,指挥部就对建设项目实施各阶段的关键计划节点和投资匡算形成一个纲要性总体安排,由计划财务部牵头各工程部门参与,及时了解项目的进展情况,根据已掌握的资料编制各建设项目实施的工程总进度计划、固定资产投资计划和资金计划。总进度计划应随着项目的进展及时调整、完善和细化,计划财务部将项目总进度计划汇总修编后报指挥部领导审批。

2) 年度计划及其修编

年度计划是在总进度计划的基础上编制的。设计管理部、信息设备部、各工程部每年 10 月底前向计划财务部报送本部门建设任务的下一年度进度计划、固定资产投资计划(按批复投资估算或概算项目组成分列汇总)以及资金计划。由计划财务部汇总编制完成机场指挥部建设项目的年度进度计划。同时,根据年度进度计划,编制固定资产投资计划和资金使用计划。计划财务部于每年 11 月底前将年度进度计划、固定资产投资计划和资金计划同时报指挥部领导审批,批准后作为项目下一年度计划实施的依据,同时也作为月度计划编制的依据。

3) 月度计划及其编制

根据各建设项目年度进度计划的安排和现场实际推进情况,设计管理部、信息设备部、各工程部每月 25 日前按照计划财务部统一提供的表式报送各建设项目工作节点完成进度(或工程形象进度),当月固定资产投资完成数以及下月进度计划和资金使用计划,并由计划财务部汇总完成"月度计划跟踪与管理报表"。其综合反映工程进度实际完成与计划的对比情况,对项目进度起到"适时检查、动态控制"的作用,对进度落后的项目及时预警。同时,计划财务部完成"固定资产投资统计月报表",对比分析各项目年度固定资产投资计划及指挥部年度固定资产投资计划完成率。根据各部门上报资金使用计划,计划财务部综合平衡完成月度

资金使用计划,作为下一个月用款申请额。计划财务部每月 5 日前将整理的"月度计划跟踪与管理报表"和"固定资产投资统计月报表"上报指挥部领导审阅。

1.4 工程综合统计及其管理

综合统计管理通过数字揭示事物在特定时间、特定方面的数量特征,对事物进行定性乃至定量分析,从而以此可以做出正确的决策。浦东机场三期扩建工程的综合统计工作不仅是工程计划管理的基础工作,也为工程管理决策分析提供可靠的数字依据。

1) 综合统计工作内容

浦东机场三期扩建工程中,指挥部计划财务部的综合统计管理工作,主要围绕工程进度和投资计划两大内容,展开以月度、季度和年度为频次,通过收集各工程项目进度推进情况和投资完成情况等信息,分析汇总,形成相关分析专项成果报告,作为指挥部领导层的决策依据。

2) 综合统计申报口径

指挥部的综合统计申报口径,坚持统计数据统一口径、数据准确、有据可查、报送及时的原则。对外报出数据须经综合统计、统计负责人、相关领导的统一批准,任何个人未经同意,不得擅自对外报出数据。对外统计公开发表统计数字,在计划财务部统计负责人批准后由统计人员统一办理。向上级部门汇报情况,在重要会议作报告或公开发表文章中所引用的统计数据,均须由提供资料人员与统计人员进行核对,以保证统计数字口径一致。

计划财务部对统计信息进行有效加工,完成统计分析工作,并按月度、季度、年度分别上报机场集团公司相关部室、华东民航管理局、上海市统计局、上海市重大办等集团及政府相关委办局,及时报告统计信息,满足各部门对信息的要求。

3) 综合统计工作流程

综合统计工作主要包括以下步骤:

(1) 计划财务部将总进度计划和固定资产投资计划下发指挥部各部门;

(2) 指挥部各部门根据进度和投资计划,定期报送项目推进情况;

(3) 计划财务部组织实施统计工作,搜集信息处理相关数据并分析汇总,形成分析报告;

(4) 计划财务部按集团及政府相关委办局的要求,报送统计信息供领导参考。

第2章
建设与运营筹备融合的进度管控

工程建设总进度计划是浦东机场三期扩建工程各项工程管理工作的龙头,是指导三期扩建工程顺利实施的纲领性文件,指挥部的工程管理工作围绕工程总进度计划而展开。基于"综合计划,统筹协调,科学管理"的指导思想,指挥部以工程总进度计划为核心,构建浦东机场三期扩建工程的综合管控计划体系,对工程建设和运营筹备工作实施全面精细的进度管控。

2.1 进度综合管控计划体系构建

进度综合管控计划是一集成化的进度计划。与传统进度计划最大的不同,在于进度综合管控计划对项目的参与单位进行了组织集成,对项目进度控制过程和项目实施过程进行了过程集成,对项目各参建单位的工程活动进行了活动集成,同时对工程项目的目标进行了目标集成。

为使浦东机场三期扩建工程能按照总进度计划目标有序并可控地开展工作,指挥部计划财务部牵头编制工程总进度计划,以工程总进度计划为核心构建机场三期扩建工程综合进度管控计划体系;基于总进度计划进行进度控制,确保机场投入使用的计划目标得以实现。

2.1.1 总进度计划与进度计划体系

总进度计划是统筹平衡了工程区域内外各投资主体、建设(管理)单位、运营(管理)单位及其他相关单位和部门的建设、验收、移交、运营准备等各阶段工程活动的一个集成计划(图2-1)。据此,指挥部编制了《上海机场建设指挥部工程建设项目总进度计划》,对各工程项目中的各项工作按前期报批、设计、招标、施工、安装、调试、竣工验收等阶段的时间要求进行安排。总进度计划处于进度计划体系的最高层面,是整个三期扩建工程建设实施的总体部署,其直接面向指挥部高

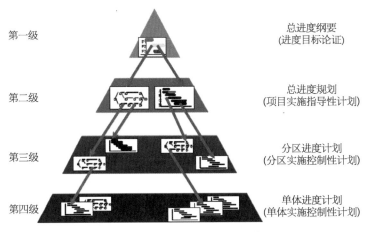

第一级   总进度纲要
                                                   (进度目标论证)

第二级   总进度规划
                                           (项目实施指导性计划)

第三级   分区进度计划
                                           (分区实施控制性计划)

第四级   单体进度计划
                                           (单体实施控制性计划)

图 2-1   总进度计划与进度计划体系

层领导,反映工程建设全过程中的关键性工作和关键性控制节点,是指挥部组织实施和控制工程建设的统筹性、纲领性、控制性进度计划文件。

1) 总进度计划目标分析与设定

工程总进度计划目标是指工程最终要实现的进度目标,一般包括:开工目标、完工目标、竣工验收目标、具备投入使用或移交条件目标。总进度计划目标的设定须综合考虑社会经济发展、区域环境与条件、工程技术及管理能力等因素,经过详细论证分析后确定。在浦东机场三期扩建工程总进度计划的编制过程中,以工程投入使用为最终目标确定各项工程项目的进度目标和工作进度目标。

指挥部根据浦东机场三期扩建工程实际情况,编制了工程总进度计划,确定关键性控制节点 2017 年度 36 个、2018 年度 38 个、2019 年度 32 个,整体要求卫星厅(含捷运车站)工程(非民航)于 2019 年 5 月进行竣工验收,卫星厅(含捷运车站)等民航工程于 2019 年 7 月进行竣工验收,卫星厅(含捷运车站)工程于 2019 年 7 月完成行业验收,具备投入使用条件。

2) 年度计划的编制与任务分解

年度进度计划是从总进度计划中以年为时间范围分解而出的进度计划,其具体编制方法是通过过滤年度相关工作的方法来完成,这些工作包括:在该年度内开始的工作、在该年度内完成的工作及贯穿整个年度的工作。为保证年度计划与工程总进度计划的一致性,任何修改都先在总进度计划中进行,然后再过滤出年度计划。这种过滤方法的好处是始终能保持计划的平衡性和一致性。因为从整体平衡的计划中过滤出的任何计划,对该工程项目来说一定是平衡的。假如直接对年度计划进行修改,就很难保证该年度计划合并到整体计划中之后也能保持整体计划的平衡。因为很多工作的相互关系不显示在年度计划上面,所以对某项工作进度进行调整时很容易由于没有全面考虑到它与其他工作之间的相互关系而造成整体计划的不平衡。

在按年度对总进度计划进行调整和编制年度计划时,还有一个重要的工作就是检查和确定相应年度关键性控制节点是否需要个别调整,但不允许因上年度某个节点未能完成而改变本年度的节点。这里所说的调整只限于对个别节点内容的补充或用以前未提取出来的其他重要节点来置换某个节点。

2.1.2 基于过程综合性的工程计划

为方便各个管理和实施部门掌握三期扩建工程建设的进度计划,指挥部以总进度计划为基础,按机场建设过程从过程综合性角度编制相关专项计划,其中包含为设计管理部编制的前期报批计划和设计出图计划,为计划财务部编制的招标采购计划,为各工程部门编制的施工计划和竣工验收计划,为信息设备部编制的设备采购、到货及安装计划,为运营筹备部门编制的运营准备计划。此外,这些专项进度计划若在年度计划基础上编制,就形成了年度专项进度计划。

2.1.3 基于要素综合性的工程计划

从要素综合性角度,指挥部以总进度计划为基础编制工程投资计划和工程资金计划。

工程计划管理中的工程投资计划管理,其主要目的是合理安排投资强度和节拍、约束工程投资行为、提供融资需求信息,以保证工程项目的建设顺利推进。在浦东机场三期扩建工程上,指挥部编制了全面且周密的工程投资计划,投资计划及其管理以工程总进度计划、关键性控制节点、年度进度计划等为依据,基于工程所需投资的深度分析和估算,形成与工程进度计划完全匹配的投资计划安排。

工程资金计划及其管理,是计划财务部门测算项目资金筹措方案和资金支付的基础,是在工程总进度计划和投资计划的基础上,对工程资金的使用所作的具体策划和统筹安排,并在工程实施过程中进行控制。

2.2 工程进度管控计划的编制

浦东机场三期扩建工程中的进度管控计划包括总进度计划、工程综合工作计划、工程专项进度计划等。

2.2.1 总进度计划的编制

总进度计划的编制是一项十分复杂的工作,在编制过程中须遵循一定的工作流程,如图 2 - 2 所示。

在浦东机场三期扩建工程的总进度计划编制中,指挥部首先确定了总进度计划编制的整体思路,然后严格按整体思路的要求,有条不紊地编制总进度计划。与此同时,为了确保总进度计划的严肃性和最终落实,指挥部在总进度计划中,明确了实施各项计划工作的责任部门,并选用 P3e/c 系统作为总进度计划的编制工具。

1) 总进度计划编制的整体思路

对于浦东机场三期扩建工程这样的大型复杂工程来说,套用于一般工程的常

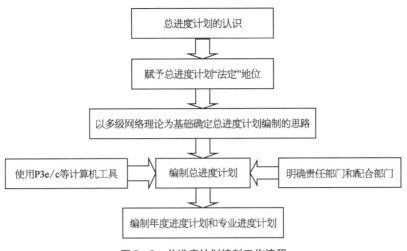

图 2-2　总进度计划编制工作流程

规进度计划编制方法是不可行的,必须具备与之相适应的进度计划编制的思想、理论和方法。在多级网络理论的基础上,指挥部按照下列编制思路与要求对计划进行编制与任务分解:

(1)基于多项目管理、项目群和项目组合管理原理,包括优先级管理、资源合理分配、利益相关者综合分析等方法,安排各项工程计划。

(2)充分考虑运营单位对项目进度目标的需求,通过系统分析法、比较法、关键路径法、试算法、模拟法、专家咨询法等多种方法对工程总进度目标进行科学论证。

(3)在总进度目标确定后,各项工程按其总进度目标工期,结合工程多维分解结构,进行工期倒排,并确保进度计划的可实施性。

(4)各项工程在综合反映多部门、多平面进度计划要求并且考虑到工程系统内外配合的基础上,确保进度计划的系统整体平衡性。

(5)借鉴同类项目建设的成功经验,并通过使用各种优化的方法和手段,确保每项工程进度计划的科学性和合理性。

(6)充分考虑节约投资以及优质建设的要求。

(7)确保不停航施工要求得到满足。

(8)确保建设和运营准备进度计划衔接一致。

(9)应用滚动计划法原理动态编制计划,即在已编制完成计划的基础上,每经过一段固定时期便根据变化的环境条件和计划的实际执行情况,从确保实现计划目标出发对原计划进行调整。对于处于工程前期的项目,着重对前期工作进行细化,工程实施上以体现整体逻辑构架为主;对于已成熟项目,实行全面深入的计划编制。

2)总进度计划编制的主要步骤

浦东机场三期扩建工程总进度计划编制主要步骤如下:

(1)广泛调研,向指挥部各部门和已确定的各参与单位动态收集基础数据;

（2）对项目进度计划进行系统分析（包含系统多维分解、关键元素确定、重点关系分析、系统的环境分析等）；

（3）基于进度计划系统分析，建立系统模型，包括确定 WBS、构建多级网络模型等；

（4）通过计算或经验法、比较法确定模型所需的数据；

（5）输入模型所需数据包括必须确保的目标工期等，并对模型进行计算，确定关键线路；

（6）进行各种影响条件下的模拟分析；

（7）向指挥部各职能部门和现有的各参与单位提供与之有关的进度信息，并进行反馈分析；

（8）同层平面之间的动态平衡和不同平面（从上到下或从下到上）之间的动态平衡；

（9）总进度计划的最终确定；

（10）关键性控制节点的提取。

3）总进度计划编制的重点工作

浦东机场三期扩建工程总进度计划编制的重点工作，包括工程项目系统分解、灵活应用多级网络理论建立模型、编制过程中的不断调整和平衡、科学缜密地提取关键性控制节点等几个方面。

（1）工程项目系统分解。工程项目系统分解的结果就是工程分解结构（WBS），分解的主线保持最简单的形式即分层和分区，分层的思想是指把工程横向切割划分为不同的层次；分区的思想是指在不同的层次上把工程纵向切割划分为不同的区域。

浦东机场三期扩建工程把项目整体分为机场投资工程项目与非机场投资工程项目。机场投资工程项目又划分为航站区工程、捷运系统工程、飞行区工程以及综合配套工程等四大类项目，四大类项目下再分别细化具体的对应工程。非机场投资工程项目则包括了供油工程和场外配套工程等。图2-3为浦东机场三期扩建工程机场投资项目的 WBS。

（2）灵活应用多级网络理论建立模型。多层网络计划是一个整体网络计划分层面编制，由一组在多个层面上的网络计划和网络计划之间的相互联系所组成，而且同层面和上下层网络计划之间都存在联系。多级网络计划技术是多层网络计划技术中的一种，该技术中上一层网络的一些工作对应着下一层的一个网络。多级网络计划技术适用于大型复杂建设工程进度计划的编制，它能快速地处理层次复杂、工作数较多、动态调整要求高的项目计划。

指挥部选择多级网络计划理论作为浦东机场三期扩建工程计划编制的理论基础，根据 WBS 建立进度模型。在编制时，分级编制进度计划，既将其分解成多个独立网络，又将多个相互有关联的独立网络计划在同层中或上下层之间采用不同的搭接关系，综合成一个多级网络计划系统，并对其做优化设计。

（3）计划编制过程中的不断平衡和调整。浦东机场三期扩建工程进度计划的平衡和调整，是解决指挥部同层平面不同部门之间进度方面存在的矛盾或不同

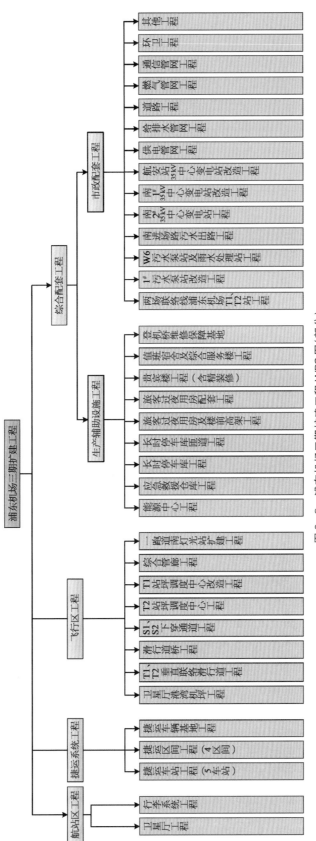

图 2-3　浦东机场三期扩建工程 WBS 图(部分)

层面进度之间存在的矛盾的过程。事实上，这些矛盾的产生是不可避免的，例如设计与施工之间的矛盾。矛盾有时是简单的，有时是非常复杂的，可以是独立型矛盾，或者多重关系矛盾。

浦东机场三期扩建工程计划编制的平衡工作的做法，首先是对问题进行系统梳理，并进行深入分析，必要时进行专题研究，确定问题的真正症结所在和分析不同方案之间的利弊；然后先由问题涉及的各部门自行一起协商解决问题；假如协商不成，由计划财务部出面协调；假如再协调不成，即在各方不能妥协的情况下，则呈报指挥部领导决策。在协商解决方案时，有一条原则不得违反，即在任何情况下不能影响总进度目标的实现。

调整、平衡、再调整、再平衡……是总进度计划编制后期阶段的主要工作。这项工作耗时长，但值得且十分重要和必要，因为调整和平衡的过程也是各方提前解决矛盾的过程。虽然总进度计划编制的结果很重要，但因调整和平衡的过程也是解决未来矛盾的过程，而在这个过程中所做的工作是保证总进度计划未来可实施性的基本工作，所以总进度计划编制的过程和结果同样重要。

总进度计划一旦编制完成，一般情况下每年度允许调整一次，这样的做法既维护了总进度计划的严肃性，又通过合理的调整，使得总进度计划与工程实际变化相吻合。调整的主要原因一方面可能是出现预料之外的情况变化，另一方面可能在首次编制总进度计划时，少数工程编制较详细计划的条件尚不具备，因而随着编制条件的成熟，细化这些工程的计划是必然要做的工作。

（4）科学缜密地提取关键性控制节点。工程总进度计划中关键线路上的重要事件定义为关键性控制节点。关键性控制节点的全部实现意味着关键线路的实现，指挥部尤其是领导层可以通过监控关键性控制节点的实现情况，从大局上掌握工程的进展。因此，浦东机场三期扩建工程建设关键性控制节点对工程进度控制至关重要，起着十分重要的作用。

4）总进度计划实施的责任分配

指挥部将总进度计划与组织分解结构（OBS）配合使用，这样所有的关键性控制节点和总进度计划中所有工作的实现都有明确的责任部门。在许多情况下，节点或工作需要有几个部门配合一起完成，因此除明确责任部门外还须明确配合部门，这样就从组织上有效地解决了多部门参与工作的互相配合问题。

例如，为了快速方便查明职责，把浦东机场三期扩建工程 WBS 相应的责任和配合部门汇总制成表，形成工程进度管理责任及配合部门职责明确表（表2-1）。

表2-1 总进度计划实施责任分配

项目名称	总进度目标		关键性控制节点			
	开工时间	竣工时间	时间	工作名称	责任部门	排序
卫星厅工程（含T1、T2捷运站）	2015.12	2019.05	2019.01	完成空调系统热源调试	浦东卫星厅工程部	1
			2019.03	完成工程消防检测	浦东卫星厅工程部	2
			2019.05	完成行李处理系统调试	信息设备部	3

项目名称	总进度目标		关键性控制节点			
	开工时间	竣工时间	时间	工作名称	责任部门	排序
卫星厅工程(含T1、T2捷运站)	2015.12	2019.05	2019.05	工程竣工	浦东卫星厅工程部	4
			2019.06	完成登机桥安装调试	信息设备部	5
能源中心工程	2016.10	2019.03	2019.03	工程竣工	浦东卫星厅工程部	6
捷运系统工程	2016.05	2019.05	2019.02	完成铺轨、供电及接触网(轨)、通信系统、信号系统安装及单系统调试,开始联调	捷运工程部	7
			2019.05	工程竣工	捷运工程部	8
捷运复线工程	2018.09	2019.06	2019.06	完成竣工验收	飞行区工程部	9
港湾机坪工程	2016.12	2019.06	2019.06	完成竣工验收	飞行区工程部	10
登机桥维修保障基地工程	2017.10	2019.05	2019.05	工程竣工	浦东综合配套工程部	11
T2站坪调度中心专业设备和系统工程	2018.12	2019.03	2019.02	完成专业设备和系统安装调试	信息设备部	12
长时停车库工程	2017.08	2019.07	2019.07	工程竣工	浦东综合配套工程部	13
长时停车库匝道工程	2018.12	2019.07	2019.07	工程竣工	浦东综合配套工程部	14
南进场路污水出路工程	2018.06	2019.06	2019.06	工程竣工	浦东综合配套工程部	15
新建南2#35 kV变电站工程	2017.11	2019.06	2019.06	完成竣工验收	浦东综合配套工程部	16
贵宾楼工程(含精装修)	2019.03	2019.10	2019.10	工程竣工	浦东综合配套工程部	17
浦东机场三期扩建交通配套工程	2018.12	2023.06	2019.12	开始第一阶段基坑围护施工	浦东综合配套工程部	18
旅客过夜用房及配套工程	2019.06	2022.06	2019.06	开始施工	浦东卫星厅工程部	19
			2019.12	完成桩基施工	浦东卫星厅工程部	20

5）总进度计划编制的计算机软件应用

工程总进度计划编制的思路和方法再好,但没有工具来实现,这些思路和方法只是空谈。指挥部认识到,对于浦东机场三期扩建工程这样一个大型复杂项目来说,采用手工方式或靠简单的软件来编制总进度计划是不可能的。经过反复研究和比较,指挥部最终选择由 Primavera Systems Inc.公司开发的 P6 系统作为编制总进度计划的工具。选择该系统的具体理由如下：

（1）P6 构架在大型关系数据库 Oracle 和 MS SQL Server 基础之上（机场三期扩建工程总进度计划编制选择 MS SQL Server），能处理数据的数量对使用的要求来说几乎是没有限制的；

（2）能全面地实现工程进度计划编制所基于的基本思路，包括项目分解、基于 WBS 多级网络模型建立、关键线路计算、调整和平衡等；

（3）能满足过滤的需要，过滤用于年度进度计划和专业进度计划的编制及其他任何需要从总进度计划中提取局部进度计划的要求；

（4）能满足灵活打印输出的需要，包括各种基于 WBS 的网络图、基于 WBS 的横道图等；

（5）可以与其他进度计划和控制软件（如 MS Project）对接；

（6）界面友好以及对数据的操作包括增加、删除、更新等十分方便。

当然，P6 系统本身是一个功能十分强大的项目管理软件系统，支持实时在线使用，总进度计划编制时所用到的功能仅仅是其全部功能中的很小一部分。

6）进度控制软件的自主选择

指挥部对于选择进度控制软件的主要思想是由部门结合自己的工程实践自主选择，而没有选择市场上流行的整体或集成解决方案。在日常进度管理中，指挥部使用自主开发的小型软件——工程进度控制信息管理系统，形象显示工程月度进度计划和月度实际进展，并且进行月度对比分析。计划财务部以外的其他职能部门自主选择适用于自己部门的进度控制工具软件，绝大部分选择 Microsoft Project 或 Microsoft Excel。

归纳起来，指挥部在选用进度控制软件方面具有以下特点：

（1）不选择使用整体和集成解决方案，减少进度控制系统整体性风险；

（2）指挥部各职能部门可自主选择进度软件，保证所有参与进度管理的人员都能用软件工作并且产生兴趣；

（3）从经济上来看，因没有选择价钱昂贵的在线集成解决方案，无须配备网络、服务器、电脑等设备，节约了大量的资金、人力和物力。

2.2.2 工程综合工作计划的编制

工程综合工作计划编制是一种集成化进度计划编制模式，它是以运营为导向，将工程前期报批计划、建设计划、工程验收及移交计划、工程运营准备计划等各计划之间进行无缝衔接的计划体系，其作用是使指挥部以综合工作计划为主线，一手抓工程建设，一手抓运营准备，将工程建设进度计划与运营准备工作计划协调融合，确保机场在开航投入使用时能够顺利高质量地正常运行。

综合工作计划从时间上须涵盖建设前期、工程建设、运营准备等各个阶段，目的是明确浦东机场三期扩建工程各新建设项目及相关配套设施投入使用的目标，重点厘清各投资主体、各类工程项目所对应的各种工作计划在工程推进过程中的界面问题，明确各单位不同阶段的职责，注重不同工程计划之间、工作计划之间的无缝衔接，最终实现对整个三期扩建工程的综合控制，确保工程顺利投入使用并满足机场功能需要。

浦东机场三期扩建工程综合工作计划涵盖了各投资主体投资的全部项目,包括卫星厅工程、捷运系统工程、卫星厅港湾机坪工程、综合管廊工程、能源中心工程、长时停车库工程等。在各个工程项目进度目标综合平衡的基础上,通过协调各工程项目间的界面及交叉影响,以各工程项目众多单项计划为基础,把各工程项目作为系统中的各要素,把整个三期扩建工程当作一个大的工程系统,指挥部编制完成了综合工作计划。

综合工作计划的编制基于系统思想,从指挥部的角度统筹协调了各投资主体、建设单位、运营单位、各相关部门的各项工作计划。综合工作计划的梳理工作以各不同投资项目为基础,以其各自负责的各工程的各项工作计划为依据,包括工程实施计划、工程验收准备工作及移交计划、工程运营准备工作及接收计划,以及其他各类专项计划(科研计划、资金计划、公关计划等)。计划从横向(不同投资项目)和纵向(不同种类计划)交叉综合考虑,做到不遗漏地整体综合安排每项工作,并科学合理地协调和梳理不同责任主体、不同工程、不同工作计划之间的界面问题,包含跨单位、跨项目、跨部门、跨计划、跨工作、跨阶段等相互之间的界面问题,从而实现整个工程的综合管控,实现各工程各工作横向纵向的无缝衔接,确保浦东机场三期扩建工程各项设施整体性顺利投入使用,满足设计功能要求。

一般来说,综合工作计划编制主要采用以下两种方法。

(1)系统分析法。把大型机场建设工程作为一个系统进行分析,包括系统目标、组成元素、组成元素之间的关系、系统生命周期、系统的边界和边界外的环境等。项目功能的正常发挥,需要各工程、各工作计划之间的相互统一协调,还需要众多配合一致的辅助专项工作计划、方案的支持。因此,需要对工程系统内外的各项工作进行系统性的分析,对各方面的工作进行统筹考虑。

(2)综合平衡法。对大型建设工程各责任主体的各项工作计划,结合与其他相关的各项工作计划,通过从不同角度的反复梳理,特别关注两两之间及多维交叉界面,不断发现和解决问题,进行综合平衡,编制大型建设工程综合工作计划。

2.2.3 工程专项进度计划的编制

专项进度计划是指挥部针对工程全寿命周期不同阶段的由不同主体完成的具体工程任务的计划安排,是为解决特定的或重大的问题,尤其是界面性协调工作量大的进度问题而编制的计划。在进度计划体系中,专项进度计划是总进度计划的细化,是综合工作计划的基础,对浦东机场三期扩建工程建设的整体性、综合性地协调管理起到了不可或缺的支撑作用。

专项进度计划一般包括:前期及施工准备专项计划、工程界面交叉协调专项计划、设备安装调试专项计划、竣工验收专项计划、运营准备专项计划、交付运营专项计划等。专项进度计划像其他工程计划一样,也必须服从工程总进度计划及综合工作计划,并与之保持一致,但其实施性和操作性更强。专项进度计划可以涵盖主要工程建设的各责任主体、各项目阶段,帮助理清各责任主体、各阶段间的界面,支撑工程推进过程中各阶段的无缝衔接。

以运营准备专项计划为例,运营准备工作专项是指挥部全面系统指导浦东机场三期扩建工程各项目运营准备工作的纲领性文件,是相关管理部门监督、考核各项目营运准备工作实施情况的依据,也是各投资主体细化落实其所投资项目的运营准备工作安排的基础工作。

根据浦东机场三期扩建工程的特点,为梳理各项工作内容和界面关系,协调与平衡各投资主体、建设(管理)单位及运营主体之间的交叉点,按照以下原则编制运营准备工作专项计划:

(1) 各投资主体是运营准备工作的责任主体,负责编制各单项运营准备计划并组织实施。指挥部负责协调区域内运营准备工作。

(2) 机场运营准备工作与工程建设并举,确保运营准备工作计划与工程实施计划、验收计划匹配。

(3) 各投资主体会同相关营运单位结合自身营运管理对象的特点,编制下一级的营运准备工作计划,统筹考虑人员培训、调试参与、管理移交和实物接收、试运行等运营准备工作,并组织实施。

2.3　总进度管控计划的实施与控制

在浦东机场三期扩建工程建设实施过程中,指挥部以总进度计划为控制依据,按照项目总控理论,构建进度总控组织模式,采用工程进度办公会制度、工程进度月中风险预警与管控、工程进度现场勘察与月度报告等方法,构建机场工程建设的进度计划管控体系,对机场三期扩建工程的报批、规划设计、招标采购、施工安装、验收移交、运管准备等工程的全过程实施进度总控。

2.3.1　项目进度总控组织模式

工程实践表明,建设目标的实现与否,与工程管理者对管理规划及实施进展信息的掌握与否密切相关,工程越复杂,工程信息对目标的实现越显重要。项目总控是在项目管理理论基础上结合企业控制论发展起来的,其以现代信息技术为工具,通过工程的信息管理,为大型复杂工程的管理及控制提供决策支持的管理模式。

项目总控主要服务于工程建设最高决策层。浦东机场三期扩建工程的项目进度总控模式是在指挥部原有的组织框架内增加一个进度总控小组,该小组由指挥部计划财务部门牵头,对机场建设的整体工程进度信息进行收集、分析、处理、加工,并编制工程项目进度月报。

项目进度总控是指挥部对浦东机场三期扩建工程实施进度协调和管控的有效手段和组织工具。项目进度总控关注的进度不限于机场建设工程的施工进度,更是包括动拆迁、设计准备、设计、施工准备、运营准备等各方面的工作进度。项目进度总控所涉及的相关单位包括项目管理单位、设计总包管理单位、施工总包管理单位等,通过他们深化的工作进度计划,使总进度计划所确定的各工程进度目标传递到作业层面。指挥部、进度总控单位、项目管理单位、设计总包管理和施工总包管理等单位构成了完整的工程进度计划指令和工程进展情况反馈的信息通道,是指挥部实施工程进度总体管控和协调的组织保障。

2.3.2　工程进度办公会议制度

工程进度会议是在某一牵头单位的召集下,汇集多方工程建设参与单位研究工程进度问题和协调工程进度矛盾的重要形式。指挥部定期召开工程进度例会,并在会上听取工程进度计划执行及进展汇报,解决工程进度难题。指挥部确立的工程例会制度主要包括两大类:一是指挥部会议;二是工程进度推进例会。工程进度例会制度是指挥部确保工程进度顺利推进的重要管理制度。

1) 指挥部会议

指挥部会议是由指挥部总指挥召集各指挥部成员单位不定期召开的。指挥部会议主要有两大方面的作用,即问题协调、领导决策和任务下达。

一方面,指挥部各成员单位将分别向指挥部领导汇报工程进度,提出影响工程全局进度的难题,提请领导层进行决策。另一方面,指挥部在指挥部会议上布置各参建单位的进度任务,下发各类进度计划。指挥部把进度计划管理责任逐级分解,建立指挥部、各项目参建单位包括设计单位、施工单位、设备供应商等单位共同参与的进度控制责任制度。要求各建设参与单位以工程总进度计划为龙头与核心,编制相应管理层面的进度计划,严格按照关键性控制节点安排工作,明确自身的进度管理任务。指挥部以各级进度计划为依据,对各部门和各参建单位实施月度检查、季度检查和半年度检查及不定期检查,实施进度管控,考评各方工作绩效,有力地推动了机场三期扩建工程建设各项工作的有序展开,使进度控制目标的实现有了坚实的制度保障。

2) 指挥部工程进度例会

指挥部工程进度例会是由指挥部领导召集各建设参与单位每月定期召开的进度例会。工程进度例会的作用主要是信息沟通和进度协调两个方面。

一方面,工程进度例会构建了指挥部和各参建单位交流沟通项目进展和共享进度信息的平台。指挥部通过构建进度计划体系把各个参建单位的进度计划纳入进度计划框架中,统一各参建单位工程进度。工程进度例会搭建了一个进度信息交流的平台,使指挥部和各参建单位在统一进度框架的基础上,充分交流、高效沟通、及时发现各参建方在工程建设中已经出现或可能出现的进度偏差,共同向前推进工程建设。另一方面,工程进度例会制度是指挥部领导集中协调各参建单位间工程进度矛盾的重要机制。在工程推进上,指挥部领导听取各个工程的详细建设进度和需要指挥部协调解决的工程建设难题的汇报。指挥部领导可当场解决部分难题,并在当月安排进度专题会议协调解决较为复杂、牵涉较多的进度难题。

除指挥部工程例会外,各建设参与单位及其他相关单位也定期召开进度例会和专题会等,以协调各个层面的突发矛盾和紧急情况。

2.3.3　工程进度月中风险预警与管控

工程进度月中风险预警与管控是指在每月中旬进行进度巡查,并对当月应完成的进度计划节点的进展情况进行调研分析与预判（表2-2），以精确掌握工程建设与运营筹备进展动态和趋势，并针对关键性控制节点，识别并深入分析潜在问题和风险。以表中不同颜色示意向各单位及时预警，督促其采取预防措施，尽量防止进度偏差的发生，以达到对工程项目进度的管控效果。

表2-2　2019年3月风险预警示例

工　作　名　称	完成情况及风险分析	预警
各部门要高度重视迎审工作，积极配合，第一时间严格落实审计整改意见	截至3月29日，指挥部共收到审计需求清单通知102份，涉及各类审计需求共计224项；根据审计调查组要求，指挥部各部室合计提交审计调查组各类资料共计约9 292份	●
卫星厅工程部确保橡胶地板地面基层的质量和进度	基层全部完成，但考虑成品保护，橡胶地板还未铺设	●
卫星厅工程部督促总包于3月中旬专项汇报安全"零事故"工作开展方案	已汇报落实	●
卫星厅工程部督促总包3月下旬完成所有消防联合调试问题梳理，并做专题汇报，争取本月与市消防局、机场防火监督处进行专项沟通协商	已于3月19日完成消防联合调试问题梳理，并做专题汇报；已于3月21日与市消防局、机场防火监督处进行专项沟通协商；要求消防检测4月底完成	●

2.3.4　工程进度现场查验与月度报告

工程进度现场勘察是指通过对工程现场实地踏勘，了解各工程整体实际进展情况是否符合进度计划安排和各工程部门上报的进展信息，并在现场查验过程中随时分析甄别工程中的风险因素，排查固有和潜在风险，评估其可能性和严重程度，一旦发现高风险因素，立即约谈相关单位或部门，加强风险管理，做好应急处理预案，从而准确并及时地做好进度管控工作，确保工程顺利完成。

指挥部工程进度月报是总进度计划实施与控制情况的重要表现形式之一，是从下往上进行信息筛选和编制的。报告编制过程反映了进度信息的浓缩和提炼，目的在于把正确的、有价值的进度信息及时地提供给指挥部。工程进度月报是指挥部进行工程进度管理的重要依据和工具，在保障进度目标的实现中发挥了重要作用。

浦东机场三期扩建工程的月度报告中的信息内容及展示，按层次进行设计，为指挥部领导及相关部门服务，为不同层次的工程管理人员提供所关心和须掌握的粗细程度不同的信息。月报栏目的内容主要为：总进度计划控制节点执行情况、进度计划控制分析、重要进度措施、下月工程进度计划、下月工程重点（进度重点及建议）、上月进度会议任务布置完成情况等。指挥部进度月报的示例，如图2-4所示。

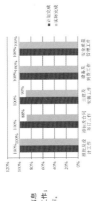

上海机场（集团）

上海机场建设指挥部工程建设项目及相关工作
进度跟踪与管理月度报告
（2017.10）

一　十月工程进展概述

十月计划完成工程建设管理工作 143 项，实际完成 130 项，完成比例为 91%。

其中，全部完成：报批及设计工作、设备采购信息系统工作，被入验收及收尾工作、安全质量管理工作；基本完成：施工配合及设计变更管理工作，土建及安装工作。

十月计划完成技术咨询与论证工作 18 项，实际完成 15 项，完成比例为 83%。

二　十月进度计划执行情况

1. 项目进展情况

1.1 卫星厅工程

10 月份计划工作 47 项，实际完成 45 项，完成比例为 96%。

工作分类		10 月进度计划	实际进度	偏差分析	关键任务控制节点是否影响	有无涉及	备注
报批及设计工作	卫星厅及配套工作	根据卫星厅驻建单位意见（竣验检验、海关、安检、航空公司等），进一步优化交通及平面站坪施工图设计	完成	无	否	无	
		推进卫星厅及进主站标和与广告设计	完成	无	否	无	
		协调设计院配合完成甲、乙供设备技术要求编制、配合工作	完成	无	否	无	
	精装修施工标（70%）完成率	施工配合及设计变更管理工作	完成	无	否	无	
		卫星厅精装修施工图标（4 个标）（当月 20%，累计 70%）完成率	完成	无	否	无	
招标及合同签订工作	发标	1. 有线电视	完成	无	否	无	
		2. 出入口控制系统	完成	无	否	无	
		3. 电力监控系统	完成	无	否	无	
		4. 冷却塔	完成	无	否	无	
		5. 火灾报警系统	未完成	无	否	无	补
		6. 模式换热器	完成	无	否	无	
		6.钢炉	未完成	滞后	否	无	因规范调整、重新进行市场调研，调整招标方案
	评标	1. UPS	完成	无	否	无	
		2. 柴油发电机组	完成	滞后	否	无	
		3. 高杆灯	完成	无	否	无	
		4. 精水变电站	完成	无	否	无	
		5. 自动跟踪定位射流灭火系统	完成	无	否	无	
	合同	6. 机房一体化项目	完成	无	否	无	
	谈判	1. 电气火灾和消防电源	完成	无	否	无	
		2. 防火门监控	完成	无	否	无	

工作名称	完成情况及风险分析	预警
	T1-S1 变线摆构可以按计划完成，受空管通、车底费通、桥梁故及相关影响，东线摆构普通预计滞后至 18 年 1 月完成；T4-S1 已于 10 月 25 日进场；T2-S2 受空管隙线的影响，空管通管变与快速连注细调工方案和进度安排。	●
4. 飞行区要按照计划节点推进速遇结构施工，抓紧速遇系统主建施工。		●
5. 明年 6 月份，卫星厅设备调试择放大量污水、三期工程排污外快管道加不能提前打通，指挥部部有预备方案，暂按外快临设施相结合的措施加以解决，专题会研究。	临时排污方案涉及厨广、排污量大、资金大，涉及多部门及股份公司相互之间协调中，需协调空管与快递注速遇工方案正在制定中。	●
6. 飞行跑要争取完成东机坪工程实物工作量。	实物工作量在 10 月底完成。	●
7. 加快推进北港湾机坪工程施工。	已完成验收验收，11 月底将完成验收行业验收。	●
8. 股份公司要做好浦东地下通道滑漏能力评估。	2018 年 6 月北港湾机坪工程施工。已做论评估方案，股份公司将会同指挥部一起研究防漏水方案。	●
9. 做好虹桥市政配套后的收尾和整改工作。	指挥部要从整体上考虑解决方案。虹桥配套工程部已督促施工单位完成相应的整改工作。	●
10. 质量安全部、飞行区管理部、浦东三期外围区要开始实施停车辆封闭管理。	10 月 15 日核心区开始实施停车辆封闭管理，并已在卫星厅中央大厅办公化管理方案。	●
11. 质量安全部要会计划财部，工程部做好两场防汛永设施建设安排相关之前，争明将物实作好汛期到来之际。	质量安全部会同计划财部、工程部做防汛隧道建设进度要求。	●
12. 各部将要严格落实十九大期间全稳定的工作要求。	已按要求严格落实。	●

图 2 - 4　指挥部进度月报示例

编制单位：上海机场建设指挥部计划财务部　国际汇速大学进度课题组
编制日期：2017 年 11 月 6 日

第一页　共十八页

第3章
以精细策划为基础的招标采购管理

浦东机场三期扩建工程投资规模超过 200 亿元,涉及土建、设备、消防系统、行李系统、民航信息系统、捷运系统等多个专业工程和系统,仅信息和弱电系统就由航班信息集成、离港、安检系统等 50 多个子系统所组成。因而,三期扩建工程招标与采购的组织和管理,尤其是招标采购的前期策划,就成为一门高超的管理艺术。

3.1 招标采购的管理组织

工程招标组织是招标工作的核心,直接决定招标工作的走向。为此,指挥部成立了招标工作小组、评标委员会等机构具体实施招标工作。

3.1.1 招标采购组织架构

浦东机场三期扩建工程招标采购工作任务量大,头绪繁多,合理的采购任务分工和组织结构设计是实现采购目标、优化内部资源配置的重要工作。指挥部的招标采购工作,接受上海市下属招标管理机构(以下简称"市属监管机构")、民航华东地区管理局的监管(以下简称"华东局")。其中,华东局负责监管民航专业项目招标工作。

1) 设立原则

在构建招标组织结构时,指挥部始终贯彻如下原则:

(1) 分工明晰。从提出需求、市场调研、编制招标文件直到签订合同,每项工作都有明确的工作分工,各部门各负其责。

(2) 制度严格。从招标到合同的订立,整个过程所体现的是法治,而不是人治。招投标管理全部严格按照机场集团公司以及指挥部制定的《招投标管理办法》等行之有效的管理制度执行。

（3）权力制约。招标工作小组、评标委员会、法律顾问及各职能部门分段把关、相互监督，限制任何部门和个人的全程决策权。

2）招标管理组织层级

指挥部招标采购工作除了有招标工作小组、评标委员会、法律顾问及各职能部门的参加外，还聘请了设计单位、监理单位、政府部门、科研院校等各方面的技术和经济专家参与。

（1）招标工作小组。招标工作小组是实施招标工作的临时办事机构，由实施项目的工程部、设计管理部、计划财务部、办公室等相关部室以及招标代理和法律顾问等组成，组长由项目实施的工程部或设计管理部负责人担任。招标工作完成后，招标工作小组的任务也随之结束。

招标工作小组的主要职责是对具体招标工作制定实施计划，编制资格预审文件（若需）、编制招标文件和评标办法、编制招标控制价（若需）、办理招标信息发布或投标邀请函、办理抽取评委申请（含指挥部评委）、招投标会务安排，组织发标、踏勘现场、答疑、投标、开标、评标等事项，并对招投标过程中形成的文件资料进行整理归档（包括向档案管理部门以及市属监管机构或华东局归档）。

（2）评标委员会。评标委员会的评委人数由项目实施部门提出，由 5 人以上（含）的单数组成。市属监管的招标项目（公开招标、邀请招标），从市属监管机构专家库中抽取技术和经济专家的人数，不得少于评标委员会人员总数的 2/3；其余评委可由指挥部选定，由具备中级及以上技术和经济职称的人员组成（超过 1 名的，须向机场集团公司纪委申报批准后提交市属监管机构）；指挥部评委（若需）按相关制度产生；评委组组长由评委推选确定，评委名单在整个招投标期间严格保密。

民航监管的招标项目（公开招标、邀请招标），从民航专业工程专家库中抽取的技术和经济专家人数，不得少于评标委员会人员总数的 2/3，民航专家确定后由监管机构告知评标时间和地点等事宜；指挥部评委（若需）按相关制度产生；评委组组长由评委推选确定，评委名单在整个招投标期间严格保密。

3.1.2 招标采购工作流程

招标采购运作过程的科学性，充分体现在招标程序设计的合理性之中。招标采购环节的相互制约可以减少人为干扰因素，加强权力的约束和制衡，防止腐败问题的发生。

按照国家法律法规的一般性规定，指挥部结合浦东机场三期扩建工程的特点和组织管理的要求，对招标采购工作制定了规范化的工作流程，将项目招标划分为招标前准备工作、招标信息发布、投标单位确定、发标、答疑、评标前准备、投标、开标、评标、确定中标单位、办理中标通知书等几个阶段。

1）招标前准备工作

此工作主要包括：① 项目报建；② 招标工作准备会；③ 招标工作请示；④ 形

成招标文件初稿;⑤ 招标准备工作专题汇报;⑥ 招标控制价编制及确定;⑦ 拟定招标文件,领导批复后报上海市属监管机构或华东局审核、备案;⑧ 准备正式的《招标文件》以及其他配套文件与物品等。

2) 招标信息发布

(1) 计划财务部组织招标代理向上海市属监管机构或华东局办理招标登记备案手续。

(2) 公开招标的项目,由招标代理负责办理招标信息公开发布事项、一般采用上网发布信息的方式,发布期限为 5 个日历日。上海市属监管机构监管项目在住建委网上发布,华东局监管项目由招标代理在国家发改委认可的网站上发布。

(3) 公开招标项目招标信息网上发布期间,由招标代理负责接待报名单位、登记报名资料及发放招标文件;对于采用资格预审方式确定入围单位的招标项目,则发放《资格预审文件》。

(4) 自行组织招标项目在国家发改委认可的网站或和机场集团公司阳光采购平台上发布。

3) 投标单位确定方式

(1) 施工总承包一级或技术特别复杂的项目,经研究需要采用资格预审进行招标的,则由招标代理编制《资格预审文件》和《评审办法》,并协商上海市属监管机构或华东局同意后,计划财务部上报指挥部领导批准,由招标代理发放各投标报名单位。

(2) 经研究无须进行资格预审的项目(即报名单位全部入选投标单位),则由项目实施部门直接拟文上报指挥部领导。

4) 发标

(1) 公开招标项目招标信息网上发布期间,由招标代理负责接待入围投标单位,并根据招标公告审核获取招标文件时须提供的材料。询价投标单位资格由招标代理审核。

(2) 由招标代理办理投标单位签到,并按照装箱清单发放招标资料,收取标书购置费。

(3) 招标工作小组组长主持发标会(如需),招标代理和工程技术人员介绍工程概况,并阐述招标要求。

5) 答疑

(1) 项目实施部门会同计划财务部、设计管理部对投标单位提出的书面问题做出答复,招标代理整理汇总成《招标文件补充说明》,计划财务部报指挥部领导和监管单位批准后,由招标代理准备好足够份数的《招标文件补充说明》并办理相应的盖章手续。

(2) 对招标文件的所有澄清或修改,应当在投标截止时间至少 15 d 前以书面形式通知所有投标单位。

6) 评标前准备

(1) 项目实施部门在评标前一周,会同办公室拟定投标、评标会务及费用安排的请示，上报指挥部领导审批。"请示"内容包括：会议安排、评标会费用预算、日程安排等。

（2）项目实施部门在评标前一周上报确定指挥部评委及外部评标专家专业类别的请示，报指挥部领导审定后，由计划财务部依据批示内容实施业主评委的抽取工作。

（3）计划财务部向上海市属监管机构或华东局申请抽取外请专家评委。

（4）项目实施部门会同办公室按照经批准的评标工作安排落实各项会务工作，并对参加投标、评标会的相关部门发出"投标、评标通知书"（附上"日程安排"）。

7）确定中标单位、办理中标通知书

（1）对于公开招标项目或邀请招标项目，评标完成后 3 d 内，招标代理向上海市属监管机构或华东局办理评标资料备案及中标公示（3 d）（行业或地方有其他规定的，从其规定）。同时，计划财务部将《评标报告》上报指挥部领导，并附上评分表格（包括商务标开标汇总表，商务标、技术标得分汇总表，回标分析报告等），以及最终得分第一名单位的商务标书。

中标候选人公示期间，如未收到对于评标结果的任何异议和拟中标单位放弃中标的函件，则由项目实施部门会同计划财务部、招标代理根据评委的评审意见，针对投标书中需要澄清的问题，拟定询标提纲，并及时完成询标，要求被询标单位做出澄清、解释和承诺，并出具《承诺书》。市属监管项目在询标完成后，应由招标代理发布中标结果公告。

同时，由计划财务部向监管机构（仅市属监管机构）办理交易服务费缴纳事宜。之后由招标代理向上海市属监管机构或华东局办理《中标通知书》和《未中标通知书》，并通知投标单位领取《中标通知书》或《未中标通知书》，并办理投标保证金的退还手续（民航专业项目投标保证金由指挥部财务部门办理退还；非民航专业项目投标保证金由市属监管机构指定银行办理退还）。并且招标代理应及时根据市属监管机构或华东局的要求，将招投标全过程资料完成备案。

（2）对于询价项目而言，项目实施部门会同计划财务部、招标代理拟定询价文件（技术方面由项目实施部门协助招标代理完成，商务方面由招标代理对投标价格进行核定），并及时完成询价，同时将《评标报告》上报指挥部领导，并附上拟推荐单位的商务标书等相关资料。在指挥部领导对《评标报告》做出批示以后，由计划财务部按指挥部《合同管理实施办法》的要求进行合同的拟写和会审工作，并与中标单位签订合同。

招标工作流程图、二次公开招标工作流程图和询价工作流程图，分别如图 3-1~图 3-3 所示。

3.1.3　内部评标专家库管理

为进一步完善指挥部招投标活动（货物采购除外）中建设单位评委的产生制度，有效整合指挥部内部人力资源，充分发挥内部技术、经济专业人员队伍的力量，为实现指挥部内部评委管理工作的科学化、规范化和制度化，参照我国《中华

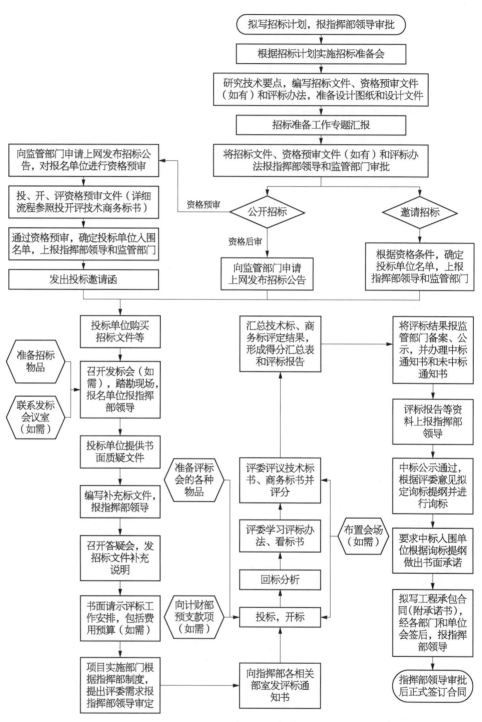

图 3-1 招标工作流程图

拟写招标计划,报指挥部领导审批	项目实施部门提出询价的申请,计划财务部会签,报指挥部领导审批
招标准备工作专题汇报	研究技术要点,编写询价文件和评标办法,准备设计图纸和设计文件
招标文件报指挥部领导审批	
二次公开招标,发布招标信息,报名情况报指挥部领导	将询价文件和评标办法报指挥部领导审批
编写补充招标文件报指挥部领导	召开发标会,发询价文件,踏勘现场
召开答疑会,发补充招标文件	项目实施部门提出内部评委的名单,报指挥部领导审定
书面请示评标工作安排,包括费用预算(如需)、评委抽取等工作	投标、开标、评标
向指挥部相关部室发评标通知书	汇总形成评标会议纪要
投标、开标、评标、评标结果公示	将评标会议纪要、拟中标单位承诺书(如需)等资料上报指挥部领导审批,确定中标单位
评标报告上报指挥部领导	
中标公示通过,开始询标,并办理后续中标、未中标手续	拟写工程承包合同,经各部门会签后,报指挥部领导
补充合同的报批和签订	指挥部领导审批后正式签订合同

图3-2 二次公开招标工作流程图   图3-3 询价工作流程图

人民共和国招投标法》《评标专家和评标专家库管理暂行办法》和《上海机场(集团)有限公司采购评审专家和专家库管理规定》,指挥部建立了内部评标专家库(评委库)并进行细致有效的管理。

内部评标专家库管理相关的要求中,明确计划财务部会同组织人事部负责内部评委库管理工作,主要包括内部评委库的建设和内部评委的继续教育及资格审核,而项目实施部门则负责提出抽取评委需求,获取候选名单,提出随机抽取名单建议。评标专家的确定过程中,计划财务部从专家名单中进行随机抽取与通知,监察室负责内部评委产生的全过程监督工作,并对无故拒绝参加评标的情况做好记录工作,及时反馈组织人事部。

为保障评标质量,内部评标专家必须从事相关专业领域工作满8年并具有高级职称(场道及助航灯光专业为具有中级及以上职称),相关入选条件将依据政府部门和机场集团公司对于建设单位评委资格要求的变化适时调整。

根据需要评标项目的类型和特点,以及指挥部专业技术人员的实际情况,指挥部将评委库中内部评委分为设计、勘察、监理和施工四大类,各大类下细分土建结构、机电安装、信息弱电、市政工程、钢结构、水利工程、场道工程、助航灯光和工程造价等九小类,以便充分发挥各评委的专业知识和专长。此外,评委库以计算机数据库的形式建立、使用和维护,实际使用时结合人工抽取的方式确定内部评委名单。

评委库使用过程中，项目实施部门应在评委库中按不低于 1∶3 的比例（某专业候选人员人数小于等于 3 个的除外），拟定各专业抽取名单和抽取人数，并填写"评标专家抽取申请表"报请指挥部分管领导审批。同时，计划财务部会同监察室，依据指挥部批件中的抽取名单和数量执行内部评委抽取和通知工作。

其中，技术复杂或特殊专业和特殊要求的招标项目，在采取随机抽取方式确定的内部评委难以胜任时，项目实施部门会同监察室，申请采取直接确定的方式，从评委库中选定内部评委，报请指挥部分管领导审批。工艺特别复杂或专业性特别强的招标项目，评委库不能满足需求时，项目实施部门则会同监察室，选定评委库以外的专业人员参与评标工作，报请指挥部分管领导审批。

3.2 招标采购的前期策划

项目招标采购制度是市场经济条件下工程建设规范化交易的制度保证，是项目管理的具体实施手段和方法。浦东机场三期扩建工程技术含量高，材料设备所占的比重大，指挥部十分重视项目招标采购的前期策划，科学充分地提前做好涉及招标采购的相关准备工作，为招投采购奠定坚实基础，从而可以择优选择承包人和供应商，满足机场三期扩建工程土建、设备和信息系统的技术标准和进度要求，取得了明显的成效。

3.2.1 招标采购方式策划

在坚持公开公平公正和有效竞争的原则基础上，遵循《中华人民共和国招标投标法》《中华人民共和国招标投标法实施条例》（国家法律法规）《上海市建设工程招标投标管理办法》《上海市建筑市场管理条例》，上海市住建委相关管理办法及有关具体通知要求如《关于进一步规范本市房屋建筑工程施工招标标段划分的通知》《上海市房屋建筑和市政工程施工招标评标办法》（地方性规定）《民航专业工程及货物招标投标管理办法》《民航专业工程标准施工招标文件 2010 版第一修正案》（行业规定）等法规要求，指挥部明确了廉政、高效、为运营服务等招标采购的目标，通过合理的任务分工和组织，建立严密的制度和工作流程，实现权力制约，减少人为干扰因素。

在总结以往工程实践经验的基础上，指挥部遵循市场经济的客观规律，在三期扩建工程建设过程中一直坚持公开、公平、公正和有效竞争的招标采购原则，严格按国家的有关规定，对施工项目、重要设备和材料，以及勘察、设计、监理等咨询服务项目原则上都采用公开招标的方式进行采购，做到既坚持规范，又独到创新。对于政府投资与国有资金及国有控股的相关项目，指挥部要求限额以上的勘察、设计、施工、监理，以及与工程建设有关的重要设备材料等的采购必须采用公开招标，其中服务类限额为 50 万元以上，货物采购类限额为 100 万元以上，施工类限额为 200 万元以上。

对于招投标交易场所,指挥部亦有着严格的要求。政府投资、国有企业事业单位使用自有资金投资且国有资产投资者实际拥有控制权达到法定招标规模标准(民航专业工程同样适用)的项目,指挥部要求应当前往市或者区统一的建设工程招标投标交易场所进行招投标;其他建设工程投资项目可以自行确定是否进场招标。非进场招标项目,应当依法自行组织招标投标活动,可由建设行政管理部门提供发布公告公示和专家抽取服务。

浦东机场三期扩建工程极其复杂,除了原则上主要采用公开招标方式进行招投标以外,指挥部针对不同的情况,设立了多种招标方式。在限额以上的项目,除了公开招标以外,还可以进行邀请招标、直接委托,但邀请招标、直接委托均属改变招标性质,须经政府主管部门批准认定。对于限额以下的项目,指挥部则采取公开招标、邀请招标、比选方式、竞争性谈判、直接委托等多种方式。

3.2.2 招标采购要求和目标策划

为确保招标工作的顺利推进,指挥部制定了详细的招标策划和准备指南,主要围绕以下几点:标段划分;招标前置条件确认;技术准备;标书准备;招标文件会审及决策;招投标过程的控制与管理;标后分析和询标、澄清。对于其中某些要求,指挥部做了详细的说明。

1) 招标前置条件确认

勘察、设计项目招标前,需要项目立项或核准获批;监理、施工招标前,需要取得初步设计批复或通过施工图设计文件审查,并且招标代理合同已签订并备案。但对于设计招标而言,依据上海市 50 号令,设计招标可在立项前,但须提交承诺书。

2) 技术准备

招投标前,指挥部需要保证施工图设计质量(深度、完整性等)达到勘探、测绘技术要求,并且制定技术规格书以及完成工程实施策划书。

3) 标书准备

指挥部在招标前亦需要制定招标计划(发包方式、资质要求、时间安排等),选择确定资格预审文件或招标文件示范文本,完成标书技术文件及图纸的制定,编制工程量清单等任务。

与此同时,指挥部也为建设工程招标采购设定了以下诸多目标,确保招标工作的圆满完成:

(1) 遵守国家的法律规范,树立廉政、高效的工作作风;

(2) 以机场运营管理为出发点,体现建设为用户服务的思想,确保运营方便、安全、可靠,降低运营和维护成本;

(3) 体现经济实用、高效节俭的项目管理理念,在保证工期、质量的前提下,最大限度地节省投资;

(4) 选取具有良好社会信誉、持续性生产能力,又对项目需求理解透彻、产品功能及建设方案合理、售后服务完善的承包商或供应商；

（5）保证在各采购项目之间的合同界面、技术配合界面的整体一致，处理好各期工程、浦东机场和虹桥国际机场（以下简称"虹桥机场"）之间的衔接关系等。

3.2.3　招标技术标准的确定

根据设计文件的要求，对采购物品确定技术定位和功能标准是招标采购的首要工作，这一阶段的任务主要是搞清楚自己"要什么"。指挥部贯彻"功能为主"的原则，将技术指标层层分解和细化，最大限度满足使用单位的要求，减少维护和运行费用。

例如，航班信息集成系统是一个数据集成与交换中心。指挥部经过研究和分析，要求航班信息集成系统满足：面向多机场和多航站楼运行的要求、现代化枢纽机场业务协作和分工的需求、国际民航业务发展新趋势的要求，并且要作为机场航班营运支撑的 IT 核心系统。因此，航班信息集成系统必须具备与现有集成信息系统的业务无缝连接，以及预留系统接口具备与未来浦东机场建设时相关系统进行对接的能力。具体技术能力标准包括以下几个方面：

（1）提供一个航班信息共享的运营环境和统一的航班信息业务处理规范，提供统一的航班信息，以使应用系统和各子系统能够高可靠、高效的协同运作；

（2）支持浦东机场作为枢纽机场运行，能为旅客、航空公司以及机场自身的业务管理提供及时、准确、系统、完整的航班信息服务；

（3）支持机场各生产运营部门在机场运行指挥中心（AOC）/航站楼运行管理中心（TOC）的协调指挥下进行多机场/多航站楼的调度管理，以优化生产运营和设备运行；

（4）支持机场子系统的标准化扩展；

（5）降低系统维护和二次开发的成本。

指挥部不仅在招标采购前按功能要求明确技术定位，还通过将技术标准层层分解锁定细节。例如，在登机桥系统招标文件中，机场建设指挥将技术性能指标逐层分到第三级。首先对登机桥系统主要包括的旋转平台、活动通道、升降和行走系统、接机平台等设立了一级性能指标；又将接机平台分为接机口、接机平台布置、折叠遮篷、活动地板等若干个二级性能指标；其中对折叠遮篷还进一步规定了遮篷的密封性、宽度、高度、刚性、伸缩范围、材料特性、限位开关等更加详细的三级性能指标，如图 3－4 所示。有了这样明确详细的技术标准，不仅便于控制设备的质量，还有利于供应商降低技术风险，提出比较合理的报价。

3.2.4　招标阶段标段划分的策划

对于浦东机场三期扩建工程这样的超大型复杂工程而言，招标阶段标段划分的策划不但涉及招标采购的质量，还事关招标采购后项目合同实施的质量和工程管理的成效。

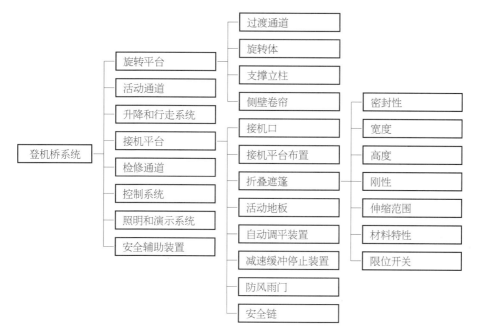

图 3-4　登机桥系统三级性能指标

1）标段划分的基本原则

合理的标段划分,是有效开展招标工作的前置条件,根据《中华人民共和国招标投标法》《中华人民共和国招标投标法实施条例》《上海市建筑市场管理条例》等相关法律、法规和规章的规定,结合浦东机场三期扩建工程的实际情况,指挥部根据以下原则合理划分各个标段。

（1）根据不同工程项目的特点,合理划分标段、确定工期,并在资格预审文件、招标文件中载明,对工程技术上紧密相连、不可分割的单位工程不再分割标段,施工标段应当具备独立施工条件。

（2）房屋建筑单体工程原则上只进行一次施工总承包招标,但以下专业工程指挥部可以单独组织招标:

① 桩基础工程(不含基坑围护工程);

② 二次装修工程。房屋建筑单体工程的地下工程(包括基坑工程、地下主体结构)应当与地上主体结构工程划分为一个标段招标(地下与地上分别是不同建设主体的除外)。

（3）房屋建筑群体工程原则上应整体招标,确须分开招标的,则在首次招标前一次性列出招标计划,并说明理由,明确招标次数以及每次招标包含的单位工程。

（4）须单独招标地下工程的,其地下工程建筑面积原则上不得小于 4 万 m^2。须单独招标的桩基础工程、地下工程、地上主体结构工程,须由城市规划行政主管部门出具与之相对应的建设工程规划许可证。

（5）以暂估价形式包含在施工总承包招标范围内的建筑幕墙、建筑机电安装、消防设施、电子与智能化、建筑装修装饰等专业工程,属于依法必须进行招标的项目范围且达到国家规定应当招标规模标准的,指挥部就按照招投标管理有关规定依法进行招标。

2)合同的合理打包与拆分

大型建设项目合同的合理打包是一门高超的管理艺术。在机场建设项目中,土建工程设立多少标段,哪个标段项目先招标,哪个标段项目后招标,除了要考虑审批程序和设计出图的顺序安排外,还要考虑三个基本因素:一是有利于工程与实际进度的安排;二是明确不同标段的界面约定;三是有利于形成资产的分解。土建工程的打包及分解先由工程部门提出主导意见,计划财务部门组织集体讨论,结合工程实际、现场情况以及投资金额的大与小来确定标段。

由于机场建设工程的设备和信息系统的专业门类和技术规格特别多,采购的合理打包更是一个具有挑战性的工作,也是招标采购能否满足用户使用要求的关键。例如,空调箱的需求量很大,达数百台。这些空调箱分布在楼内的各个部位,而且性能指标也不尽相同。是打一个包,还是拆开分批招标?要拆的话,拆成几个、怎么拆?指挥部经过研究,发现空调箱的到货时间很集中,必须在 1~2 个月的时间到货。但国内任何一家比较有实力的供应商要在短时间内单独供应数百台都是有难度的,其人员、设备的配备也不一定能满足要求。因此,空调机箱打一个包存在着很大的风险。考虑到楼内不同区域的空调系统可以相对独立,指挥部决定将空调箱拆分成两个包进行招标,既减少了设备供应的风险,也为今后的施工和运营管理提供了方便条件。

对于技术指标相差较大的设备系统,指挥部采取了分层次进行招标的方式,即在一个标里面分成几个层次,让不同实力的供应商去竞争不同层次的标的。例如,多联机空调系统在不同单体项目上的技术要求有很大的不同。因此,指挥部决定将所有的多联机空调系统作为一个整体进行招标,并分成重要区域、次重要区域和一般区域三个子项分层。供应商可以选择其中的一个或多个层次进行投标,最大限度地引入竞争机制。

在集成系统打包过程中,指挥部还要求明确不同标段的界面约定,包括系统之间的接口关系、业务流程关系和承包商之间的配合关系。如在离港系统招标文件中,指挥部对界面关系做出了 10 多个方面的约定,避免了众多子系统之间的矛盾和冲突。

3.2.5 环境技术条件的策划

为确保工程招标工作的顺利进行,指挥部在工程招标前进行了一系列技术准备与安排。以浦东机场三期扩建工程的卫星厅工程为例,指挥部在工程招标前,便安排布置了专机坪、南机坪围界迁改的工作,主要包括物理围界、安防系统、供电系统、防撞和其他设施(分三阶段迁改),以及东机坪围界迁改的工作,主要包括物理围界、安防系统、供电系统、防撞及其他设施(分两阶段迁改),如图 3-5 所示。

又如,以浦东机场三期扩建工程重点之一的 T2 捷运车站工程为例,其位于T2 空侧,连接廊南侧,主楼与指廊连接处,建成后为连接 T2 与 S2 的捷运系统车

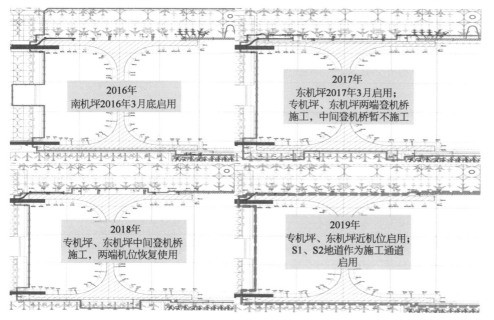

图 3-5 专机坪、南机坪、东机坪围界迁改

站。因其位于浦东机场的核心区域,工程施工期间的施工运输问题较为复杂。为使投标单位能够合理地确定施工方案及估算成本,保障工程施工的顺利开展,指挥部在工程招标期间就策划制定了详细的施工车辆进入路线,如图 3-6 所示。施工车辆由塘下路进入,沿飞速路、东侧辅道、S32 高速,经南进场路最终到达 T2捷运车站;施工车辆出场沿原路返回,进入施工车辆蓄车场后,进入停用市政道路,自南进场路出场。

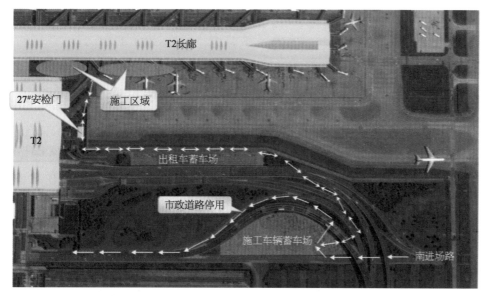

图 3-6 交通组织图——施工车辆运行路线

如此，这类策划工作就为工程的招标投标奠定了技术、环境和条件基础，降低了投标方案制定中的不确定性，也有利于投标单位做出合理报价。

3.3　招标采购的过程管理

3.3.1　市场充分调研的组织

招标采购计划是指挥部组织项目招标采购的纲领性文件，它不仅反映了工程、货物和咨询的市场供应情况、材料设备详细清单和工程进度要求，规定了分包打捆、采购方式、技术定位、售后服务、各环节时间节点等内容。指挥部以功能领先确定工程和设备技术定位和标准、组织市场调研掌握第一手信息资料、合理打包方便运行和维护等做法，保证了项目招标采购目标的实现。

市场调研是招标采购过程中一项基础性的准备工作，主要是了解市场上"有什么"，这一点对于设备及信息系统的采购尤其重要。指挥部信息设备部与设计单位一起负责收集有关设备和信息系统采购项目的国内外行情，调研设备代理商和制造厂家的资格、资质、市场业绩、产品信息、联系方式等。根据调研情况，结合工程实际分析材料设备的供应价格、技术定位、供货范围、伴随服务需求及商务要求，如交货周期、付款方式等，进一步完善所购材料设备品名、数量、规格及有关技术要求。市场信息掌握得越充分，就越能掌握招标采购的主动权。

例如，浦东机场三期扩建工程中有电梯上百台，根据建筑的高度、用途及客流量（或物流量）的不同，需要购置不同类型的电梯。为了掌握电梯市场第一手的信息，指挥部针对不同供应商的产品，设立了基本参数、工作状态、控制方式、基本功能、安全特性、控制装置、配合服务、电气设备、轿厢、市场价格等 19 个方面、200 多项技术经济指标，开展全面的调查研究。不仅对市场上供应的电梯性能、价格了如指掌，而且对电梯制造厂商的年生产能力、工程业绩、环境质量体系认证、备品备件、维修服务等做到胸中有数。

3.3.2　通用标准化的招标文件

招标文件是工程招标的重要法律文件，是投标和评标的重要依据，也是签订合同的基础。标准化通用性的招标文件是指挥部招标采购管理经验和成果的系统积累，不仅具有可操作性，也是工程管理理论指导下的应用实践。

浦东机场三期扩建工程标准化通用性招标文件分为土建工程、材料、系统设备和咨询服务等方面，而如设备系统就有国际、国内及带安装、不带安装等多种版本。标准化通用性招标文件的采用不仅可以满足标准化、规范化要求，规范招标文件的质量，而且简化了招标文件编制和审核过程，缩短了编制招标文件的时间。

如指挥部委托设计单位根据招标采购计划负责设备采购的技术部分标书的编制，商务部分标书的编制及技术和商务标书的合成也委托相关咨询单位负责，并请相关专家对招标文件技术部分进行评审，再报指挥部领导审批。设备采购招标文件的编制流程如下：制订采购清单→甲供设备采购计划→标书第一次讨论→标书第二次讨论→内请专家审查会→商务技术标合成→内请流转并报指挥部专家评审(国际机电招标增加程序:网上抽取专家评审→两级机电办审批)→形成最终版本的招标文件。

3.3.3 投标人资格的严格审查

指挥部是机场工程建设管理的总体组织者和资源集成者,大量具体业务是通过聘用专业承包商、供应商和咨询服务单位来实施的。因此,合理设定投标人入围资格条件,是充分利用好社会资源,选择真正适合机场建设工程特点的、具有综合实力和社会信誉外包单位的关键性的第一步。

在工程的招标文件中,指挥部对于承包商或供应商资质要求,包括产品质量、解决方案的案例、项目经理管理资质和技术背景、主要技术人员的技术资质、主要人员现场工作时间表、投标人的业绩资质、财务数据、银行资信等。这些实质性地指标,全面反映了投标人的技术能力、管理能力和风险控制能力,是需要关心的核心因素。

在土建项目资格预审时,指挥部主要考察项目经理能力、管理班子实力和业绩情况。项目经理要有执业资格证书,管理班子各专业技术配备齐全,注重选派具有丰富施工经验的人员担任相应的管理岗位;企业要曾获得如鲁班奖、白玉兰奖等重要奖项。对于企业的财务信息,一看负债情况,二看获利情况,三看3年平均的总营业额。还要考虑企业介入诉讼的情况、财务资金情况。要求投标人提交的财务报表是经过审计的,有审计机构出具的证明。还有一个重要点是要将同一行业、同一地区的投标人错开,根据指挥部经验,一般同一行业的入围企业不宜超过两家。

对于设备和信息系统的供应商,指挥部不仅对投标人的技术资格能力提出了详细的要求,而且还对系统集成方、主要设备制造方、安装方(特种设备)、主要配套产品生产厂商的资格能力等都规定了非常详尽的评价指标。特别是站在项目全寿命周期的高度,从客户的使用和维修角度,对供应商的技术培训、售后服务、备用备件供应、技术扩展等能力的锁定,从源头上保证了入围供应商的基本技术素质。

3.3.4 公正客观的评标机制

指挥部严格按照国家招标法规定选用评标办法,遵循"公平、公正、科学、择优"的原则,根据国家法律、法规和规章,结合工程项目的具体特点、难点制定评标原则,不以不合理的条件限制或者排斥潜在投标人,不妨碍或者限制投标人之间的竞争。在发标之后到评标结束之前,指挥部领导和部门负责人不与潜在投标方的商务人员或技术人员接触,防止标书内容泄漏,同时杜绝事后投诉嫌疑。部门负责人不参与评审,评审专家由外聘专家和与该项目招投标过程无直接关联的内部专家组成,保持第三方的公正和客观。

指挥部的招标采购活动主要分为两种形式,即进场交易和非进场交易。进场交易是指根据相关规定进入上海市或民航管理局统一的交易场所完成招投标活动行为,包括设计、勘察、监理和施工的招标采购等。非进场交易是指进场交易以外的项目,包括材料、设备、其他咨询服务的招标采购等。目前,对于进场交易的施工项目,上海市和民航管理局分别制定了标准评标办法。

1) 评标办法的分析优化

上海市标准施工评标办法按项目规模和难易程度分为:简单比价法、经评审的合理低价法和综合评估法。通常情况下,应根据档次划分选用对应的评标办法。

其中,简单比价法适用于使用财政资金且项目费用 1 000 万元以下的施工项目,该办法不考虑技术因素,以商务报价的高低作为绝对评标因素。该评标办法产生的拟中标单位的履约风险较大,非必要情况下,不推荐使用。如不得不使用(例如符合条件的零星或专业工程项目),应侧重于招标文件内对于技术要求的编写,并在中标候选人公示后的询标澄清阶段,重点对项目技术特点、环境限制条件、须采取特别技术措施等,以及以上因素引起的成本进行反复澄清、确认,并要求疑似恶意低价(低于最高投标限价 20% 以上)的中标单位,开具银行保函(风险担保金额 = 最高投标限价 - 中标价 - 履约保证金)。

经评审的合理低价法的特点是适用范围较广(凡不属于总承包一级项目的或技术复杂项目的项目均适用),对技术标可设定一定的评审规则,可选择入围方式(按投标报价)。使用该评标办法,一般选择按报价高低取中间段的入围方式,一定程度上可降低恶意低价的投标单位。在技术标的评定规则设置中,突出机场项目特有的技术特点和管理要求,并在合理范围内赋予高分值或否定权重。同时重视中标候选人公示后的询标澄清工作,在对中标投标报价充分分析的基础上,要求中标单位对不平衡报价进行重点承诺。

对于工程难度高或施工条件较为复杂的项目,计划财务部就联合设计管理部和工程部门,与招标代理一同编写招标项目情况说明,阐述项目的技术特点、环境因素等实际情况,经批准后,征求项目实施监管部门意见,争取采用相对侧重技术的综合评估法(甚至二阶段综合评估法)或资格预审。

2) 投标单位入围的评估方法

投标单位入围的评估方法,包括资格预审以及综合评估法,均适用于总承包一级或技术复杂的项目。

资格预审适用于复杂程度高且投标单位较多的情况,可以通过对以往同类规模项目的投标单位数量记录,预测拟招标项目的潜在投标人数量。建议预测投标人数量不多于 7 家(通过资格预审小于 7 家的,全部入围投标;通过资格预审不小于 7 家的,可使用"三重一大"选择不小于 7 家)的,可采用综合评估法代替。由于标准资格预审文件的评审项目均较为细致,参与单位稍有不慎(甚至于笔误或遗漏资料,此在实践中经常发生),则会淘汰。因此,建议资格预审不采用合格制,而采用打分制——前几名入围的方式。并且,区分实质性响应和非实质性响应的评分项目,对非实质性响应的评分项目注明"只扣分,不否决资格"。通过以上方式,增加优质企业最终入围的可能性。

综合评估法(一阶段)的优势是适用性和操作性都较强;劣势在于:① 入围方式以商务标排名为准(也可全部入围);② 技术标评标过程中,已知商务报价,会带来根据报价打技术标分的嫌疑。对于该类评标办法,建议采用入围方式为全部入围,可避免因入围范围的限定,避免优质施工企业无法入围评审。

在技术标评审过程中,计划财务部提醒对低报价投标单位的技术审查,避免鱼目混珠。可在评审细则中要求项目经理面试环节,以有效排除陪标单位高得分的情况。

综合评估法(二阶段)的优势在于可通过技术评审排名入围投标单位,以保证评标结果的技术合理且商务报价合理最低。其劣势在于适用范围较为严格,须在招标策划阶段联合设计部门、工程部门等多部门对项目的规模和难度进行评估,认定后方可实施。

3.3.5 中标后的履约保证

为保障中标者保质保量完成合同任务,指挥部设置了多条合同履约保证条款。以浦东机场三期扩建工程卫星厅项目为例,指挥部从设计、施工、监理、质量、安全、资料归档等方面设置了对应的履约保证条款。

在设计方面,指挥部为卫星厅工程及 T2 捷运车站设计合同设置了一定的考核金,考核金根据合同约定设计进度节点、乙方现场设计完成任务的情况和客观工作表现酌情发放或扣减。同时,为了激发承包单位的能动性,更好地保障施工质量,指挥部为卫星厅及捷运车站工程施工总承包合同设置了相当的质量保证费,设定如获白玉兰奖支付质量达标费的数额、获得鲁班奖另支付质量达标费的数额。作为重点工程,工期是必须要保证的。因此,指挥部也为卫星厅及捷运车站工程的施工总承包合同设置了一定的进度保证费,完成约定各节点工期即予以提前支付;因承包单位原因无法按期完成各约定节点工期,进度保证费不支付,额外执行对应金额的处罚。

同时,指挥部根据现有的相关考核办法,明确规定关于合同履约达标条款的设置。对于特定项目的具体履约达标要求,在项目招标策划时由相关业务主管部门根据项目特定情况提出具体方案,方案通过指挥部内部决策后在招标文件中即予以明确,并在后续合同中设置相应达标保证费用条款,相应费用包含在中标价内。

3.4 招标采购中的投资控制措施

3.4.1 控制目标确定与图纸审查

工程的招标采购阶段是从设计阶段过渡到施工阶段的必不可少的一环,是承上启下将设计成果转化为工程实体的重要阶段。在招标采购过程中,指挥部准确定位项目的质量目标、工期目标以及投资目标,着力于"定范围、定目标""施工图审查""造价谈判"和"公开竞争"等工作要点,确保实现"限额设计""总价包干"以及"将造价控制在低于社会平均水平"的目标。

1) 标段投资控制目标的确定

进入招标采购阶段,首要任务是确定招标采购的范围以及对应的投资目标

（概算）。指挥部计划财务部组织招标代理、投资监理，与工程部门、设备信息部门等相关部门密切沟通，从工程/系统结构的前后关联性、施工可行性、设计进度等多个维度出发，对标段与标段间、总包与分包间、设备与安装施工间的界限进行充分讨论，形成行之有效的、明确的界面划分，为后续标段的发标范围和各自标段的结算范围，甚至为资产核算移交和决算编制工作等提供明确的依据。在确定发包范围时，同步按标段对概算进行分析和拆解，形成对应标段的分项投资控制目标。

2）施工图（招标图）的全面审查

指挥部开展的施工图（招标图）的全面审查工作，包括以下几个方面。

（1）在施工图审查过程中，采用主材对比和指标对比的方法，排查超标准或超规模的设计内容，一旦发现立即预警，并提供经济对比分析报告，以此力求实现按批复概算标准的"限额设计"的效果。

（2）重视施工图阶段设计方案的技术和经济比较分析，通过技术经济比较法对方案进行合理优化。对每项工程施工方案和技术经济特点，组织内部讨论。坚持运用科技创新对工程建设的积极推动作用，对施工方案进行经济优化。

（3）在发包前，计划财务部协助相关工程部和设计管理部对设计文件中可能造成应标单位误读的地方进行筛选，并在招标文件中明确，从而避免可能引起的高额索赔。重点筛选以下几点：

① 设计文件的深度不足，须应标单位自行深化设计的部分。如存在该情况，一方面向设计管理部反映，另一方面在招标文件或合同文件中，明确由深化设计引起造价变化的风险承担范围。例如，在幕墙招标文件中，要求投标单位应在保证设计建筑效果的前提下，通过深化设计充分预计因力学、安全性要求必须增加的构件或配件，相关费用闭口包干使用。

② 通过询价平台，验证配套技术要求中的品牌要求是否存在档次参差不齐，容易引起报价偏离度较大的部分，在保证项目经济性和竞标公平性的前提下，不降低工程品质。

③ 比对扩初设计和施工图设计，筛选是否存在设计漏项或者明显偏差。

3.4.2　面向项目群的集中采购

集中采购是采购单位将众多子项目的采购任务集中整合到一起，形成统一的采购计划，统一与供应商进行洽谈，以批量优惠价格完成采购并统一落实售后服务的一种采购形式。招标采购是一个固定的流程，需要一定的周期和固定费用的支出。机场工程的航站区、飞行区、货运区及综合配套区各个部分包含了许多功能一致、规格相近的设备，如水泵、电梯、数据库系统等，采用集中采购模式，可大大减轻工作强度和固定费用支出。另外，由于形成一定的采购规模，对于供应商有很大的吸引力，形成量多价低的采购效果。而且，由于设备和信息系统的技术参数、产品规格等方面的统一性，相对集中的供应商队伍，给施工安装、今后的运行管理和维护带来很大的便利。

例如，指挥部发现很多信息系统都使用 Oracle 数据库，但是通常情况下数据库都是作为信息系统的一个子项，单独进行采购的。如果在各个系统中都分别采购 Oracle 数据库,将会付出比较高的采购成本。于是,指挥部决定将 Oracle 数据库进行集中采购,根据已经签订合同中确认的采购需求,每年分两次向 Oracle 公司上海总代理进行采购,并在采购合同中约定与项目合同相对应的服务条款,保证项目承包商与数据库承包商之间的工作衔接,项目承包商在项目合同中收取对于数据库的集成费用。数据库的集中采购,一项就节省费用达 1/3。

通用设备的集中采购,不仅可以降低工程造价,而且还提高了服务的质量。例如,通常服务器的保修时间是 3 年。指挥部通过对服务器的集中采购,在不提高设备报价的前提下要求供应商将保修时间提高到 6 年。另外,机场前期工程中的很多设备已经过了保修期,部分已经损坏。如一期工程的卫生洁具经过几年的使用后,有部分已经损坏,并且备品备件缺乏。在后续机场建设的设备招标中,指挥部增加了相关条款,要求设备供应商将一期工程中的卫生洁具纳入保修范围内,并提供一期卫生洁具的备品备件,解决了一期工程使用过程中的问题,降低了运行维护的成本。

通过将通用设备集中采购,指挥部节约了大量建设资金,取得了良好的经济效益。同时,形成了一批优秀的以浦东机场建设工程为核心的供应商团队,为机场今后的建设和运营管理营建了良好的基础。

3.4.3　工程竞争性招标中的投资控制

在浦东机场三期扩建工程的工程任务发包过程中,指挥部力求按市场化运作,采用竞争性招标方式,锁定合同价格。对于个别需要直接委托的项目,也设法预先采取控制措施。高质量的招标文件和科学的评标办法对于确保工程质量和工期、降低工程造价有着至关重要的作用。指挥部精心策划建设工程建设的招标工作,主要措施如下:

(1) 为保证技术标的质量,特别强调技术标书由设计单位编制,技术规格必须详尽细致;

(2) 针对每项工程的实际情况和技术经济特点,编制严密的招标文件,力争锁定能预见的一切风险因素;

(3) 针对每项工程的特点和投标单位的实际情况,依据招标投标法规定,研究和制定科学合理的评标办法,依靠市场机制,有效降低工程造价;

(4) 建设工程设备和信息系统集中采购,提高与供应商洽谈的筹码,形成量多价低的采购效果,同时能够吸引更多具有优势的供应商;

(5) 招标方案的不断优化,主要体现在对招标范围和标段划分的优化、技术规格和技术标书的优化、商务标书和评标办法的进一步优化等。

3.4.4　工程直接委托中的投资控制

由于采用直接委托方式,项目的技术方案特别是价格只能通过谈判得以确定。为此,指挥部在进行合同谈判前,就如何控制直接委托项目价格进行了充分研讨,并多方采取措施,使直接委托项目的造价得以控制。措施如下:

(1) 参照招标要求审核商务和技术文件。指挥部对直接委托项目也要求施工单位在收到施工图后，严格参照招标要求编制完整的商务和技术文件，且要求施工单位在开工前完成报价，以加强投资的事前控制。

（2）谈判前做好充分准备。在合同谈判前，及时组织投资监理、设计概算编制单位对概算进行分析，做好项目同口径拆分和对应工作。通过与概算的认真比对，及时获得施工图范围内的投资控制目标值；在施工单位报价前，组织投资监理完成独立平行测算，在独立平行测算的基础上，再与施工单位进行工程量、单价等的审核、商谈；事前明确计价原则和实施流程，通过双方召开的专题会议形式，明确直接委托项目工程费用结算优惠费率、计价原则和实施流程。

（3）在报价与概算产生较大偏离时及时预警。在对报价进行分析后，发现确实存在问题的，则由计划财务部牵头，会同工程部门、投资监理单位商谈施工单位，要求其对明显不合理部分进行调整或按照报价要求予以重新报价，如有异议，则再委托第三方专业机构进行独立测算，对工程造价做进一步评审。

3.4.5　招投标风险的透明最小化

长期以来，指挥部一直秉持"一个持续亏损的企业是不可能提供良好服务"的理念，在招标采购工作中力求招投标风险的透明最小化。如此，通过市场竞争，可以优选建设队伍和技术方案，有效转移风险、减少变更，并获得合理的价格。

基于此思考，为应对招投标阶段的各类风险，指挥部提出了招投标风险透明最小化的要求，并基于该理念提出招标采购方案的深度设计法。实现招投标风险透明最小化，投标人据此可以预见所承包工程中可能获得的预期利润和风险，从而提出相对合理的报价。同时，由于存在市场竞争，招标人可通过投标人间的竞争而获得质优价廉的产品和服务。如此，充分利用招标竞争，锁定合同价格。

第4章
工程建设全过程的投资控制

浦东机场三期扩建工程具有体量大、工期长、不确定性因素多等特征,这给项目的投资控制工作增加了不小的难度。如何结合机场建设工程特点,针对机场建设工程投资管控难点,研究一套科学、系统的投资管控体系和先进、可操作的投资管控技术,成为指挥部面临的一项重要课题。

4.1 全过程投资管控体系的建立背景

在行业高速发展的大环境下,上海机场也迎来快速增长期,已完成建设项目对应概算投资额 700 亿元基础上,新增的浦东机场三期扩建工程投资规模超过 200 亿元,以平均 3~4 年的建设速度完成每一期工程的扩建(包括航站区、飞行区和相应配套设施),年平均投入资金约 33 亿元,"投资额度大、投资强度大、投资控制的工作量烦琐"成为上海机场建设项目投资的显著特点。指挥部作为机场投资控制工作的推进者,意识到投资管控工作突破创新和推进落实的难点,通过在浦东机场三期扩建工程上的不断创新尝试、实践应用、梳理总结与改进完善,形成了一套具有自身特色的投资管控体系。其建立基于以下需要:

1) 降低建设成本提高投资效益的需要

浦东机场三期扩建工程与其他投资建设项目一样,面临着建筑市场人工、材料、机械等成本持续上涨的现实问题。如何有效控制投资费用支出,提高建设项目整体投资效益,成为指挥部面临的挑战。因此,指挥部积极主动开展投资管控体系和技术研究,指导合理节约建设资金,这是降低建设成本、提高投资效益的根本需要。

2) 规避经济风险提升竞争力的需要

面临瞬息万变建筑市场、庞大的项目投资规模和较长的建设投资期限,缺乏科学的全过程投资管控体系建设和理论支撑,依靠传统的、单一的以历史经验为主导的投资管控方式,严重制约了建设项目经济风险的合理控制及竞争力的有效提升,无法在激烈的市场竞争中实现可持续发展。因此,指挥部及时开展投资管控体系和技术研究,指导严格控制建设项目经济风险,这是上海机场提升竞争力的迫切需要。

3) 共享管理经验推进行业发展的需要

目前国家民航建设任务艰巨,业内在短时间内对机场建设项目投资控制方法和程序也很难有系统的认识和掌握。作为民用机场的建设者以及机场建设行业的领军者之一的指挥部在发展自身的同时,也致力于推进行业发展和进步,系统性开展投资管控体系和相关技术研究,利用自身丰富的机场建设经验共享机场项目的投资管控经验,推进行业发展,承担社会责任。

4.2 全过程投资管控体系的组织架构

在指挥部内,针对浦东机场三期扩建工程的特点,设置了投资控制专业化管理组织部门。投资控制管理组织结构如图4-1所示,其作用体现如下:

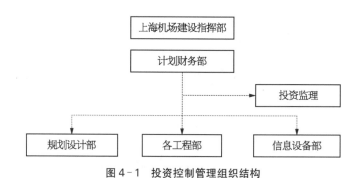

图4-1 投资控制管理组织结构

1) 突出计划财务部的主导作用

项目投资控制贯穿于浦东机场三期扩建工程建设的全过程,且项目建设各阶段投资控制有着不同的特点。在工程建设的组织架构中,指挥部首先明确计划财务部作为投资控制的主管部门,在投资控制工作中发挥主导作用。随着工程进展,在推进的不同阶段,除计划财务部作为主管部门全程负责外,投资控制的重点参与部门也各有侧重(图4-2)。如在项目规划设计阶段由设计管理部重点参与;各部门根据各阶段特点,在各自职责范围内,从各专业角度,各有侧重地对投资进行管理。

2) 发挥技术部门的专业优势

建设项目投资控制具有技术、经济、管理等综合特点,投资控制的过程涉及规划设计、招标采购、工程实施及竣工验收等过程,投资控制的措施也涉及组织、技术、经济和合同等多个方面。一个项目的投资控制不仅仅是计划财务管理人员的工作,而是由技术、经济、管理等各方面人员共同参与、共同完成的任务(图4-3)。

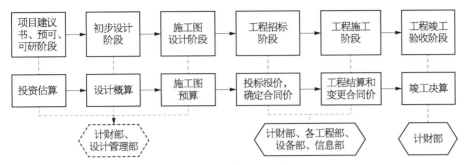

图 4-2 投资控制职分工

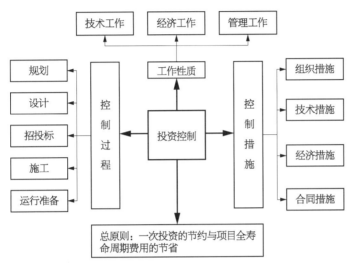

图 4-3 全员投资控制

3）利用投资监理的外部专业力量

投资监理是业主方投资控制重要的外部专业咨询和技术力量，在浦东机场三期扩建工程投资控制工作中，指挥部特别注重发挥投资监理的专业优势，给予充分授权，同时通过加强对投资监理的管理，使投资监理在三期扩建工程投资控制工作中发挥了重要的作用。

4.3 全过程投资管控体系的内涵与实施

机场建设全过程投资管控体系的主要内涵为：以现代企业管理理论为基础，以"管理方法创新和管理工具创新"，即"5M＋T"为核心，注重已有实践经验总结，积极主动开展研究、吸收最新管理成果，在指挥部领导及现有组织框架下，发展管理创新理念，提升管理技术方法，开发管理工具及平台，形成先进的、科学的、可操作的全过程的投资管理体系和技术——"5M＋T"全过程投资管控。

"5M＋T"全过程投资管控是指挥部科学规范投资管理、防范投资风险的重要举措；是提升内部管理效率，促进效益提升的重要基石；是落实发展战略，推动行业发展的重要保障。

4.3.1 全过程投资管控体系框架

指挥部在工程投资管理组织架构的基础上，围绕浦东机场三期扩建工程建设的计划目标，以计划财务部为管理主导，以项目建设的全过程为控制主线，设计提出"5M＋T"全过程投资管控体系。体系框架如图4-4所示。

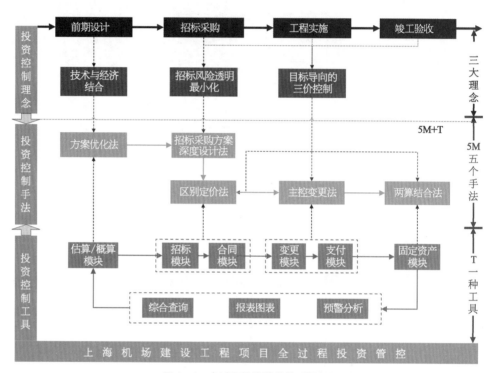

图4-4 全过程投资管控体系框架

"5M＋T"全过程投资控制管理体系，是一个横向四阶段、纵向三层次的逻辑性闭合框架。它是在针对前期设计阶段提出的"技术经济结合"理念；招标采购阶段提出的"招标风险透明最小化理念"；以及横跨招标采购阶段、工程实施阶段、竣工验收阶段的"目标导向的三价控制理念"这三大投资控制理念指导下，采用"五个手法"＋"一种工具"的"5M＋T"管理手段，分阶段有重点地开展浦东机场三期扩建工程全过程投资管控工作。

1）横向四阶段

所谓横向四阶段，是指前期设计、招标采购、工程实施、竣工验收四个阶段，涵盖了浦东机场三期扩建工程从开始的建设规划到后期的验收移交的全部过程，代表了指挥部推进三期扩建工程全过程投资管控工作的基本思想。只有开展全过程的投资管控，逐个环节严格把控，逐个环节有序推进，才能将投资管控工作抓全、做精、无遗漏。横向四阶段的全过程投资管控，不仅是开展投资管控体系建设的基础和前提，更是设计投资管控体系框架的主干线和主脉络。

2）纵向三层次

纵向三层次，即投资控制理念层、投资控制手法层以及投资控制工具层。投资管理理念层作为指挥部管理者最顶层的、最宏观的投资管理设计层，是指挥部投资管理工作应遵循的基本策略和指导思想，负责全面指导和整体规划指挥部实际投资管理工作。在指挥部提出的投资管控理念层三大理念的指导下，结合全过程投资管控四大阶段，深化符合浦东机场三期扩建工程及机场集团公司实际情况的投资管控手法层设计，使得指挥部投资控制方向更加明确，投资管控工作落实更加有效。此外，随着信息时代的到来，信息技术不断为企业的管理提速助力。投资控制工具层的设计正是结合投资全过程管控四大阶段，通过对系统业务模块和模块功能的规划研究，将指挥部的全过程投资管控理念和手法全面反映到信息管理系统中去，利用先进的信息技术支撑指挥部投资管控工作，实现投资管控的全面升级。

4.3.2 全过程投资管控手法——5M

所谓五个手法 5M（methods），分别为基于"技术与经济结合理念"提出的适用于前期设计阶段的"方案优化法"、基于"招标风险透明最小化理念"提出的适用于招标采购阶段的"招标采购方案深度设计法"，以及基于"目标导向的三价控制理念"提出的适用于招标采购阶段确定合同价的"区别定价法"、适用于工程实施阶段的"主控变更法"和适用于竣工验收阶段的"两算结合法"。5M 是指挥部结合浦东机场三期扩建工程的特点，在十多年经验总结和管理创新基础上提出的科学、可行、成效显著的投资管控方法。

1）方案优化法——M1

实施方案优化是投资控制的根本保证，特别是在设计阶段的方案优化，更是从根本上决定了投资控制工作成败的关键。方案优化的主要工作思路就是依照"技术与经济结合理念"，以价值工程理论开展项目的设计和方案的优化，以达到项目功能最优、项目全寿命周期费用最低、节约社会资源的目的。

价值工程是通过有组织的创造性工作，寻求最低的寿命周期费用，可靠地实现使用者所需功能的一种管理技术。通过实施价值工程活动，可以准确定位项目的功能，功能确定后，重要任务就是实施方案的优化，实现项目建设费用和全寿命费用的最小化，以实现项目价值的最大化。

（1）以需求为基础的功能分析。由于功能分析的基础是用户的需求，因此指挥部首先以最终用户的需求为基本出发点，对项目功能进行分析和完善。在建设之初，指挥部就大力开展需求调研，需求调研的主要对象是航空公司、联检单位，以及机场的运行管理部门，主要的做法有最终用户需求调研、一二期工程运行研究、征求运行部门意见、超需求现象研究。在用户需求明晰的条件下，指挥部通过集体的智慧，对项目功能进行准确定位和不断完善。

（2）努力降低寿命周期费用。设计方案不仅影响项目的初始投资，也直接影响项目未来的运行费用，指挥部在设计过程中从降低全寿命费用的角度开展了大量的设计优化和研究工作。

（3）兼顾寿命周期费用的设计原则。以浦东机场的行李系统设计为例，在系统的规划设计中，为了保证设计的系统按时建成，并能够安全、高效、有序、低成本运行，指挥部在设计准备阶段就提出了六大设计原则，分别是统筹规划、分期发展、预留接口的原则；采用成熟技术，注重实效的原则；弹性设计的原则；机场的责任、利益和航空公司的需求变化相结合的原则；"东西相对独立，南北一体"功能划分为主的原则；简单问题简单处理，复杂问题"复杂"处理的原则。

其中"统筹规划、分期发展、预留接口"和"弹性设计"的原则，在保证功能实现的前提下，既考虑了未来技术的发展，又节省了先期建设成本；"采用成熟技术，注重实效"的原则，在追求系统技术先进性的同时，更加注意先进技术的成熟应用，不仅投资节省，而且在运行管理上安全可靠，建设风险也相对较小。因此，在设备系统设计和设备选型中，指挥部把先进性、实用性、稳定性、高效性和经济性很好地结合起来。

（4）节能降耗研究。三期扩建工程卫星厅作为大型公共交通建筑，其耗能是非常大的。指挥部从卫星厅方案设计时就将节能研究放在了首位，依托设计单位，联合科研单位大力开展了节能研究，包括卫星厅节能、能源中心节能、雨水回用、楼宇运行控制等方面的研究，提出的节能方案和措施，运用到设计与工程实践中，充分体现了绿色环保、节约型机场的建设指导思想，同时也降低了运行成本。

例如，浦东机场第五跑道工程经上海市相关政府部门通过"沪建管〔2014〕1108号"批复初步设计，批复总概算 540 571.45 万元，其中工程费用 353 834.39 万元、工程建设其他费用 36 707.83 万元、预备费 19 527.11 万元、特种车辆 2 324 万元、土地费用 101 800 万元、建设期利息 26 378.12 万元。批复工程费用中，机场工程费用为 286 719.91 万元。在机场工程实施中，在地基处理专业方面，通过指挥部高层领导会同工程部门和计划财务部门不断地实地调研、方案比选（包括技术和经济两方面的比选），通过分区优化地基处理措施、合理简化地基处理工序等手段，使实际工程费用较概算节省约 1.96 亿元；在配套市政道路、地道方面，通过对前期方案的经济性测算合理设置招标控制价，并辅以充分的市场竞争，使实际工程费用较概算节省约 1.14 亿元。

2）招标采购方案深度设计法——M2

通过市场竞争，指挥部可以优选建设队伍和技术方案，有效地转移风险，减少变更，并获得合理的价格。一个持续亏损的企业是不可能提供良好服务的，基于此思考，指挥部提出招标风险透明最小化理念，并基于该理念提出招标采购方案深度设计法，实现招投标风险透明最小化，投标人据此可以预见所承包工程中可能获得的预期利润和风险，从而提出相对合理的报价。同时，由于存在市场竞争，招标人可通过投标人间的竞争而获得质优价廉的产品和服务。

（1）详尽细致的技术规格。为保证技术标的质量，指挥部特别强调技术标书由设计单位编制，且技术方案编制必须非常详细和具备操作性。这样使投标者对施工的内容、自己的技术能力和技术风险都非常清楚，使施工质量得到最大限度的保证，由于风险的降低，也大大降低了投标单位的报价。

（2）审慎深化的招标文件。针对每项工程的实际情况和技术经济特点，指挥部均组织内部讨论,重要项目还外请专家,会同设计单位等编制严密的招标文件。研究招标文件的各项条款,保证招标文件能覆盖所有内容和要求,以确保项目在实施过程中的投资控制和管理。对于具备条件的,在招标文件编制中进一步完善报价要求,力争锁定能预见的一切风险因素。

(3)科学合理的评标办法。针对每项工程的特点和投标单位的实际情况,依据招标投标法规定,指挥部认真组织讨论、研究和制定科学合理的评标办法,确保技术和价格两方面综合成绩最优者中标,依靠市场机制,有效降低了工程造价。

(4)工程设备和信息系统的集中采购。采取工程设备和信息系统的集中采购,其目的是以采购数量的增加,提高与供应商洽谈的筹码,形成量多价低的采购效果。同时,需求量的增加能够吸引更多的供应商,通过比价、谈判,筛选出在产品质量、价格和服务上都具有优势的供应商。

(5)招标采购方案的不断优化。招标采购方案的优化主要体现在对招标范围和标段划分的优化,技术规格和技术标书的优化,商务标书和评标办法的进一步优化等。以跑道助航灯光设备为例,指挥部对招标方案进行了优化和改进,一是设备招标分捆打包更为细化、合理,且国内厂商可直接参与投标,有效地降低了中标价;二是设备的国产化率提高,如系统集成商为国内厂商,较以往工程集成商的中标价约低 1/3;灯光电缆也由以往工程时主要为进口改为本期国产化,中标价约降低 1/3,仅跑道助航灯光系统一项就节省投资 6 000 多万元。

3)区别定价法——M3

指挥部在建设项目前期设计阶段通过方案优化法确定了合理的建设项目概算后,将这个确定的"概算"作为投资控制总体目标,依次进行以招标阶段的"合同价格"控制、实施阶段的"变更价格"控制和竣工验收阶段的"结算价格"控制为核心的三价控制,这就是指挥部秉承的"目标导向的三价控制理念",而区别定价法正是针对招标阶段的合同价格控制所提出的有效的管理手法。

所谓区别定价法,是在招标采购阶段区分不同的招标形式而针对性采取不同合同定价策略的管理手法。按照招标投标法律法规的要求,对于招标的建设工程项目,合同定价按照招标采购方案深度设计法中关于施工图及施工技术等规格要求、招标采购文件深度要求、评标办法等要求,通过市场竞争,择优选择建设队伍和技术方案,并据此进行合同价格的合理确定。

4)主控变更法——M4

在工程实施阶段,各类工程变更时有发生,也是引起的合同价变化的主要因素,引起了指挥部的高度重视。指挥部围绕"目标导向的三价控制理念"提出主控变更法。主控变更法采取"一事一报"原则,按照变更的规定处理时限和规定程序上报,内审流程中对变更原因、变更内容严格审核,经指挥部领导批准同意,方可现场实际变更。施工时加强现场签证管理(注重签证的及时性和真实性),现场实施完毕,对变更费用在规定时限内完成上报,由投资监理完成费用的结算审核。

(1)变更的分类管理。结合机场工程实际情况,对工程变更的分类按照变更的提出方不同分为三类:设计方提出的变更、施工方提出的变更、业主方提出的变更。按照变更的性质不同则分为六类:设计变更、施工条件变更、承包范围变更、工期变更、价差补偿、施工措施变更。指挥部对每一类变更实行区别管理，对判定原则、变更的提出形式、管理流程等均做出了严格缜密的规定。

（2）变更的费用结算。工程变更价款控制是施工阶段投资控制的关键点。因此，指挥部首先在组织体系上明确了各部门在工程变更的费用审核和谈判中的职责分工，即：工程部门负责现场变更实际情况的把关，投资监理负责具体的审价，计划财务部复审把握最终的造价的确定，费用的谈判工作由计划财务部会同工程部门、投资监理共同进行。其次，指挥部对工程量和价格审核原则均做出了明确规定，投资监理审价时必须遵循此规定。经批准确定的工程变更费才能作为工程竣工结算的依据。

例如，设计变更材料按公开招标的方法进行采购。机场工程建设的周期通常较长，在漫长的实施过程中，伴随着不断的设计深化以及日益更新的设计规范和功能需求，不可避免会产生一定量的建筑或机电材料/设备的设计变更。凭借着工程的规模效应，有些在普通项目中常见的材料变更，也会形成上百万元甚至千万元的投资变更。面对成规模的材料变更，如采用传统的批价或询价等非竞争性的采购模式，势必会留下相当的经济性风险和决策性风险。因此，指挥部在考量合规性以及经济性等因素的基础上，决定原则上对变更规模超过规定限额的设计变更材料进行自主公开招标。

在浦东机场三期扩建工程卫星厅工程建设过程中，指挥部计划财务部联合各个工程部门以及招标代理，陆续对工程的防火涂料、屋面不锈钢天沟、PVC防水卷材、浪涌保护器、隔油处理装置、UPS配电柜、室外铝合金百叶及铝合金窗、公共区特殊灯具等材料、设备进行公开招标。在合规性上，设计变更材料的自主招标采用机场集团公司"阳光平台"以及国家发改委认可的招标服务平台发布招标公告，进行中标候选人公示以及中标公告，相较于传统询价或批价，做到了流程公开透明，为潜在供应商创造了公平竞争的平台。此外，在招标策划阶段，联合设计单位、监理单位、招标代理等多方力量，从技术、经济、合规等多个角度反复论证标的物技术要求的可行性，做到既能满足建筑使用需求，又不会产生技术排他性或超规格的要求，确保形成有效的良性竞争。在经济性上，在招标文件编制过程中，通过市场询价作为编制最高投标限价的重要依据，确保中标结果不高于市场平均价格水平。特别对于技术要求不高或采用通用标准的标的物，原则上采用"经评审的合理低价"的评标办法，以此达成经济上的充分竞争。

通过一系列的招投标活动，各项中标结果较市场询价水平（最高投标限价）下降14.47%，节约投资约4 430万元。

5）两算结合法——M5

在竣工验收阶段，指挥部围绕"目标导向的三价控制理念"总结提出两算结合法，即计划的概算执行与财务的竣工决算紧密结合。指挥部在财务决算的编制过程中，注重"科学设立会计科目核算体系"，以概算项目和计划的概算执行情况为基础，编制财务决算。财务会计账套的科目结构与概算的单项工程、单位工程、费用明细一一对应，以单个合同为最小核算单元，同时设置建筑安装、设备、费用汇总科目。

实践证明，"计划的概算执行与财务的竣工决算紧密结合"是指挥部建设项目计划财务管理工作中的一大特色,充分体现了"过程控制为结果服务"这一高效的工作思路,将一般建设项目财务决算中常常遇到的棘手问题,如项目合理设置、费用拆分、费用分摊等,结合概算执行工作,在过程中得到了解决,为财务竣工决算清扫了障碍,提高了效率。

指挥部承担的项目繁多,投资额大,审计工作比较烦琐,周期也长,经过不断管理探索,在项目实施的中后期即引入了跟踪审计,这有利于加强项目实施过程中的规范化管理,大大减少了竣工后集中审计的工程量,缩短了审计时间。

4.3.3 全过程投资控制工具——T

T(tool)意为工具,是指挥部为提升管理效率、结合前述的全过程投资管控5M而研究开发的信息化系统工具,用以依托快速发展的信息化技术,辅助和支持5M高效、有序地推进。

随着上海机场建设项目的逐步扩展,立项项目增多,要反映的项目、合同、费用的信息量庞大,传统的依靠纸质文档进行投资数据和信息存储调取的模式由于无法准确地提供投资决策基础数据、无法及时地进行投资风险预警分析、无法有效地开展日常投资管理多方协同操作,远不能满足指挥部实际的投资管理需求,特别是随着指挥部投资管控精细化水平的提升,这就更迫切要求借助信息化来全面提高投资管控能力。

1) 系统核心业务模块

指挥部顺应信息化发展的大趋势,以信息化为手段,以5M全过程投资管控手法为载体,通过统一数据平台及各业务信息的集成,以统一的工程编码、概算编码、合同编码整合集成各阶段业务信息,研究开发了覆盖投资管理业务范围的全过程信息管理平台——上海机场建设指挥部工程项目投资管理信息系统(ICIMS)。系统主界面如图4-5所示。

图4-5 投资管理信息系统主界面

结合指挥部投资控制流程、投资管控理念及手法设计的投资控制管理系统核心业务模块,如图4-6所示。

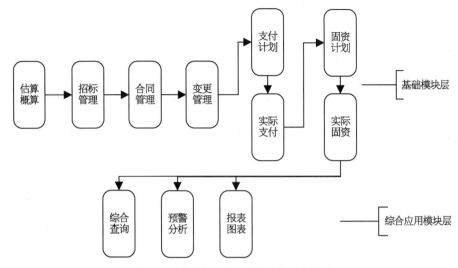

图 4-6　投资控制管理系统核心业务模块

投资控制管理系统由基础模块层和综合应用模块层两级层次构成。基础模块层的功能模块主要结合全过程投资控制四个阶段进行的规划设计,包括前期设计阶段的估算概算模块,招标阶段的招标模块、合同模块,工程实施阶段的变更模块、支付模块(包含支付计划和实际支付两个子功能模块),以及竣工验收阶段的固定资产管理模块(包含固定资产计划和实际固定资产两个子功能模块)。综合应用模块是在基础模块层基础上为信息查询、信息展示和风险预警服务,因此规划设计为综合查询模块、报表图表模块和预警分析模块。

2)系统核心业务功能

在系统核心业务模块划分及构建基础上,指挥部开发设计的上海机场投资管理信息系统具备如下核心业务功能。

(1)基础模块层。负责前期设计阶段、工程实施阶段、竣工验收阶段涉及的估算管理、概算管理、招标管理、合同管理、变更管理、资金支付管理、固定资产管理等全过程基础信息和数据的录入及电子文档导入。在资金支付管理模块和固定资产管理模块,结合先计划后执行的投资控制原则,分别细分为计划模块和实际模块两个二级层次,用于资金支付或固定资产投资期初进行计划编制。以计划值控制实际发生额,待实际发生资金支付及固定资产投资时对实际值进行录入和对比,以实现资金支付和固定资产投资的事前预控和事后分析反馈。

(2)综合应用模块层。是建立在基础模块层基础上的实现信息综合查询、风险预警分析、信息输出显示的模块层,由综合查询、预警分析、报表图表三个模块组成,各模块功能如下:

① 按关键字实现项目的综合信息的精确查询、模糊查询,实现查询结果的自动统计、汇总及显示,并实现查询信息的信息源追溯;

② 按自定义的预警指标(如 95% 为红色预警、85% 为黄色预警)及预设的预警类别(如合同变更超概预警、资金超支付预警等)进行超概算项目自动预警,并

实现问题项目的倒查追踪；

③ 按预设的分析报表及图表形式(八图十四表)进行概算执行情况、投资累计偏差情况、资金支付偏差情况等信息的统计分析及直观性图表展示,如图 4-7 所示。

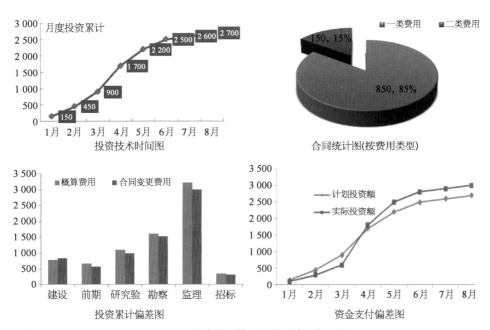

图 4-7　投资控制管理信息系统图表示例

4.3.4　全过程投资控制配套制度体系

投资管控制度,作为指挥部管理制度的组成部分,是为加强投资管理,落实投资管理思路,规范投资业务流程,监督约束投资管理行为的有力保障。指挥部深知制度建设在工程管理中的重要作用,于"5M + T"全过程投资管控体系的构建过程中,同步研究建立与投资管控体系配套的投资管控制度体系,力求从根本上为投资管理成果的落实执行提供有力支撑。

指挥部为保障前期设计阶段有效开展方案优化,制定了《建设项目规划设计管理办法》《设计概算审核及控制实施细则》;为保障招标阶段公开招标及评标的公平、公正、公开,颁布了《建设项目招投标工作管理办法和实施细则》《直接委托项目管理实施细则》和《合同管理实施办法》;为保障工程实施阶段造价控制,做好变更管理工作,出台了《工程项目造价控制管理办法》和《工程变更控制管理办法》;为及时规范完成竣工财务决算,配合审计工作,出台了《工程项目财务决算审计工作管理办法》等。这一系列管理制度的出台和执行,为投资管控体系的有效运转提供了制度保障。

第5章
严谨务实的工程合同管理

机场建设管理的任务涉及工程质量、投资、进度、安全等多方面问题,工程管理的工作千头万绪、错综复杂。而所有这些任务和工作都与工程合同密切相关,抓好工程合同管理可以起到纲举目张的效果。

5.1　合同管理制度与管理组织

浦东机场三期扩建工程的工程合同数量多达数千个,对工程合同的管理就显得尤为重要。因此,以"管理靠合同"的理念为指导,指挥部建立了规范标准的合同管理制度,在合同谈判、合同履行、合同变更等环节进行全过程管理。

工程合同管理是实务性很强、内容繁杂的工作,因此,仅仅停留在"管理靠合同"的理念上是远远不够的,还必须建立严格的合同管理制度,落实具体的合同管理部门,明确其职责和分工。为此,指挥部专门制定了《合同管理实施办法》。

合同管理部门对工程合同的管理可以分为微观管理和宏观管理两个方面。所谓工程合同的微观管理,是指对每一份工程合同的管理,包括从合同起草、谈判、订立到履行的全过程管理;而工程合同的宏观管理,是指对建设工程所有合同的总体结构管理、不同合同之间的界面管理等。

指挥部明确规定,计划财务部是合同归口管理部门,负责合同的草拟、审核和签约工作,并在合同执行过程中的实施监督工作;其他业务部门负责合同形成前有关技术资料的提交、合同的会审及合同的执行等工作。这一规定实际上确立了工程合同管理组织的基本结构,明确了计划财务部与其他业务部门在工程合同管理方面的职责和分工。

5.2　多样化合同结构的应用

指挥部根据不同的工程承发包模式采取多样化的合同结构。所谓承发包模式，就是业主根据工程的特点，将建设工程的设计、施工及材料设备采购的任务按不同的方式和形式，发包给设计单位、施工单位和材料设备供应单位，并分别与相关方签订承发包合同。

1）工程承发包模式的分析

工程承发包模式的选择，一方面需要从市场供给的角度、从承包人的能力等角度进行考虑；另一方面，也需要从业主方自身的工程管理力量和能力等角度来考虑。合理的工程承发包模式及其合同结构，直接关系到工程实施的组织协调和管理。

工程承发包模式包括施工平行承发包、施工总承包、施工总承包管理、施工管理总承包、D&B（design-build）及 EPC（engineering-procurement-construction）等项目总承包模式，各有特点及适用环境和条件。如在浦东机场一、二期工程建设以及虹桥机场扩建工程建设中，指挥部较多采用施工平行承发包模式。施工管理总承包模式下，业主与某个具有丰富施工管理经验的承包单位签订施工管理总承包合同，由其承担整个工程施工的组织和管理任务，如此作为业主管理工作的延伸，施工管理总承包单位为业主分担了大量施工现场的管理和协调工作。在浦东机场二期工程、虹桥机场扩建工程建设中，指挥部根据各种因素和环境的分析，采用了施工管理总承包模式，取得较好的管理效果。现阶段，根据国家倡导的施工总承包管理模式，对房屋建筑项目，除桩基、精装修可单独发包外，其余土建、安装、钢结构等均采用施工总承包模式。

针对浦东机场三期扩建工程，指挥部在大部分工程上采用施工总承包管理模式，即施工总承包管理单位自己承担具体的施工任务，有些专业工程采用二次招标方式确定分包单位。对于工程体量大、专业工程多的建设项目，由于在施工总承包招标阶段图纸深度不够，指挥部在招标阶段则设置暂估价项目，并在合同中明确暂估价项目的落实原则，包括哪些采用二次公开招标，哪些邀请招标，哪些由总承包单位直接实施等。同时，指挥部在合同中设置了"工程总承包管理工作职责条款"，明确总承包单位须承担整个工程建设阶段的所有管理、维护和产品保护责任，在施工管理中就工程的质量、进度、安全、文明施工和不停航施工管理等对指挥部总负责，实施工程施工的总管理、总控制和总协调，向指挥部交付一个完整无缺的工程项目。在这样的合同模式下，总承包单位既是所有承包范围工程的责任主体，又是所有非承包范围工程的管理主体。

浦东机场三期扩建工程交通配套工程采用了勘察、设计、施工一体化总承包合同管理模式，合同约定，工程采用固定总价合同，除招标文件及合同条款另有规定外，合同总价不作调整。乙方对承包范围的内容实行包勘察、包设计、包相关手续办理、包工、包料、包工期、包质量、包安全的承包方式，针对项目特征，在合同中详细描述了工程价款结算原则。此外，浦东机场三期扩建工程 35 kV 变电站新建及扩容改造工程采用了设计、施工一体化合同模式；三期扩建工程捷运系统 S2—T3 复线区间工程、三期扩建工程长时停车库连接匝道工程也采用了勘察、设计、施工一体化合同模式。

2）设计任务委托模式的分析

在我国，设计单位承担设计任务习惯上也称为设计承包，颁布的许多法规和规范文件中也将设计工作的委托称为设计发包，承担设计任务称为设计承包。

对设计任务的平行委托，委托方可以根据建设项目的组成进行平行委托，也可以根据建设项目的不同设计阶段或者不同设计专业进行分别委托。在设计平行委托模式中，各个设计单位分别与业主单独签订合同，各个设计单位之间的关系是平行关系。浦东机场三期扩建工程批复总投资概算 2 062 807 万元，项目组成有生产辅助设施工程、旅客过夜用房工程、飞行区工程、飞行区下穿通道工程、能源中心工程、贵宾楼工程、捷运系统及市政配套工程、卫星厅工程、T2 捷运站工程等。由于项目体量巨大，单项工程情况复杂，很难有一个设计单位可以独立完成全部设计任务，指挥部就采用了此发包模式，按单项项目性质与不同设计单位分别签订了近 10 份专业设计委托合同。

所谓设计总包，就是发包人将一个建设项目的所有设计任务一次性委托给一个设计单位，设计总包单位再根据需要将部分设计任务分包委托出去，即设计总包单位与设计分包单位再签订分包合同。对于项目性质比较简单的工程项目，指挥部一般采用设计总包管理模式。但如果某专业比较特殊，总包单位没有资质，指挥部会在除总包设计单位以外，委托专业设计单位承担单项工程设计。

所谓设计总包管理，就是发包人委托一个设计总包管理单位，不仅承担一部分设计任务，而且要负责整个建设项目所有设计的管理任务。设计总包管理单位可以将各个设计任务再分包给不同的设计单位，并负责对所有设计分包单位的协调、管理和控制，负责整个项目设计的进度控制、质量控制、限额设计等，负责各个分包设计合同的管理。

3）合同结构的选择

指挥部对建设工程承发包模式及合同结构设计的总体设想体现在以下几方面：

（1）将机场项目的合同结构与机场项目的承发包模式相联系。所谓承发包关系，说到底就是合同关系，反映的是合同当事人之间的关系。而合同结构在这里则是从业主方的角度来考虑的。指挥部确定承发包模式的基本原则是根据工程的特点以及指挥部自身的管理特点，以使合同管理工作得以顺畅。

（2）将机场项目的合同结构与机场项目的组织结构相联系。任何工程合同都要落实到具体的职能部门乃至具体的工作人员对其进行管理，因此，合同结构与组织结构相联系是落实合同管理工作责任的客观要求。但是，这并不意味着合同结构与组织结构之间存在着一一对应的关系。在这方面，主要表现为"块"化管理，如勘察合同、设计合同由设计管理部分管，设备采购合同由信息设备部分管，施工合同、监理合同由工程部门分管，等等。按这种方式确定合同结构的优点在于，合同管理的分工明确，专业性强、效率较高，且较少出现交叉重复和相互推诿的现象。

（3）尽可能减少合同界面。从建筑市场的现状来看，许多业主喜欢利用自己的有利地位，将整个项目分解成一个个很小的合同，以便能较大幅度地压低合同价。但是，这样做无疑使项目的合同结构复杂化，增加了合同管理工作的难度，结果往往事与愿违，适得其反。指挥部对此问题进行了非常深入细致的研究，并不简单化进行处理。例如，对于设备合同，凡是同一制造商能做的内容，尽可能作为一个招标项目进行招标；对于施工合同，则主要考虑专业内容分别招标。这样，合同的界面较为清楚，而且数量较少。实践证明，这样做不仅没有降低竞争性，而且有利于合同管理。

5.3　服务于工程管理的合同措施

浦东机场三期扩建工程的项目批复总投资达几百亿元，签订的合同数量众多，指挥部在合同管理方面积累不少经验，形成具有特色的做法。此外，在工程建设过程中不断有新的政策法规出台，指挥部据此及时主动地对合同相关条款进行优化调整。

5.3.1　强化业主方管理的合同措施

1）将业主方的管理办法落到实处

合同是要为业主方的管理服务，将相关管理办法落到实处。为加强工程建设各阶段的管理，指挥部出台了一系列的管理办法和要求，如《上海机场建设指挥部工程项目施工安全考核办法》《上海机场建设指挥部工程项目档案管理办法》，以及反腐廉洁要求等。各管理办法的出台，目的是提升工程管理水平，但仅凭一纸内部管理办法难以对施工单位行为产生很大的约束力，管理办法易变成僵化条款。

针对这种情况，指挥部将此类与工程实施关系较大的管理办法设置为合同附件，并在合同中设立相应考核或支付条款，例如：① 在施工总包合同中设置了2%的进度、质量、安全考核金，并约定考核金将结合施工单位的工程质量、安全、工期，以及现场管理等情况进行支付，甲方有权在乙方出现进度、安全和质量问题时，按照甲方的《建设项目安全文明生产管理综合考评办法》，在考核金中进行扣款；② 合同款支付环节留一定比例的尾款，待工程竣工验收达到质量标准、移交全部竣工档案资料（含甲方的前期、招投标、结算资料的归档工作）后予以支付；③ 承包单位若发生合同附件《反商业贿赂公约》列举行为时，将处以合同总价5%的违约金，并有权终止合同及采取禁入措施。

这些合同附件及合同条款的设置，使得指挥部出台的内部管理办法强有力地落到实处。

2）通过合同提高投资控制管理水平

为有效进行工程建设的投资控制，将投资费用控制在合理水平，指挥部根据不同招标方式产生的合同，采用不同的定价及结算原则。分述如下：

（1）直接委托类合同。对于项目实施单一来源等符合国家、地方要求而采用直接委托的项目合同,从投资控制角度出发,指挥部计划财务部会同相关业务主管部门、投资监理单位等,成立工作小组,就直接委托单位报价进行审核和商谈,双方锁定价格后再行签订合同。

(2)比价类招标合同。对于体量小、性质单一的项目,如预算 20 万元以下的项目,指挥部则采用比价方式择优确定中标单位,一般采用技术标合格、商务报价最低的中标选择方式。但比价项目合同签订前,计划财务部就要求投资监理单位对中标单位的投标报价做进一步审核,并依据投资监理单位的审核意见签订承包合同。

(3)邀请招标类合同。对于邀请招标类项目中标单位的投标报价,指挥部在进行审核后,在合同中约定结算原则,明确:甲方有权对乙方不合理综合单价进行调整;经审核通过后的乙方投标文件中的各项综合单价、计取的费率和优惠条件,将作为在施工过程中由于非乙方原因导致的工程量增加或减少而引起的工程价款调整的依据,但投标工程量清单中以"项"为单位的项目闭口包干;乙方的投标总报价为工程招标范围内的结算上限,新增招标范围外的设计内容及现场签证除外。

(4)公开招标类合同。公开招标类项目一般采用工程量清单招标模式,中标单位的投标报价已经过充分公平公正的竞争,指挥部则在合同编制阶段针对项目特征编写详细的结算原则,如列明:① 由于设计变更及非乙方原因导致的工程量增加或减少而引起的工程价款调整的依据;② 招标范围内的措施费、总承包管理费的结算原则;③ 物价波动引起的价格调整,补差原则;④ 合同总价的调整方法;⑤ 暂估价项目、第三方质量检测、社会保障费调整等的结算原则。以免日后合同结算阶段,双方出现扯皮现象。

(5)框架类协议。对于类似于工程项目测绘等执行跨度时间长,且工作开展前不能确定具体工作内容及费用的项目,指挥部与委托单位签订框架协议,明确委托时间、委托范围、委托内容、计价依据、后续合同签订方式等。

如《上海机场测绘项目委托协议书》即为一标准框架协议,协议中明确由上海市测绘院承担指挥部 2017 年 4 月 1 日至 2019 年底间工程项目的测绘工作,测绘项目费用优惠率为收费标准基础的 30%,具体测绘合同采用分阶段签订的方式:常规测绘项目、小型测绘项目,合同采用分阶段签订的方式,一般每 3 个月对已完成的项目集中签订一次合同;大型测绘项目、跨年度测绘项目,可单独签订合同。

3)通过合同提升业主方管理水平

合同条款如质量要求、进度要求、奖项要求、归档时间要求、付款节点要求、违约条款、项目经理到现场时间要求等的设置以及具体量化,不仅是对承包单位的要求,更是对业主方的要求。工程项目若想按合同要求如期完工,并通过竣工验收达到质量标准,需要指挥部各相关部门通力合作、相互配合、共同推进。

指挥部重视对工程项目的资金监管,要求施工单位在指定的银行设立工程专用账户,保证工程资金专款专用,并定期对工程资金银行专户进行检查。但是,如此仅靠指挥部单方力量的资金监管力度还不够,于是就引入第三方监管银行,签订《工程建设资金监管协议》。三方《工程建设资金监管协议》的签订,既借助于银行专业力量保证了工程建设资金的专款专用，避免了工程建设资金流失或流入非法用途，又通过协议条款给施工单位以警示作用，同时也提升了指挥部的财务管理水平。

5.3.2　农民工工资处理的合同措施

针对目前社会上广泛存在的拖欠农民工工资问题，在浦东机场三期扩建工程建设过程中，指挥部全面梳理了在"拖欠农民工工资"事宜上的操作方式，制定了相关工作方案，从以下几个方面采取措施，全面落实解决了拖欠农民工工资的问题。

1）招标及合同管理措施

（1）信用标评审中，指挥部严格执行上海市住建委关于信用标评审的规定：信用标满分为 5 分，根据上海市住建委发布的计算机信用评价体系计分，分值大于合格分 3 分的为合格，信用标合格的投标人才能进入后续评审，确保低信用企业不能参与工程投标。

（2）在招标文件及合同编制阶段，反复强调施工总包单位不允许拖欠农民工工资，并将以下条款写入招标文件及施工总包合同中：

① "在施工期间必须严格执行国务院《关于确实解决建设领域拖欠工程款问题的通知》要求，必须按时、足额支付民工工资。如甲方发现乙方未能按时有效执行，甲方将保留暂缓支付工程款的权力，直至乙方付清拖欠的民工工资"。

② "乙方对非主体、非关键性工作进行分包的，须在本合同签订一周内明确分包单位，并将分包单位名单提供给甲方"。

③ "加强对分包和劳务分包管理，对所分包工程的安全、质量和进度承担责任，不拖欠农民工工资，按时将分包合同报行政部门备案"。

④ 根据上海市解决企业工资拖欠问题联系会议办公室 2018 年 9 月 28 日下发的《关于进一步加强本市工程建设领域用工管理的若干意见（试行）》（沪薪联办（2018）6 号）规定：乙方须开设农民工工资专用账户，专项用于农民工工资支付，甲方将非管理人员人工费单独拨付到乙方开设的农民工工资专用账户。乙方每月"已完工作量报表"中需单列月度人工费申请总额、管理人员工资总额及社保费总额、非管理人员工资总额及社保费总额。

以上合同条款，从合同义务角度，对乙方即包括总包单位与分包单位在内的各工程施工承包人违反"农民工欠薪保障"的情形及其后果进行了充分的描述与说明。明确警示乙方对此义务的违反将直接导致违约责任的承担。尤其是"暂停支付工程款"的规定，以刚性的经济手段提高乙方违规的机会成本，成为制约乙方杜绝拖欠农民工工资的有力抓手。

（3）工程款支付管理方面，指挥部强化资金监管，现阶段还依据有关部门的相关规定，要求施工单位在指定的银行设立工程专用账户，保证工程资金专款专用，并定期对工程资金银行专户进行检查。

2）相关工作计划措施

（1）及时掌握分包单位及其收款情况。指挥部要求施工总包单位在工程预付款支付后、第一笔工程款申请前,提供与本工程相关的分包合同(尤其是劳务分包合同),及时掌握工程分包情况。每一笔工程付款时,强化对总包单位须提交上一次分包单位收款情况回执反馈的环节管理。

(2) 加强资金监管。指挥部与施工单位、监管银行签订三方《工程建设资金监管协议》,进一步细化资金监管流程,对工程所发生的建设资金进行专项资金跟踪查询,重点针对大额材料费用、大型设备的采购和租赁及专项费用的支付等,予以及时查询。要求监管银行每月根据施工单位提供的工程大额材料、设备采购及人工费用支付明细,对施工单位上月的工程付款申请书进行审核,向指挥部提交资金支付监管情况及其存在问题的报告。

《工程建设资金监管协议》的签订,既借助于银行专业力量保证了工程建设资金的专款专用,避免了工程建设资金流失或流入非法用途;又通过协议条款给施工单位以警示作用。

(3) 加快工程结算进程,推行施工过程结算。施工过程中凡涉及费用增减的工程变更,指挥部要求施工单位在变更实施完成后 30 d 内上报工程费用增减的书面报告;工程竣工验收合格后 3 个月内,要求施工单位向甲方递交竣工结算报告及完整的结算资料。指挥部收到施工单位完整的结算资料后原则上在 3 个月内完成工程结算及合同签订并进入结算款支付阶段。为加快工程结算进程,按工程实际进程,推行施工过程结算。

5.3.3 相关连带管理协议的签订

为了更好地发挥工程合同的作用、服务工程的建设与管理,指挥部在与合作单位签订合同的同时,合同双方还签订相关连带管理协议,并通过合同管理落实管理协议。具体如下:

1) 建设工程承发包安全管理协议

为贯彻"安全第一,预防为主"的方针,根据《上海市招标、承包工程安全管理暂行规定》和国家有关法规,明确双方的安全生产责任,确保施工安全,指挥部在与工程承包单位在签订建筑安装工程合同的同时,双方签订建设工程承发包安全管理协议,以明确双方的安全生产责任,确保工程施工安全。

2) 反商业贿赂公约

为了维护公平竞争的市场秩序,营造反对和抵制商业贿赂的环境和氛围,防止商业贿赂行为的发生,根据中央有关治理商业贿赂专项工作的部署和要求以及国家有关法律法规和规章,指挥部在与合作单位在签订相关合同的同时,双方签订反商业贿赂公约。

3) 工程建设资金监管协议

在签订工程合同承发包合同时,指挥部会同工程承包单位、资金监管银行经平等协商,签订工程建设资金监管三方协议,以保证工程资金专款专用,确保工程建设的顺利实施。

4) 治安防范责任协议

浦东机场三期扩建工程是上海市重点建设项目,根据相关法律法规和机场公安分局的有关规定,按照"预防为主、单位负责、突出重点、保障安全"的方针和"谁主管、谁负责"的原则,指挥部在与工程承包单位签订工程合同的同时,双方签订治安防范责任协议书,以保障指挥部的合法权益,保护公民人身财产安全,维护施工区域的社会治安,确保三期扩建工程建设的顺利进行。

5.3.4 第三方原材料检测的合同条款

以往,第三方原材料质量的检测费用是由施工单位支付的,在指挥部与检测单位签订的检测委托协议中,明确"工程材料检测费用已纳入施工承包合同总价中,闭口包干使用,由乙方与施工承包单位进行检测费用结算,乙方承诺今后有关费用结算问题与甲方无关"。2013年《上海市政府投资房屋建筑、市政基础设施和公路工程建设项目检测收费管理规定》发布后,指挥部根据规定,及时调整了检测委托合同及相应施工承包合同条款。

1) 材料检测委托合同

通过招标与投标报价,指挥部与检测单位签订委托合同,并明确该价格为暂定总价,暂定总价为对应合同范围检测工作的结算上限。检测费用的申请均须提供相关检测报告,检测项目、数量均须得到施工单位、监理单位确认。检测费用结算支付周期为每3个月一次,由检测单位上报审核材料,投资监理单位出具相关阶段性结算审核报告后进行支付。待检测单位完成所有检测工作后进行最终结算并签订补充合同,最终审定的结算总费用不得高于合同约定的结算上限。

2) 施工合同中检测的相关条款

材料检测委托合同虽由指挥部与检测单位直接签订并支付费用,但为加强原材料、工程质量检测工作的管理,指挥部将材料检测单位的投标报价纳入施工承包合同总价中,并对检测工作提出具体要求。同时约定施工合同中该笔检测费用的结算原则:工程原材料质量检测费的申请由第三方专业检测单位提交施工单位和工程监理单位,其按实确认检测数量后上报指挥部,指挥部代扣代付,在工程结算时一并扣除施工单位投标报价中的检测费用及相应规费和税金;在专业单位检测过程中,若出现检测不合格的情况,由施工单位自行承担并缴纳所有复检费用。

5.3.5 "营改增"政策下的合同调整

2016年国家颁布"营改增"政策,指挥部立即将有关政策条款写入合同并提请承包单位注意操作事项:

(1) 乙方应严格执行国家"营改增"相关政策及相关规定,规范自身的分包和采购等经营行为,取得或购进的增值税扣税凭证应符合法律、行政法规或者国家营改增出台的有关规定,由于乙方原因导致自身的分包和采购等经营行为未能取得增值税扣税凭证的,其责任自行承担,不得据此向甲方提出索赔;

(2) 由于乙方原因开具的增值税专用发票导致甲方不能完成增值税抵扣的,乙方必须予以无条件调换发票或配合甲方完成相关增值税抵扣工作,造成甲方相关损失的,乙方应予以赔偿并承担相应的责任。

随着国家不断出台新的减税降负政策,针对合同执行过程中可能会出现新的税率现象,在与承包单位签订合同时,指挥部也将"若本合同执行期间,国家出台新的税率政策,本工程按新税率政策执行"的表述及时编制入合同条款中。

5.4 合同管理及其执行的规范化

5.4.1 合同管理工作流程的制定

工程合同管理是实务性很强、内容繁杂的工作,因此,仅仅停留在"管理靠合同"的理念上是远远不够的,还必须建立严格的合同管理制度,落实具体的合同管理部门,明确其职责和分工。为此,指挥部专门制定了《合同管理实施办法》。

指挥部明确规定,计划财务部是合同归口管理部门,负责合同的草拟、审核和签约工作,并在合同执行过程中实施监督工作。其他业务部门负责合同形成前有关技术资料的提交、合同的会审及合同的执行等工作。这一规定实际上确立了工程合同管理组织的基本结构,明确了计划财务部与其他业务部门在工程合同管理方面的职责和分工。

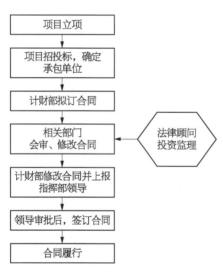

图5-1 合同管理流程

指挥部对合同的起草、签约准备、审定、签署、存档、履行和终结各阶段的工作都做了具体规定,明确了各有关单位在合同管理不同阶段的职责,同时也规范了合同管理的流程(图5-1)。如其中有必要特别强调针对合同会审这一环节,指挥部《合同管理实施办法》规定,合同拟定后,计划财务部原则上应在一周内会同设计管理部、工程部门、投资监理单位、法律顾问等有关部门审查完毕后,由计划财务部报指挥部法定代表人或委托代理人审定。通过合同会审制度,保证了工程合同的严密性、合理性,从而也保障了合同的履行。

5.4.2 常用合同文本的编制

为了提高合同管理的效率,切实保证合同条款的完整性、严密性和合理性,在借鉴国家有关部门颁发的合同示范文本的基础上,结合浦东机场三期扩建工程的具体情况,计划财务部、信息设备部和各工程部门对常用的合同编制了合同范本。这些合同范本的编制过程都有法律顾问的全程参与,并经法律顾问审查后定稿。

但是,合同范本显示的是合同文本的通用性,主要表现在通用条款方面。而不同工程都有其独特之处,因而具体的工程合同必须充分体现不同工程的差异性和独特性,这些主要表现在专用条款方面。例如,在设备采购合同中,对于设备的安装就不能统一规定,而要区分通用设备和特种设备,分别做出不同的规定。由于通用设备可由一般的安装公司负责安装,因而在设备采购合同中就不涉及设备安装的相关问题;而特种设备(如行李系统、弱电系统等)只能由供应商负责安装,因而在设备采购合同中就必须包括与设备安装相关的问题,如费用、工期、调试等。而不同的特种设备的采购合同,对费用、工期、调试等的具体规定也不尽相同。

由于指挥部对设备系统采购确立的是适用原则,因而明确的技术规格、技术参数规定可促进供应商之间的竞争,有效控制设备采购价格。设备采购合同的专用条款必须对所要采购设备的技术规格、技术参数做出明确的规定。但是,在设备采购过程中发现有些满足技术规格、技术参数要求的同一品牌、同一型号的产品,由于原产地不同而在质量上存在较大的差异。为了避免发生按质量较好的原产地报价而按质量较差的原产地产品供货的现象,在设备采购合同的专用条款中增加了原产地的明确规定。

通常,设备采购合同中对技术规格、技术参数的规定都是对主设备的规定。而在工程建成投入使用后,必须进行定期的维护、保养,经常性和不定期的维修或检修。为了避免发生主设备报价较低而备品备件和售后服务价格较高的现象,指挥部在设备采购合同中同时规定了备品备件的价格和售后服务的条件,例如,规定供应商要在售后服务的前4年中按低于当时市场价格的10%提供备品备件,从而将一次性的建设投资与经常性的运营费用有机结合起来,而这是通过严格的、有远见的合同条款得以实现的。

5.4.3 严格履行合同的守信原则

在浦东机场三期扩建工程的合同管理中,指挥部强调过程与结果并重。合同履行是当事人双方的行为,指挥部不仅严格监督合同中对方的义务和责任,而且注重全面履行合同中本方的义务和承诺,确保扩建工程的合同都能顺利履行。

1) 全面履行合同中本方义务和承诺

合同当事人双方均既有权利又有义务,而实现本方权利的前提是全面适当地履行合同中本方的义务。机场建设工程的合同数量众多,对于指挥部来说,每一份合同的履行都会涉及其他合同的有关内容。因此,只有严格履行每一份合同,才能减少合同争议,确保机场工程建设的顺利实施。

对于设计合同,除了按常规向设计单位提供真实、准确、完整的相关资料之外,指挥部有关部门还向设计单位就各主要工程内容的功能、流程、节能、环保等提出明确要求,把与设计单位自身的工作界面划分清楚。在设计过程中,还经常与设计单位沟通,及时通报设备系统等采购信息,使设计单位能充分理解指挥部的意图和要求,从而提高设计图纸的质量。因此,从某种意义上说,工程的设计是由指挥部与设计单位共同完成的。

为了缩短建设工期,指挥部有时是将同一工程内容划分为多个标段分别招标,这样就必然会发生多个施工单位同时在同一场地施工的局面,难免会出现相互干扰、相互影响的情况。而这些施工单位相互之间没有合同关系,发生矛盾后均需要指挥部出面协调。也就是说,协调多个施工单位之间的有关问题是指挥部的义务,这方面的工作量是相当大且相当复杂的,若协调不力将直接影响工程建设的进度,甚至还会在一定程度上增加投资。为将这方面的问题减少到最低程度,指挥部在招标文件中就列明各标段界面之间需要协调或注意的问题,提示施工单位在投标时就要考虑今后施工过程中需要协调的问题,并提出相应的对策或措施。正式开工前,指挥部有关部门负责把各标段之间需要协调的问题尽可能预先解决。尽管如此,在施工过程中还会发生一些需要指挥部出面协调的问题,但其的解决就相对容易些。

对于施工单位来说,最敏感的问题是工程款支付。在指挥部的《合同管理实施办法》中,对预付款和进度款的支付、尾款的预留和支付程序均有明确规定,施工合同中的相应条款也均按这些规定签订。在施工过程中,指挥部的有关部门和相关单位(如工程监理单位、投资监理单位)均能认真履行职责,凡是符合合同付款条件的款项,计划财务部均按时足额支付,从不有意或无意地克扣或拖延支付。对此,施工单位也就相应地增强了认真履行合同的自觉性。

就施工合同而言,按时向施工单位提供符合开工要求的施工场地、提供施工图纸、提供甲方负责采购的设备等,都是建设单位的义务,指挥部的有关部门都能通力协作,按合同规定履行。此外,在施工过程中还会涉及一些场外条件的协调,指挥部就积极出面协调。而在施工合同中关于工程质量、进度、安全、文明施工等方面设立的奖项,只要施工单位符合有关规定,指挥部均及时予以兑现,从而激发施工单位创优争奖的积极性,很好地实现了设立这些奖项的目的。至于施工合同中没有明确规定的问题,指挥部也根据实际情况主动给予解决。

2) 严格监督合同中对方义务和责任

在全面履行合同中本方义务和承诺的同时,指挥部也加强对承包单位和供货单位的合同监督和管理。以施工合同为例,指挥部确立了由工程部门、工程监理单位、施工总承包管理单位三方协同管理的体系,三方既有明确的分工,各司其职,又有共同的目标,齐抓共管。根据确立的分工原则,工程监理单位侧重于对工程质量和工程安全的监督和管理;施工总承包管理单位侧重工程进度、控制重大节点安排、施工现场的全面管理和协调,也要对工程质量和工程安全进行监督和管理,还在工程进度款支付、奖励事项方面有审核权。而指挥部的工程部门则负责全面的协调管理和控制,负责对施工过程中所遇到的重大问题进行决策。

为了促使施工单位全面履行施工合同,在施工合同中明确规定了保证金,其不仅仅是常规的工程质量保证金,而是对工程质量、进度、安全、文明施工的综合保证金。若发生较大的工程质量和安全事故,除了按有关法规进行处理之外,还将视事故的严重程度,每次扣合同价的 1‰~1%。这一经济手段在一定程度上强化了施工单位全面履行合同的意识,促进了施工单位自身的施工管理。

在施工合同中,指挥部还明确规定了施工单位的自查义务,包括对工程材料、构配件的检测以及对分项工程验收前的自检等,强化施工单位的责任意识。此外,还引入了施工单位之间的互查制度,每单位派一人参与指挥部组织的检查和评比,促使施工单位学习先进,发现不足。

3) 注重合同履行和工程实施效果

合同履行过程的管理和控制是为了实现工程建设的预定目标,工程实施的效果则是对过程管理和控制最好的检验和评价。对于不同的工程内容,过程控制和实施效果这两者的侧重点可能不同。相对而言,对于设备系统的质量控制,结果更为重要;而对于土建工程的质量控制,过程控制则更为重要。例如,对设备系统的质量要求规定,经调试合格投入使用后,连续 3 个月内不得出现大的故障,否则,经修理排除故障后,保质期重新开始。对土建工程的质量控制则有多个环节,首先是施工单位的自控自检,其次有总包单位对分包单位的监督检查,还有工程监理单位经常性的检查和验收,还有指挥部不定期的抽查。

严格的合同条款是为了规范合同当事人的履约行为,但是,再严密的合同条款都不可能也没有必要对履行合同的具体细节和过程做出非常详细的规定。因此,合同条款中应当为施工单位履行合同留有一定的自由空间,如具体施工进度的安排、施工人员和机械的组织和安排、施工方法和工艺的选择等。从这一角度来分析,对于指挥部来说,看重的是合同履行或工程施工的实际结果,包括工程质量、进度、安全等。当然,如果工程施工的结果不符合合同的规定或要求,指挥部则有权干预施工单位的施工组织过程。

另外,有些合同条款的规定也不拘泥于现有的一般化规定。例如,机场工程的某些内容目前尚缺乏详细、具体的技术规范,这就允许在满足纲领性规范的前提下作适当的创新。又如,对通用设备的供货时间要求,不是规定一个确定的时间一次性供货,而是规定按工程进度需要分期供货。这样,可减少对仓库面积的要求和库存时间,也可减少资金占用时间和资金成本,同时也使设备供应商能统筹组织生产和供货,增加了双方履行合同的灵活性。

5.4.4 对合同调整的合理处理

在合同履行过程中,合同内容的变更、合同履行条件的变化、外部环境的变化等时有发生,既给合同履行带来困难,也容易产生合同争议和索赔,从而影响工程的顺利实施。在这些情况下,指挥部既按照常规的合同管理处理原则,有时也做出一些合理安排。

1) 动态跟踪合同内容变更

大型复杂工程在建设过程中不发生变更几乎是不可能的,而工程变更必然导致合同变更,因此,对工程变更及合同变更进行动态管理就显得相当重要。

产生工程变更的常见原因主要有:建设单位对工程的功能或质量要求发生变化,设计单位的设计图纸考虑不周或不够深入,施工单位便于施工的需要,以及施工过程中发生某些特殊情况。在机场工程建设过程中发生的工程变更不少是由设计原因引起的,而这又主要是由于建设工期紧迫,设计单位出图的速度满足不了施工进度的需要,先期完成的施工图纸有时未能充分考虑后期工程的细节问题等,以致在后期工程施工过程中发生设计变更。

为了有效地控制工程变更和合同变更,指挥部重点做好以下几方面工作:

(1) 做好预判,从容应对。如设计图纸问题,肯定会发生设计变更。对这方面的变更,从两方面应对,一是对先期施工部分的工程设计适当提高安全系数,如桩的设计和桩位布置、基础工程的结构设计等,在确保工程安全,不出现质量、安全隐患(这部分工程是不允许事后设计变更的)的前提下加快工程施工进度。二是采用适当的合同方式。例如,对于精装修工程,由于不同施工单位具体的施工方法可能不同,就采用由施工单位出深化图的承包方式,也就从根本上避免了施工图设计的变更。

(2) 规范程序,从严审核。这涉及三方主体不同的审核程序。对于指挥部提出的变更,由各专业部门提出变更要求并说明变更原因,由主管领导审批后再交给设计单位。对于设计单位提出的变更,其内部审查通过后交指挥部相应的专业部门审核同意后实施。对于施工单位提出的变更,由专业监理工程师初审再交总监理工程师审核同意后实施。其中,对施工单位提出的变更要求审核尤其严格,若要变更,须做深入的技术经济分析。

(3) 发现意外,从速处理。对于施工过程中发生的某些特殊情况,通常属于情理之中、意料之外,需要特事特办,及时处理。

通常,工程变更和合同变更往往会导致投资的增加,但是,由于指挥部区分不同情况采用上述方式分别妥善处理有关的变更问题,从而使工程变更所引起的总费用控制在相应的设计概算总额之内。

2) 尽力化解合同争议和索赔

由于工程合同尤其是施工合同的内容特别复杂,在履行过程中的影响也特别多,因而合同当事人双方难免会在某些问题上发生争议,且施工单位会经常提出工期和费用索赔,如果处理不当,就可能激化双方之间的矛盾,从而影响工程建设的顺利实施。为了尽力化解合同争议和索赔,指挥部主要从以下几方面着手:

(1) 及时办理工程变更和签证。对于合同中允许调整价格的工程变更,在按规定程序审查确认后,即以签证的方式计入当期工程款的结算内容。在这方面,从投资控制的角度,通常强调不多付、不早付;而从履行合同的角度,同样强调不少付、不迟付。由于指挥部在工程变更调价和付款方面采取实事求是的态度,使得指挥部与施工单位之间的关系比较融洽,未发生相应的合同争议。

(2) 合理处理违约事件。我国合同法规定,合同中必须有关于违约责任的条款。但是,该条款的目的在于约束当事人全面、适当地履行合同而不在于对违约方进行处罚。因此,在发生违约事实后,指挥部并不是简单地根据合同有关条款的规定,直接追究违约方的责任,而是根据不同情况,包括违约原因、产生之后做出不同的处理决定。例如,在设备采购中发生供货方交货延误的情况,在不影响工期的前提下,并不一定要求供货方按合同规定承担违约责任。而在现场不具备交货条件的情况下,希望能推迟交货,供货方也能充分理解。这样,双方能在非常友好的氛围中履行合同,保证了工程的顺利实施。

(3) 妥善解决工程进度节点延误后果。为了保证工程按计划时间投入使用,在工程建设总进度计划中设置了许多阶段性进度节点目标,相应地在施工合同也规定了一些控制性节点的进度要求。如果在实际施工过程中这些控制性节点进度延误,实质上也是违约。

在这种情况下,过多地纠缠于延误责任由谁承担的意义是不大的,反而可能使进度延误进一步加剧。因此,指挥部一方面进行延误原因分析,目的在于避免今后再发生同类延误事件;另一方面,而且是主要方面是组织施工单位、工程总承包单位、监理单位共同研究如何赶回已延误的进度,提出切实可行的方案或措施。只要能按合同中规定的工期完成工程,就不按违约处理。

3) 合理考虑材料价格异常变化

指挥部在制定投资控制目标时所确立的原则之一,是不以牺牲承包单位的正当经济利益为代价。从这一原则出发,应当合理考虑材料价格异常变化给施工单位带来的损失。因此,指挥部具体情况具体分析,对于材料价格的这种异常变化,经客观分析后认为确实属于"有经验的承包商无法预见和合理防范的",且对确实因价格大幅上涨遭到严重损失的施工单位,在法律法规允许的前提下,采用相应协商协议方式加以处理。

总之,由于对合同内容变更、合同争议和材料价格异常变化等情况处理得当,使得在工程建设过程中参与工程建设的各方主体之间的关系比较融洽和谐,绝大多数工程合同都得到了顺利履行。

第6章
"业财融合"理念下的财务管理

现代企业经营管理对财务管理的保障工作及服务水平提出了更高要求,财务管理与业务工作的融合作为提高企业经济效益的有效路径,显得尤为迫切和必要。财务管理和业务工作协同运作,也是在保证企业正常运营的同时实施风险控制的重要手段,可以达到监督控制与防范风险的目的。指挥部的财务管理工作把"业财融合"的管理理念与工程建设管理紧密结合,有效保障了浦东机场三期扩建工程建设目标的顺利实现。

6.1 建设工程项目资金管理

建设项目资金管理的基本任务是做好工程项目资金计划的编制、执行和控制,合理及时筹集和使用建设项目资金,严格控制建设成本,确保指挥部年度工作任务得以顺利执行。

6.1.1 与进度计划相匹配的资金计划管理

在机场工程建设过程中,进度控制和资金计划管理是项目管理的重要内容。为保障工程的顺利开展,必须要对工程实施进度进行控制与管理,并安排资金与之相匹配。整个工程项目能否按照计划目标竣工,很大程度上取决于工程的施工进度和资金管理是否受到合理的监督和有效的控制。合理的工程施工进度和健全的资金管理体系是整体工程顺利完成所必不可少的,施工进展和资金是确保工程建设进度计划目标实现的两个重要方面。资金计划编制的主要内容如下:

(1)建设期项目资金总体计划。对于指挥部承建的工程项目,计划财务部在项目建设初期,根据工程建设期内总进度计划的安排,结合项目概算独立编制各个项目完整建设期的工程资金总体计划。并根据修正的当年年度进度计划及以前的年度实际用款情况,每年滚动更新编制当年的建设期资金总体计划。

（2）年度建设项目资金计划。在工程项目初期编制的建设期资金总体计划的基础上,根据每年度编制的工程项目进度计划以及年度固定资产投资计划,继续编制汇总当年度所有建设项目的工程资金计划,作为全年资金管理的总盘计划。

（3）月度建设项目资金计划。计划财务部依据按照各工程建设实际进度,结合年度资金计划及用款实际情况,汇总编制月度建设项目资金计划。根据月度计划每月向机场集团公司或工程建设投资方申请资金。申请资金与工程使用资金相当。

（4）年度资金计划调整。由于实际工程进度与年初计划存在一定差异,为使工程资金预算与实际用款情况相匹配,便于机场集团公司或项目投资方筹集资金,计划财务部一般每半年修正一次工程资金预算,若有重大特殊情况,也可及时修正资金预算。

6.1.2 机场建设资金的筹措来源

机场建设资金的筹措来源主要有以下两类:

（1）国家重点建设项目由上海市政府和国家民航局安排的建设资金。对此,就尽可能地争取获得上海市政府、国家民航局最大的资金支持。建设资金筹措分为上海市政府安排的财政资金、国家民航局安排的民航专项基金。

（2）机场集团公司及其所属企业筹措的自有资金及商业贷款。机场的融资目标是通过引入社会化投资者或经营者,推进机场建设发展、提升运营管理水平,提高机场运作效率和效益。多元化的资金筹措对于上海机场的建设和发展至关重要。

按照机场资产可经营性和可拆分性的特点,指挥部在多元化筹资途径上探索出一些资金筹措的新模式。

浦东机场三期扩建工程项目申请报告提出建设资金除申请民航发展基金补助外,其余由机场集团公司及所属企业自筹,获得上海市发展和改革委员会批复。该项目实际出资来源包括获得民航发展基金补助资金、机场集团公司与下属公司上海机场股份有限公司自有资金,以及银团贷款资金。

6.1.3 "三位一体"资金监管模式

为保证建设资金使用的合理与合规,以及优质、安全和高效地完成项目建设,建设单位必须加大对建设资金的监管力度。浦东机场三期扩建工程建设的项目资金监管工作以签订指挥部、施工单位、监管银行三方资金监管协议为抓手,逐步推进以监管银行为监管平台、投资监理专业配合、指挥部有效管控的"三位一体"资金监管模式(图6-1)。资金监管范围主要包括拨付到施工单位的工程预付款、材料预付款及工程进度款、结算款等工程建设资金,指挥部及监管银行对施工单位资金使用的合法性、合规性及专款专用进行监督和检查。监管工作包括如下几方面。

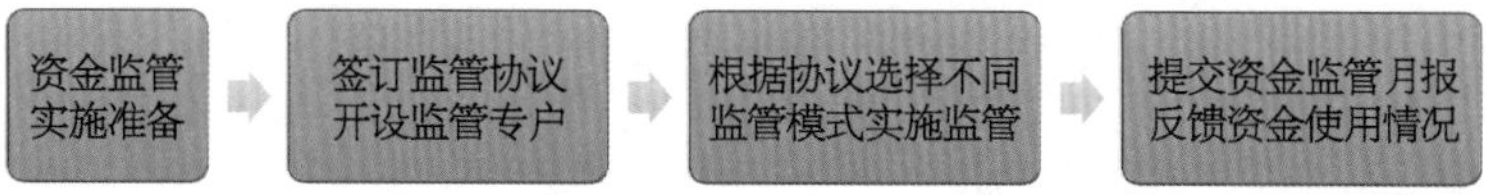

资金监管 实施准备	⟹	签订监管协议 开设监管专户	⟹	根据协议选择不同 监管模式实施监管	⟹	提交资金监管月报 反馈资金使用情况

图6-1 "三位一体"资金监管模式

1) 明确职责分工,建立多方联动机制

工程资金监管的工作班子由指挥部、监管银行、施工单位组成,投资监理单位配合。指挥部计划财务部牵头实施资金监管工作,工作班子各方发挥各自专业优势,形成合力,确保工程资金用于浦东机场三期扩建工程。

资金监管的主要工作包括对施工单位资金支付环节实施全面监督和检查,即根据监管银行提供的工程资金监管报告定期或不定期深入施工单位对资金使用情况进行检查,决定下一阶段各施工单位的资金拨付。

监管银行借助资金结算网络平台对施工单位资金活动实施适时监控,及时反馈相关信息给指挥部。投资监理单位作为配合部门,负责对施工单位实施进度与资金拨付的配比性进行实时监督和控制。

在资金监管工作中,充分尊重施工单位作为合同主体的合法权益,不干涉其自主经营、自负盈亏,对施工单位的资金监管仅限于专款专用、合法性及合规性的监督和管理,并不代替施工单位直接支付资金或动用施工单位的监管账户资金。施工单位根据实际需求使用资金,不能恶意转移和挪用工程建设资金。

2) 落实监管协议的签订,开立指定的资金监管账户

指挥部、施工单位、监管银行签订三方《工程建设资金监管协议》,明确监管对象是对建设项目内的所有工程款包括材料和设备款以及与项目有关的人工及其他费用的支付进行查询监管,重点针对大额材料费用、大型设备的采购和租赁及专项费用支付进行查询监管。与此同时,协议明确三方在资金监管中的职责、权利和义务。

根据《工程建设资金监管协议》要求,施工单位在指挥部指定的监管银行开立唯一的项目资金使用账户,并按照监管银行的要求及时办理专用账户的授权查询手续,同时将开户信息及时提交指挥部。

3) 加强资金监管全流程管理,规范施工单位资金使用

资金监管就是对工程资金的使用方向、使用效率的监管。因此除了工程资金的拨付严格按照指挥部规定程序办理,更应把工程资金的使用方向和效率作为资金监管的主要内容,让资金监管工作贯穿于日常工作的全过程。指挥部根据监管银行每月上报的工程资金监管报告对施工单位资金使用的真实性合理性进行核实。具体做法如下:

(1) 施工单位每月将《工程资金使用计划》提交监管银行,内容包括收款单位、合同金额、款项用途和用款金额等,由监管银行造价管理部门审核。

(2) 施工单位严格按照《工程资金监管协议》及《工程资金使用计划》使用监管账户里的资金对外支付。

(3) 监管银行在下月初将施工单位上月实际对外支付明细情况与其提交的

《工程资金使用计划》进行比对分析,撰写每月《工程资金监管报告》,对监管账户进行监督。对涉嫌非法分包及转包的付款事项,及时与施工单位进行沟通,最终将反馈结论及结果上交指挥部。

(4)指挥部对收到《工程资金监管报告》后进行复查,对于资金的使用确实违规的施工单位勒令其限期整改,必要情况下暂时停止对其资金的拨付,尽量减少相关损失。

(5)施工单位原则上不允许同户名划转资金,对于工程确实需要划转的,须向指挥部说明情况,由指挥部相关部门核实情况后,将需要划转的金额同时交监管银行备案登记。

4)银行保函

指挥部与施工单位和设备供应商签订的建筑安装工程合同及设备合同条款中,都要求施工单位或设备厂商开具银行保函,包括预付款保函和履约保函。

指挥部支付工程预付款、设备采购预付款时,由于施工单位、设备供应商的工作刚刚开展,相对应的工作量还未完成,上述资金存在被其挪作其他用途的风险;工程结算阶段,为了确保承包单位不拖延工程进度,按时、按质完成工程结算,指挥部在工程建设的两个环节设置了不同作用的银行保函,即预付款银行保函与履约银行保函。

(1)建筑安装工程预付款保函。指施工单位在申请支付预付备料款时,提交的相当于预付备料款金额的不可撤销的银行保函,有效期至预付款抵扣完毕。

预付备料款金额为工程款付款总价的 20%,工程款付款总价是合同总价减去进度、质量、安全考核奖(一般为合同总价的 3%)的余额总数。预付款保函开具后,由计划财务部保管;预付款抵扣完毕,由施工单位提出申请,计划财务部予以退还。

(2)甲供设备预付款保函。指设备厂商在申请支付预付款前,提交的相当于合同总价 15% 的不可撤销的银行保函,有效期一般从卖方收到合同预付款起至最后一批货物交货后 30 d。预付款保函开具后,由负责设备采购的机场进出口有限公司保管。保函到期后,由设备厂商提出申请,机场进出口公司负责予以退还。

(3)甲供设备履约保函。指通常在合同签订 30 d 内,提交的相当于合同总价 10% 的不可撤销的银行保函。履约保函的到期日一般分为两种:国际招标合同的到期日为质保期期满;国内招标合同的到期日为完成最终验收。国内招标合同在履约保函到期返还后,还须提供质保函,保函金额为合同总价的 5%~10%,有效期至质保期期满。履约保函的退还程序与预付款保函相同。

6.1.4 资金支付管理办法的制定

为保证浦东机场三期扩建工程建设的正常开展,加强对合同款项支付的财务监督,计划财务部根据制定的合同管理实施办法,结合各类工程合同特点,编制了合同款支付细则、甲供设备终验款和质保金支付细则。

1) 合同款支付细则

合同款支付包含预付款（备料款）支付、进度款支付、结算款支付、尾款支付、设备采购合同款项的支付、服务承包合同款项的支付，付款申请表见表6-1～表6-3。以预付款和进度款支付为例，指挥部在合同款支付方面的管理做法如下。

表6-1 工程付款申请表（样张）

申请单位：				
工程名称：		合同编号：		合同总价：
完成工作量情况：				
本次申请付款金额：		累计付款金额（含本次）：		达到合同总价百分比：
施工监理审核意见：	总承包或分建设公司审核意见：	相关工程部审核意见：	财务监理审核意见：	计划财务部门审核意见：
审核人：日期：	审核人：日期：	审核人：日期：	审核人：日期：	审核人：日期：

表6-2 设备付款申请表（样张）

申请单位：			
合同名称：		合同编号：	合同总价：
根据合同规定完成工作量情况：			
本次申请付款金额：	累计付款金额（含本次）：		达到合同总价比例：
代理采购商或甲供乙办的乙方审核意见：	设备管理部门审核意见：	甲供乙办相关工程部门审核意见：	计划部门审核意见：
审核人：日期：	审核人：日期：	审核人：日期：	审核人：日期：

表6-3 二类费用付款申请表（样张）

申请单位：			
合同名称：		合同编号：	合同总价：
根据合同规定完成工作量情况：			
本次申请付款金额：	累计付款金额（含本次）：		达到合同总价比例：
主管部门审核意见：	相关部门审核意见：	财务监理审核意见：	计划部门审核意见：
审核人：日期：	审核人：日期：	审核人：日期：	审核人：日期：

（1）预付款（备料款）支付。申请单位依据合同约定，向工程部门提交加盖公司章或项目组章的《付款申请表》，工程部门工程管理人员在《付款申请表》对应栏中签字认可，加盖部门章后交计划财务部合同管理人员。

计划财务部合同管理人员依据合同约定核准财务监理进行审核。财务监理单位审核后交还计划财务部合同管理人员复审，由工程部门负责通知申请单位领取《付款明细表》和《付款申请表》，并开具发票。发票由工程部门负责人签字认可后，转至计划财务部合同管理人员。

计划财务部合同管理人员在发票上签字后连同对应的《付款明细表》和《付款申请表》，一并交由计划财务部统计人员进行统计后，上报计划财务部负责人审签。计划财务部负责人审签完毕，转至计划财务部。计划财务部在14个工作日内支付预付款。

（2）进度款支付程序。施工单位向工程部门提交加盖公司章或项目组章的《付款申请表》和相应的已完工作量预算书。工程部门工程管理人员和工程监理单位会同规划设计部，对施工单位上报的工程量进行审核，对质量管理执行情况进行审查，在《付款申请表》对应栏中签字认可，加盖部门和单位章后交计划财务部合同管理人员。

计划财务部合同管理人员依据合同约定核准财务监理单位进行审核。财务监理单位按照已核准的工作量，审定金额出具相应份数的《付款明细表》，并在《付款申请表》对应栏中签字、盖章，交还计划财务部合同管理人员复审。

计划财务部合同管理人员依据上述部门和单位的审核意见，在对应栏中审签付款金额后，负责将已审核的《付款明细表》和《付款申请表》分发给各相关处室和单位，并由计划财务部依据《付款明细表》落实资金申请工作。再由工程部门负责通知申请单位领取《付款明细表》和《付款申请表》，发票由工程部门负责人签字认可后，转至计划财务部合同管理人员。

计划财务部合同管理人员依据《付款明细表》审核并在发票上签字后，连同对应的《付款明细表》和《付款申请表》，一并交由计划财务部统计人员进行统计后，上报计划财务部负责人审签，对于符合付款的，则在14个工作日内支付工程款。

2）甲供设备、材料"质保金"支付管理

为及时解决甲供设备、材料在最终用户运营期间可能发生的质量问题，保证甲供设备、材料"质保金"按合同及时支付，计划财务部确定了机场进出口公司负责代理设备、材料供应商的付款申请和支付质保金款，编制相应的管理细则。

在以下手续齐全的条件下可以提交款项申请：设备质保期完成证明（最终用户、机场进出口公司两方确认）、机场工程设备、材料付款申请书（进出口公司提供）、进出口公司收据（进出口公司提供）、设备供应商的收据复印件（进出口公司提供）。

计划财务部根据"设备质保期完成证明"两方签字和盖章，以及审核其他付款申请资料后，向机场进出口公司支付质保金，保留"质保金支付证明"原件并提供机场进出口公司"设备质保期完成证明"复印件。

3) 甲供设备、材料"终验款"支付管理

为及时解决甲供设备、材料在最终用户接收期间可能发生的质量问题,保证甲供设备、材料"终验款"按合同及时支付,计划财务部结合原"甲供设备、材料质保金支付细则",编制的支付要求内容如下。

设备供应商须向计划财务部提交付款申请以下资料:最终用户验收证明(最终用户、机场进出口公司的签字及盖章)、机场工程设备、材料付款申请书(进出口公司提供)、进出口公司收据(进出口公司提供)、设备供应商的收据复印件(进出口公司提供)。

计划财务部审核信息设备部提交其他付款申请资料,签字及盖章后及时向进出口公司支付终验款,同时向进出口公司提供"最终用户验收证明"。进出口公司收到终验款后,填写完成"最终用户验收证明"备注中"合同质保函有效起止日期"栏目,发往最终用户,由最终用户保管"最终用户验收证明"。

6.2 满足运营资产管理要求的工程建设财务核算

运营单位对基建财务核算提出的迫切要求和强烈反响为:要求知道每一个建筑单体、每一种设备的货币价值,以增强对固定资产的管理。建设单位不仅要满足通常的财务决算和资产移交要求,也要尽可能满足资产使用单位的要求。为此,指挥部转变核算思路,提出"从建设一开始就考虑满足资产移交要求、方便运营单位管理"的理念和相应工作标准,建立了一整套相应的核算体系。

6.2.1 会计核算体系的建立

根据现行的基建财务管理规定,建设项目的资金要求专户存储、单项核算,严格区分经营性资金与建设资金的核算。

建设资金的审计是建设项目竣工财务决算审计的一项重点内容,主要目的是审查资金管理和使用的合规性和有效性。具体审查内容包括:对于各专项资金,审查建设资金是否专户存储、单项核算;建设资金是否和经营性资金严格区别核算;是否严格执行各项基本建设财务管理制度。而如何将制度规定与企业管理、会计核算有机地结合起来是一个重要的现实问题。

在实际工作中,对于每个建设项目势必都要开立单独银行账户,独立核算项目的资金来源、支付和结存等情况。然而,在现实情况下,如果企业单一建设某个项目,满足中国人民银行的开户条件、开设建设项目的专用存款账户进行建设资金管理是可行的。但是像指挥部这样的建设单位,建设项目众多,投资规模大小不一,每个项目都要开设独立专用账户基本是不可能实现的任务。虽然中国人民银行规定出具相应证明,满足特定用途的资金基本建设资金、更新改造资金等可以开立专用账户,这在理论上可行,但在实际操作中银行对此类专用账户的监管是非常严格的,手续繁复,审批条件严苛,往往不能如愿。另一方面,从企业自身经营管理的要求出发,须统一资金账户管理、高效集约使用资金,而机场集团公司全盘控制的资金管理规定,也不允许下属企业开立多头账户。

指挥部针对不同类型的建设项目,筹划了不同的资金核算模式。对于承建的属于国家重点建设项目,像浦东机场三期扩建工程、虹桥机场扩建工程项目等,由于部分建设资金来源于国家财政资金或民航专业资金,此类项目不仅需要通过政府派出审计单位的竣工决算审计,还会经历不同层面政府机构专项资金审查等一系列工作,资金监管的要求比较高。因此,指挥部开设对应项目的独立银行账户,专户核算建设项目资金的来源、支出和结余情况。

对于指挥部承建的机场集团公司范围内其他建设项目,不对应各个项目独立开设账户,而是在统一的账户内核算建设项目资金的来源、支出和结余情况。在此基础上,优化了资金科目的核算方法,基本满足资金的管理需要。

建设项目核算账套"内部往来—资金划拨"科目贷方核算建设项目的资金来源明细记录,同时按建设项目名称、资金拨付企业名称建立两个辅助核算项。日常会计核算时,建设项目账套对收到的每笔建设资金记录金额时,同时记录对应的基建项目名称、拨付企业名称。这种利用会计核算系统辅助余额查询功能,自动汇总每个建设项目的资金来源总数、明细账记录的方式可以满足对单个建设项目资金独立核算的基本要求,且更为直观,令人一目了然。同时,利用协同凭证功能,拨付资金自动对应每笔拨入资金生成凭证,方便指挥部与机场集团公司资金往来对账,也不影响月末对外合并数据报送。

基建项目竣工财务决算要求对建设项目的概算与投资实际执行情况进行对比分析,因此需要基本建设项目的实际发生支出与概算在核算口径上一致,形成对应关系。同时反映项目的三大投资"建筑安装工程投资、设备投资、其他待摊投资"与概算对比情况等内容。

对于如指挥部建设项目多、建设内容复杂这样的建设单位,财务核算尤其要尽可能详细、完整地反映项目的实际情况。因此,计划财务部构架以概算列明的单项工程、单位工程、费用明细项目为核算基础的会计核算体系。

(1)"在建工程"科目核算以单个批准立项建设的项目为独立核算单位,以建设项目名称在"在建工程"下设置二级明细科目。

根据项目的复杂程度,设置与概算类别级次相对应的三级以下明细科目。最末级明细科目以单个合同或单笔费用(合同以外)为核算单元,每一个合同或每一笔费用即为一个明细科目。最末级以上一级明细科目统一按01"建筑安装工程"、02"设备投资"、03"费用(其他待摊投资)"设置。

每一个合同或每一笔费用发生,记入投资支出时,按概算对应的单位项目工程,以及所对应的三大不同投资性质的科目进行明细核算,建设项目所有合同和费用按照上述规则进行核算归集。"在建工程"二级明细科目余额即反映为每个独立建设项目的实际投资总额,三级明细科目余额即反映与每个独立核算项目下与概算项目对应的单项工程实际投资额。以此类推,明细科目设置的级次越细,与概算对应项目的投资支出反映的内容也越详细。与概算项目对应设置的明细科目级次,一般根据建设项目的投资规模的大小、建设内容的复杂程度、财务核算的难易程度进行选择。根据指挥部经历国家重点建设项目枢纽机场新建、扩建工程的会计核算经验,"在建工程"科目预留三级、四级明细科目对应概算项目设置即可满足核算需要。

会计账套的科目结构与基建项目概算的单项工程、单位工程、费用明细项目一一对应,同时设置建筑安装、设备、费用汇总科目。如此核算,不仅解决了将概算对应的各个项目费用进行了归集,同时归集的数据也同步反映了各个概算项目对应三大投资类别的金额,这给项目竣工财务决算打下了基础。在日常工作中,可以及时对建设项目的概算与实际投资数据的差异进行比较分析,有利于工程成本全过程控制,有效发挥基建财务核算的重要功能。

(2)增设会计科目辅助核算项目,提高核算精细化程度,实现投资数据多维度汇总,服务企业管理需要。

基建财务核算对建设项目的其他待摊投资费用(以下简称费用)核算有专门要求,需要反映建设项目对应概算的每一类费用的实际投资总额、明细情况。根据前述核算方法,费用是依附于单体建设项目下每一个单项工程进行明细核算汇总的,而不是直接在单体项目下明细核算。这种方式虽然有利于建设项目完成后编制财务决算资产明细表的工作,方便转为固定资产的工作,但其是不能直观反映建设项目对应概算的每一类费用的实际投资总额及明细情况。由于目前会计核算体系科目设置的固有限制,难以做到数据横向、纵向的同步汇总。因此,大多情况下,费用的汇总、明细表编制都需要通过财务人员在会计核算系统外进行手工编制计算。重大工程建设项目费用统计表如果利用这种手工编制方法,不仅费时费力,而且更重要的是难以保证数据的准确性。因为不能直接从账套取数,而是根据财务人员对照台账手工填制,难免出错。

针对建设项目费用核算的特点,利用会计核算系统会计科目辅助核算功能,可以实现对费用数据的多维度汇总。对属于费用性质的每一个合同设置明细科目时,以合同编号为科目名称,同时增设"单项工程名称""费用类别名称"和"合同编号"这三个辅助核算项目。每一笔费用性质的合同款支付核算时,都需要同时录入上述三个辅助项目信息。这样,利用科目辅助余额的查询功能,三个辅助项目根据不同需要排列组合,不同的组合方式查询就可以得到不同的明细及汇总结果。

例如,按照会计科目"单项工程名称""费用类别名称"进行组合查询,就可以汇总某一个建设项目下,每一类待摊投资费用所属各个单项工程的费用支出情况。按照会计科目"费用类别名称""合同编号"进行组合查询,就可以汇总某一个建设项目下,某一类或全部类型待摊投资费用的合同明细及费用支出情况。

充分利用会计核算系统的辅助核算功能,提升基建项目的核算精细度,满足对基建项目财务核算的管理要求,不失为一项经济、高效和准确的技术手段。

6.2.2　财务核算工作的具体实施运用

1)建筑安装工程核算

在财务监理单位审核出具《工程款支付明细表》的基础上,增加设立建筑安装工程《工程款支付申请明细表》,全面涵盖合同总价、预付款、本期申请支付和累计已付款的审核流程,确保核算金额的准确性。

增加"预付账款"科目,付款统一先计入该科目,然后根据财务监理单位核准的工作量逐步结转建筑安装投资金额入在建工程,改变以往付款简单入在建工程核算的方法,提高账面反映实际完成建筑安装工程投资的准确性。

2)甲供设备材料核算

借鉴建筑安装工程《工程款支付申请明细表》形式,并全面涵盖合同总价、预付款、本期申请支付和累计已付款金额的流程,增加了"设备材料付款申请书"环节,确保了对总价和累计已付款变动的时刻掌握。

借鉴建筑安装工程由"预付账款"1个科目统一付款和按出入库单结转总工作量,取代"设备采购"等4个中间科目的功能,将核算9环节精简为5科目,使管理难度呈几何级下降。克服了设备核算过渡科目设置过大过多,会计信息不够通畅,容易形成账目间串户,遗留后期清账难题的缺陷。

将供应商发票作为对代理商支付款项的必备单据,克服了设备代理商对设备供应商发票收缴不及时而影响人民币购汇合同及时结算的问题,迅速变被动局面为主动和可控状态。

要求安装单位填制"设备、材料已完成安装清单",从而对多余的设备材料作存货管理,为资产接收单位避免资产流失,克服安装后多余的设备材料存在管理盲点的缺陷。

依据国家有关会计制度及指挥部建设大纲,制定了"甲供设备、材料质保金支付细则",明确设备质保金的支付流程及界定指挥部和设备运行单位对运行设备出现问题的管理职责,使各方在甲供设备、材料质保金的支付上均有据可依、职责明确。

3)工程项目其他费用核算

根据每个合同及相关费用的内容和金额,归集入与概算相对应的明细项目内。为满足项目竣工财务决算报表对工程项目其他费用的专门规定,即须单独编制相应数据报表的要求,对大型建设项目的其他费用名称统一编号,会计核算科目按费用名称增设辅助核算项,解决了日常核算不但可以动态掌握工程其他费用发生的实际情况,及时与概算金额相比较分析,而且在项目竣工财务决算阶段,比较简便容易地编制相应报表。

4)建设单位管理费核算

指挥部是专门从事承担机场集团公司范围内项目建设管理的单位,日常运行发生的人工费用、办公费用等一切管理性支出来源于在建项目可列支的建设单位管理费。由于指挥部无其他收入来源,因此,如何完整充分地、准确地核算单体项目的建设单位管理费,保障指挥部日常运行所需的管理费性质费用显得尤为重要。

指挥部根据当前所承担建设并负责会计核算的浦东、虹桥两场范围内所有新建、改建及扩建的项目为基础,编制建设期内的《可使用的建设单位管理费汇总表》以及根据项目建设期、结合项目建设进度分摊到每年度使用建设单位管理费预算表。上述预算表根据承担建设项目的变化、项目建设单位管理费概算金额的变化按年滚动调整编制。

每年年初根据年度使用的建设单位管理费预算表,编制具体细项内容预算。包括人工成本、办公费用、项目前期评审的会务费、法律服务费,合同印花税等费用。

日常具体会计核算时,如能直接确认项目归属的费用,如项目评审费、法律服务费、项目办公差旅、会务费等,直接计入所属项目的建设单位管理费内。发生时不能直接确认项目归属的费用,设置单独"建设单位管理费"核算科目统一核算,每年底或年中有项目完工时进行分摊。分摊方法见"工程费用其他费用的分摊"。

在项目审计阶段,充分与审计工作人员做好解释沟通工作,在项目一类费用投资节约的基础上不核减相应比例的建设单位管理费,取得审计人员的最终认可。

5)工程项目其他费用的分摊

对建设单位管理费、动态费用等发生时不能确定具体归属项目的费用,平时作为混合费用另列科目与概算项目分开核算,到年度会计决算或项目竣工决算时再根据涉及的各概算项目以当年度在建工程直接费(建筑安装投资 + 设备投资)的比重予以分摊,动态费用计算式如下:

$$\frac{单个项目建设项目建设单位}{管理费分摊额(动态费用等)} = \frac{该项目当年度(建安投资 + 设备投资)}{当年度所有项目(建安投资 + 设备投资)} \times \\ \sum 当年度建设单位管理费(动态费用等)$$

6.3 工程项目竣工决算、审计和资产移交

工程项目的竣工决算、审计和资产移交是工程建设的最后环节,指挥部积极站好最后一班岗,确保工程的实际造价和投资结果的精确呈现,并配合审计部门进行相关财务决算审计,移交工程项目的实物管理权、资产所有权于运营管理单位。

6.3.1 工程项目竣工财务决算报表编制

1)工程项目竣工财务决算

工程竣工财务决算是指在工程竣工验收交付使用阶段,完成工程全部项目内容的工程结算工作之后,由财务部门编制的建设项目从筹建到竣工验收、交付使用全过程中实际投入的全部建设费用,包括建筑安装工程投资费用、设备投资费用、其他待摊投资费用等内容。竣工决算是整个建设工程的最终价格,是作为固定资产入账的根本依据。

工程竣工财务决算是建设工程经济效益的全面反映,是项目法人核定各类新增资产价值,办理其交付使用的依据。通过竣工决算,一方面能够正确反映建设工程的实际造价和投资结果。另一方面,可以通过竣工决算与概算、预算的对比分析,考核投资控制的工作成效,总结经验教训,积累技术经济方面的基础资料,提高未来建设工程的投资效益。

2)财务决算编制的方法

(1)账套设立——基础。由于竣工财务决算的重要功能是对建设项目的概算与投资实际执行情况进行对比分析、对建设经验进行总结,因此基本建设项目

的实际发生支出与概算在核算口径上需要一致,形成对应关系。基于该原因,在建立核算账套伊始,以概算列明的单项工程、单位工程、费用明细项目为核算基础,在符合会计制度的前提下,尽可能做到会计账套的明细核算项目与项目概算的明细项目相吻合,形成对应关系。

会计账套的科目结构与项目概算的单项工程、单位工程、费用明细项目一一对应,以单个合同为最小核算单元,同时设置建筑安装、设备、费用汇总科目,这一套完整的科目核算体系,为实现会计核算记账期内定期汇总已完成投资,反映投资实时动态情况,而且为改变以往到项目建设完成后才集中编制竣工财务决算工作建立了良好的基础。

根据《建设工程概算执行系统》的项目明细内容对会计核算的每一个合同、每一笔费用,逐一进行记录,始终与项目概算内容保持对应。

(2)自动汇总软件——手段。基于财务会计信息化系统的基础核算而开发的《工程建设项目财务决算编制程序》,使得决算程序能够自动从会计信息系统取数,形成各个单体项目、单位工程、费用已完成投资汇总表和明细表。只要录入实时凭证,就可以随时同步掌握工程项目已完成投资的动态数据。这项创新工作不仅解放了大量手工编制工作、缩短工作时间、提高了财务人员的工作效率,同时从根本上保证了数据的准确性,最重要的是提高了建设项目的投资控制管理水平。

(3)两平台数据核对——最终编制。在建设项目竣工验收完成工程结算后,计划财务部着手编制项目竣工财务决算表。此时如何保证财务数据的准确和完整,是编制报表的关键所在。财务人员将核算系统自动汇总编制的项目明细表与建设工程概算执行系统平台生成的项目概算执行明细表进行平行核对,核对每一个合同或每一笔费用,账表核对一致后,编制《财务决算与概算对比表》,这是编制项目竣工财务决算报表的依据。

项目竣工财务决算报表中须编制一张《基本建设项目交付使用资产明细表》,这是固定资产准确入账的基础表。对于浦东机场三期扩建工程、虹桥机场扩建工程这样投资上百亿元的项目,编制交付使用资产明细表的难度非常大。如果等到项目竣工财务决算时再着手编制,无论从工作时间,还是工作量上看,任务都非常艰巨。因此,在浦东机场三期扩建工程中,计划财务部开发设计了一套《资产所属明细表》,结合平时的核算管理工作,将编制交付使用资产明细表的基础工作前移,开创了编制资产明细表新的工作方法。

计划财务部设计的工程项目所属资产明表包括建筑安装工程、乙供设备、甲供设备、备品备件的内容。明细资产填报的格式要求包含了固定资产入账的必要要素,包括建筑单体的名称、面积、结构、金额,设备资产的名称、规格、型号、供应商、单价、数量、安装费用、安装地点等要素。单项工程资产以包含的该项目所有建筑安装合同、甲供设备合同的价值为基础,以每个合同为单位,分别编制建筑安装工程、乙供设备、甲供设备、备品备件资产明细表。当每个工程合同付款支付至90%,工程施工基本完工时,由施工单位根据表式要求编制《建筑安装工程、乙供设备资产明细表》,经过工程监理单位对项目内容、财务监理单位对项目价值的双重审核之后,再由计划财务部复核把关,形成该部分资产明细表。当每个设备合同的资产在现场完成安装后,由安装设备的供应商或安装单位编制甲供设备、备品备件的资产明细表,经过信息设备部的审核和计划财务部的复核,形成该部分资产明细表。上述工作形成的一套单项工程的资产目录、建筑安装工程、乙供设备、甲供设备、备品备件资产明细表既可作为实物移交的重要资料,又可作为形成资产入账价值的依据,一举两得。

最终编制的交付使用资产明细表,仅须将单位工程包含的其他待摊投资金额在建筑安装工程内予以摊销,即可形成资产的最终入账价值。

6.3.2 工程项目审计管理

1) 项目审计单位的分类

从浦东机场二跑道工程建设开始,前后经历了浦东机场扩建工程、扩建配套工程、三期扩建工程、虹桥机场扩建工程、虹桥机场扩建配套工程等一系列的工程建设,根据工程资金的来源性质,涉及使用政府资金补贴项目,如浦东机场二跑道工程、浦东机场扩建工程、虹桥机场扩建工程,需要由政府委派单位即上海市审计局作为审计单位对建设单位进行工程竣工财务决算审计,其余由企业自筹资金来源的建设项目则通过机场集团公司法务审计部委派的社会审计机构对建设单位进行工程竣工财务决算审计。

2) 审计进场前的准备工作

(1) 审计申请。在完成建设项目竣工财务决算的基础上,根据项目资金来源的不同性质,需要向机场集团公司内部(法务审计部)或者外部(上海市审计局)提出要求进行项目决算审计的申请,待上述单位批复明确具体审计时间后,审计准备工作正式启动。

(2) 内部审计协调工作组的准备工作。由机场集团公司领导、相关部室的部门负责人、指定联络人成立专门响应审计的工作组,具体工作由计划财务部牵头,负责组织实施审计准备工作。计划财务部根据审计工作可能涉及的范围和内容,依据职能部门的不同分工职责,将需要准备的审计资料的进行分解,落实具体负责部门。

(3) 审计资料的内容。项目竣工决算须提供的资料见表6-4。

表6-4 项目竣工决算须提供的资料

序号	资料类别	资 料 内 容
1		立项批文:项目建议书批复、工程可行性研究报告批复
2		前期审批手续:选址意见书、建设用地规划许可证、政府部门用地批文(划拨决定书、建设用地批准书)、土地丈量测绘报告、土地使用证、建设工程规划许可证
3	前期资料	建设行政审批手续:项目报建表、设计方案批复、工程初步设计(概算)批复、施工图审查合格书、项目报监表、施工许可证
4		其他前期资料:工程可行性研究报告评审报告、工程初步设计(概算)评审报告、工程初步设计概算分册(包括各分项概算)以及初步设计说明分册

序号	资料类别	资料内容
5	招投标及签订合同资料	工程和设备及勘察、设计、监理、施工的招投标明细清单（列明招标方式及中标金额、合同金额、中标通知书发出时间、合同签订时间、招标及合同是否在相关主管部门备案）
6		工程和设备的招投标及合同签订资料［包括招标文件、投标文件（入围单位）、现场踏勘记录、答疑会记录、评标记录、开标记录、签订合同过程中的谈判记录或相关会议纪要等］
7		勘察、设计、监理、施工中标通知书以及招投标备案表和合同备案表（备查）
8	合同资料	项目合同目录清单、合同台账（包括项目编号、项目名称、合同标号、对方单位，合同金额，已付金额和应付金额、完成程度等）
9		项目所有有关合同（包括补充合同和合同变更）
10	工程决算资料	投资对照表（概算与决算对照）以及投资对照分析（如有超支或节约分析原因）
11		项目竣工决算财务报告（含竣工决算报表）
12		项目各项内部管理制度（财务、资金拨付或支付、工程发包、招投标、合同签订、甲供设备材料、工程质量、施工安全以及其他施工现场管理等）
13		固定资产移交清单以及移交手续（如果已经移交）
14	财务资料	财务总账、明细账、报表、会计凭证等
15		项目电子账套备份或是拷贝数据（注明所用财务软件、版本号、起止日期）
16	工程结算资料	建安投资明细表（注明是否经过审价，经过审价的提供审价报告，没有经过审价的提供最终结算依据）
17		投资监理报告、投资监理小结、投资分析
18		审价单位审价报告（包括审价结算书）
19		标书、工程计价清单报价（包括单价分析）
20		经审价单位审价后的新增单价组价依据（单价分析）
21		投资监理所有设备、材料批价单
22		如果工程中存在甲供材料、设备的情况，提供甲供材料、设备清单以及结算依据
23		工程计价清单报价（兴安软件电子版）、审价结算书（兴安软件电子版）
24		审价单位主要工程量计算书
25	工程资料	地质勘察报告
26		全套竣工图（盖竣工章）
27		所有设计变更单、变更设计单、技术核定单
28		所有施工签证（所有施工、施工监理、投资监理、代甲方项目负责人，个人签字与单位公章）
29		所有项目会议协商纪要
30		所用建筑材料合格证明以及材料报验单

序号	资料类别	资　料　内　容
31	工程资料	分项分部验收以及隐蔽工程验收记录
32		总承包单位分包的项目清单（包括建设单位指定分包、建设单位和总承包单位联合分包以及总承包单位专业分包，清单中注明分包项目的名称、分包单位名称、分包金额）
33		开竣工时间（开工报告、开工令、竣工报告、验收报告），如果工程存在中途停工的情况，提供停工复工相关资料
34	工程竣工验收资料	项目竣工验收报告、项目建设情况介绍或者项目建设总结
35		施工监理以及设备监理的监理竣工报告或是监理总结
36		工程质量验收报告
37		规划红线、竣工面积测绘报告以及规划验收报告
38		其他专业如城建档案、环保、消防、绿化等单项竣工验收资料以及最终的工程质量验收备案
39	其他提供资料	如果项目存在预留、缓建以及取消的情况，提供预留、缓建以及取消项目的清单（列明原因及预留取费依据）
40		如果项目的部分内容（例如前期征地动拆迁费用）已经经过相关审计机关审计，提供相关审计机关的审计报告
41		如果项目已经交付使用或是在试运营期间，委托专业机构对项目效益做过后评估或是评价的，提供项目效益后评估（评价）报告
42		如果项目涉及前期征地、动拆迁、管线搬迁事宜审计，提供征地、动拆迁、管线搬迁事宜的相关资料，须提供资料清单另附

3）审计经验的积累

经过各种投资规模的建设项目竣工财务决算审计，以及不同性质、不同风格审计单位的审计后发现，项目审计的范围越来越广，审计的深度不断加大，审计的要求也不断提高。在不断积累应对审计工作经验的同时，也按审计要求指导着日常管理工作，使得管理工作的水平也与时俱进，不断提高。

以往审计单位审计的工作重点，一般在于项目的符合性检查、项目资金概算对比使用情况、是否超支等，注重超支的原因。现在，不管超支还是结余，都须分析原因，究其根本，加强项目的经济效益分析。通过审计工作，审计单位也正面反映建设单位管理工作的亮点及采取的有效措施，对建设单位的管理经验有积极评价。审计单位审计服务意识的提高，也进一步推动了建设单位管理工作水平的不断提高。

目前，审计侧重点主要集中在工程造价审计、经济效益的评价、建设单位管理费的审计等方面。

（1）项目经济效益的评价。在我国社会主义现代化建设的进程中，工程项目投资是社会固定资产再生产的主要手段。加强对工程项目的审计监督和项目经济效益的审计评价，已成为国家审计机关、内部审计部门面临的一项重要工作任务。内部审计进行监督和评价活动的根本目的是服务,而开展工程项目经济效益审计能够直观地提高经济效益,实现单位目标,引起单位领导注意及重视,工程项目经济效益审计评价的重要性日益体现。

工程项目从调研论证到投入运营,大体分为四个阶段。第一阶段是项目开工前阶段,主要包括项目调研论证、立项、项目设计、招标、签订合同及开工准备。第二阶段是整个建设期间,这一阶段的工作主要是施工,从土石方开挖工程直到全部设备安装调试完。第三阶段是竣工验收交付运营阶段,这一阶段的主要工作是按照设计要求组织项目验收、工程结算和办理交付。第四阶段是项目进入运营期,这一阶段主要是由试产到正常生产运营,逐步达到投资预期目标。

按照上述流程,审计的重点应该是查找各个阶段管理的缺失部位、薄弱环节和衔接部位。工程项目经济效益审计事前环节的重点是预防,通过对前期各项工作的审计,查漏补缺,消除效益流失的隐患。事中环节主要是控制,要在工程项目成本形成过程中,对人工、物料及其他费用进行监控,及时发现和纠正损失浪费问题,实现造价控制目标。事后环节的重点是评价,通过项目实际效果与预期目标的对比、分析,对其经济效益情况做出评价。

因此,项目经济效益的审计和评价工作,推动了建设单位在管理工作中持续不断总结经验,建立、改进和执行有效的管控制度、管理模式,为工程建设积累经验。

(2) 建设单位管理费开支的审计。建设单位管理费是指建设单位从项目开工之日起至办理竣工财务决算之日止发生的管理性质的开支。建设单位管理费的总额控制数以项目审批部门批准的项目投资总概算为基数,并按投资总概算的不同规模分档计算,实行总额控制,分年度据实列支。

建设单位管理费审计的重点,是建设单位管理费实际列支总额是否超过该项目概算的批准数,列支的范围、金额是否完整准确,单体项目分摊的金额是否准确。根据财政部的《基本建设财务管理规定》,指挥部制定了《建设单位管理费控制办法》,从建设单位管理费预算编制方法、具体的使用,以及控制办法等建立相应制度,做到有据可依。计划财务部建立会计核算体系时,根据《基本建设财务管理规定》的建设单位管理费的开支范围设置明细核算科目,将建设期间日常发生的管理性质的费用——对应到明细项目进行核算。制度加核算确保了项目建设单位管理费内容核算的完整准确,也达到了对该费用控制支出目的。同时也给审计人员的审核工作带来便利,便于计划财务部与审计人员的工作沟通。

由于建设单位管理费的概算金额是根据建设项目一类费用的概算为基数,按一定比例计取的总额。在审计过程中,审计人员一般都是按照一类费用投资结余比例调减相应建设单位管理费总额的办法,对此项目进行复核审计,这与计划财务部按项目建设单位管理费总额控制核算的金额往往有不小的差距。如何有理有据地说服审计人员,认同计划财务部的核算金额是非常重要的。由于建设单位日常管理性质的费用来源,基本上依赖建设项目对应项目概算总额,而相关规定的取费标准设立年代久远,是兼顾中西部地区全国平均水平的,其远远低于沿海大城市的现实社会消费水平,两者本身就难以平衡。如果以审计按投资节约比例核减一部分建设单位管理费,这对全面反映建设单位有效的管理工作是非常不利的。所以在审计过程中,计划财务部非常重视与审计人员的互动沟通,把计划财务部的管理经验、管理措施、实际成效一一展示在审计面前,以实绩说服审计人员,认同管理工作中付出的巨大辛劳及取得的成绩,从而就建设单位管理费核算的方法及金额达成共识。以浦东机场扩建工程为例,最终审计结果显示投资结余比例超过 10%,审计在建设单位管理费批准的总额内按建设单位实际发生数予以确认,没有按常规进行比例调减。

审计审查建设单位管理费的一个重要内容是对"三公经费"的审核,包括日常办公开支办公费、差旅费、业务招待费等是否超标和超范围开支。为加强对建设单位管理费的控制使用,从建设单位管理费的列支范围年度预算的编制,到日常的支出分析、控制手段等,指挥部制定了《建设单位管理费控制管理办法》,根据管理办法严控办公经费支出,对超范围、超标准的费用一律不予支出。审计人员审核认同计划财务部的控制方法,对于范围内列支的费用予以了确认。

4) 审计整改意见的落实

建设项目审计报告中所揭示的非常重要的内容是:审计发现的问题、审计意见的整改落实,这对发挥审计效能、切实提高建设单位的管理水平起到实质性作用。

通过审计整改意见的落实,不仅能对当前实施的项目作进一步整改完善,更重要的是举一反三,从项目建设中汲取经验教训,督促计划财务部不断完善改进相应的管理工作。几年来,计划财务部先后建立、修订了各项管理制度十余项,包括修编《概算审核及控制实施细则》《工程变更实施细则》《投资控制管理办法》《合同付款实施细则》《甲供设备终验款、质保金支付管理细则》《银行、现金报销管理办法》《实物移交管理办法》《全面预算管理办法》等。

6.3.3 工程项目资产移交管理

新建、扩建和改建的基本建设项目在完成工程竣工验收后,建设单位要及时办理固定资产移交(实物移交)手续,即将工程项目的实物管理权由建设单位转交运营管理单位,开展资产的管理和核算。工程项目完成竣工财务决算审计,确定最终造价后,由建设单位财务管理部门将形成资产造价的明细资料移交资产所有权所属单位的财务部门,进行资产移交。

1) 实物移交、资产移交的联系

实物移交的及时准确与否,关系到企业资产折旧的计提和成本效益,是企业固定资产核算和管理的基础。尚未办理竣工决算审计的建设项目完成实物移交,以预估造价作为固定资产核算的基础,根据企业会计制度相关规定计提固定资产折旧。待项目完成决算审计工作,根据审计的最终造价予以调整固定资产入账金额及折旧。

固定资产的实物移交工作一直是工程建设项目管理的薄弱环节,提高实物移交工作的质量和效率非常重要。

2) 实物移交、资产移交的操作流程

浦东机场一期建设完成后,进行资产移交时碰到的最大难题是由于限于当时会计核算条件,建设项目的核算体系完全按照概算批复的大类进行核算,所形成的固定资产难以按照日常运营资产管理要求,拆分到细项一一对应进行核算。这种比较粗放式的固定资产核算,难以和现代企业精细化管理的要求相匹配。

浦东机场二期工程建设时,计划财务部充分借鉴了一期工程建设的经验,考虑了相关意见和建议,编制了资产移交表。这套表式包括《资产移交实物目录》《工程资产所属明细表(包含乙供设备清单)》《甲供设备清单》《专用工具及备品备件清单》等。

这套资产移交表式以单体项目为基准,每一个单体项目编制一张《资产移交实物目录》,即单体项目包含的明细合同清单,包括合同名称、金额。然后每个合同相对应一张资产明细表,相应编制《工程资产所属明细表(包含乙供设备清单)》《甲供设备清单》和《专用工具及备品备件清单》。

这套以合同为最小单位的明细化资产移交表,给固定资产精细化核算打下了基础,项目运营管理单位在此基础上根据实际管理要求,无须拆分资产,而只须组合相应资产即可以满足高效、准确的固定资产核算,受到了资产接受单位财务部门的认可。以浦东机场扩建工程为例,总投资 151 亿余元,单体项目 20 个,涉及编制清单合同 750 余个,编制清单 773 余份。

3) 实物移交管理办法

浦东机场二期建设资产移交过程中,又遇到一个具体事项是:运营单位财务部门在接收资产移交表时,需要与技术设备管理部门的接收实物管理移交表进行资产清点、核对,但过程中发现两套表格式、内容不尽相同,核对工作非常艰巨,费时费力。

实际工作中,建设项目完成建设、通过竣工验收着手实物移交时,是由建设单位的工程部门牵头,与运营单位实物管理部门进行实物清点移交,双方签订备忘录。进行实物移交清点确认的资产表通常是由工程部门审核提供,资产表是由施工单位或安装单位人员编制。由于是非专业财务人员,缺乏相关专业知识,编制的资产移交表没有统一格式,编制内容不区分合同,不区分甲供和乙供设备,没有按照固定资产核算要求的相关规定进行编制,与最终审定的资产移交表有非常大的差异,加大了固定资产账实核对工作的难度,不利于资产及时准确完整地入账。

针对上述现实情况,为规范实物移交表式,促进资产移交工作,指挥部计划财务部从虹桥机场扩建工程起,优化了资产移交表式,将实物移交、资产移交的表式有机结合,表单格式基本一致。新格式突出不同阶段的特点,实物移交重实物数量清点、地点存放;资产移交重资产入账价值。在管理工作中,也改为统一由专业财务人员牵头,审核相关单位编制的资产移交表,作为实物移交、资产移交阶段的基础资料,从而确保了固定资产入账的规范性及准确性。

例如,浦东机场西货运区 3#地块国际快件和货运中心工程位于浦东机场西货运区规划 3#地块,主要为了满足远期年快件处理量 23 万 t,年货运处理量 29 万 t 的使用需求和工艺要求进行的建设项目,项目总占地面积约172 069 m²,

总建筑面积约 85 183 m²，工程概算 69 881 万元。第一阶段实物移交工作已于 2017 年 11 月顺利完成。该项目是在指挥部实物移交办法实施后，通过多个工程项目实物移交的实践工作，积累了经验、逐步优化工作流程后，进行的一次实物移交。移交及管理过程如下。

（1）第一阶段工作（工程完工）。

① 项目完工前一个月，浦东综合配套工程部提前告知计划财务部，西货运区 3# 地块国际快件和货运中心工程项目满足实物移交条件，准备办理移交。

② 计划财务部协同工程部门、信息设备部与航空物流发展公司财务部、货运区管理部经过多次沟通，确定实物移交内容和范围、移交时间、移交清单的表式，以及移交确认单签收单位。

③ 各部门分别编制移交实物清单，其中：移交实物总目录由计划财务部负责制定；涉及建安工程的工程资产所属明细表、乙供设备明细清单由财务监理及施工单位按签订的单个合同分别编制，工程部门审核，计划财务部协助复核；甲供设备清单由信息设备部负责，计划财务部及财务监理单位协助复核；专用工具及备品备件清单由信息设备部负责提供。

④ 实物接收单位——航空物流发展公司依据移交实物清单，进行现场实物清点，在清点过程中，交接双方保持及时充分的沟通，确保清点工作顺利完成。

⑤ 交接双方对移交实物量清点无异议后，指挥部与航空物流发展公司签订实物移交备忘录双方各执一本，作为今后资产移交的依据。

（2）第二阶段工作（工程完成竣工决算审计）。西货运区 3# 地块国际快件和货运中心工程项目第一次实物清点后，又新增建筑安装工程合同两个（都为补充合同）、设备合同两个。针对新增部分在对应的合同完成结算后，对《工程资产所属明细表（包含乙供设备清单）》《甲供设备清单》等表单进一步完善，并作为资产移交时形成的最终表单。航空物流发展公司进行二次清点，清点完毕后交接双方在最终的资产移交清单上签字确认。由于第一次的清点工作，大部分实物工作量已经完成，第二次清点只针对新增部分，因此二次清点的工作量将大大降低。

在实际操作过程中，该工程项目在审计完成，财务决算的数据最终确认后，由机场集团公司下发调拨单，最终完成了资产移交工作。

第7章

积极推进的工程建设前期工作

面对浦东机场三期扩建工程建设的紧迫性,尤其是面临项目前期各项复杂的工作内容和流程,指挥部抓住主要矛盾,认真学习相关法律法规,积极推进各项工程建设前期工作的开展。指挥部通过梳理不同类型的项目及其前期报批报建的工作内容和流程,有针对性地提前进行研究和准备,及时开展各项报批报建工作,确保浦东机场三期扩建工程能够及时、快速地展开各项建设活动。

7.1 工程建设前期工作推进的政策背景

为贯彻落实党中央、国务院关于深化"放管服"改革和优化营商环境的总体部署,上海市有关部门按照"对标国际最高标准、最好水平的营商环境"要求,从2017年年底开始,启动相关改革工作。2018年年初上海市开展了本市社会投资项目审批制度改革,并迎接世界银行测评。在深化完善社会投资项目审批改革工作的基础上,上海市充分学习借鉴福建厦门、浙江等地的先进经验,以最大限度地优化项目审批为核心,全面推进工程建设项目审批制度的改革(图7-1)。

图 7-1 上海市工程建设项目审批制度改革历程

上海市工程建设项目审批制度改革提出了突出对标国际、突出改革创新、突出精简高效、突出补齐短板等四项要求,并聚焦工程建设项目审批的关键环节和瓶颈问题,突出统一改革思路、统一审批体系、统一数据平台与统一监管方式等四个"统一",全面而深化地对相关制度进行优化与改革。

同时,为积极贯彻落实上海市政府有关行政审批制度改革的要求,加快推进重大工程建设,充分发挥重大工程促投资、稳增长、惠民生、补短板的作用,2017年10月,上海市人民政府办公厅印发了《关于进一步改进和优化市重大工程建设项目前期工作实施意见》(沪府办发〔2017〕64号)的通知,要求按照牢固树立创新、协调、绿色、开放、共享的发展理念,牢牢把握城市发展战略定位,坚持简政放权、放管结合、优化服务,创新体制机制,改进和优化市重大工程政府投资项目前期工作,提高审批效率,加快项目建设,有效促进重大工程早开工、早建设、早投产、早见效,为促进社会经济持续平稳发展发挥重要作用。

实施意见强调,要加大市重大工程政府投资项目前期研究力度,优化行政审批流程,建立"一库、二计划、五优化"工作机制。"一库",即建立"市重大工程政府投资项目规划储备库",切实提高项目建设规划方案成熟度,提升重大工程建设水平。"二计划",即编制"市重大工程政府投资项目前期推进三年计划"和"市重大工程年度投资计划",完善市重大工程正式项目生成机制,加快项目征收腾地工作。"五优化",即加快项目审批办理,优化项目启动、立项、规划土地、招投标、施工许可等环节,采取提前、交叉、并联等方式,力争项目尽早开工。

"市重大工程政府投资项目规划储备库"主要是提前研究项目建设方案稳定工作,解决项目建设规划方案成熟度问题。"市重大工程政府投资项目前期推进三年计划"主要是有效衔接项目建设规划与年度投资计划,解决建设项目落地问题,提前启动土地房屋征收等工作。"市重大工程年度投资计划"主要是加快项目审批,促进项目尽快开工建设。

优化项目前期审批手续包括五个方面内容,即优化项目前期启动手续、优化建设项目立项手续、优化项目规划土地审批手续、优化项目招标投标手续和优化项目施工许可手续。这一工作实施意见对于加快市重大工程建设项目前期工作的推进有着十分重要的意义。

指挥部基于"创新、协调、绿色、开放、共享"五大发展理念,认真学习有关建设项目报批报建工作及流程的法律法规,充分研究建设项目审批制度的改革和相关最新政策,强调提出在时代环境改变下前期工作节奏也要改变的要求,创新协调机制,争取绿色通道。

7.2 前期报批报建工作及其分类研究

前期报批报建工作是指为了满足工程项目开工,取得所有必备手续所做的工作。一般工程项目前期报批报建工作包括编制项目建议书、编制可行性研究报告、获取项目建设土地、环评审批、节能评估审查、编制设计任务书、初步设计、施工图设计、取得建设工程规划许可证、取得建设工程施工许可证等。

7.2.1 机场建设项目分类

上海机场建设项目分为民航专业工程项目和非民航专业工程项目两类。

民航专业工程与非民航专业工程相比,在立项阶段,前者需要民航管理部门的行业审查意见、飞行程序相关研究、空域所属军方意见;在初步设计报批和施工图审查(审批制)或者设计文件审查(核准制)环节,前者审批主体是民航管理部门,后者审批主体是住建管理部门。民航专业工程与非民航专业工程的报批流程比较如图7-2所示。

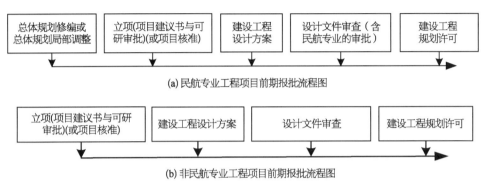

(a)民航专业工程项目前期报批流程图

(b)非民航专业工程项目前期报批流程图

图7-2 民航专业工程项目(改扩建)及非民航专业工程项目前期报批比较

7.2.2 机场建设项目审批形式分析

机场建设项目的审批形式有三种,分别是审批制、核准制和备案制。上海机场建设项目的审批形式只有审批制和核准制两种形式。各类审批形式的区别如下。

审批制的项目立项审批包括项目建议书批复和可研审批;核准制的项目立项审批只需要核准批复;备案制的项目只需要备案核定是否满足条件即可。

另外,审批制的设计文件审查分为两个环节,分别是初步设计审批和施工图设计审查;核准制的设计文件审查是初步设计文件和施工图设计文件并联进行审查;备案制的项目与核准制类似,设计文件审查是初步设计文件和施工图设计文件并联进行审查。

但必须要说明的是,上海机场建设项目在实际报批过程中,不管是审批制还是核准制,在设计文件审查环节,政府相关部门都要求按审批制的设计文件审查的要求,对设计文件分开进行初步设计审批和施工图设计审查。因此,机场核准制的项目另一种定义为"混合制"。审批制与核准制的报批流程比较如图7-3所示。

7.2.3 机场建设项目土地权属分析

按上海机场建设项目土地权属状况,分为土地自有(原先也基本以划拨方式取得)和划拨取得两种情形。

自有土地项目在前期报批环节无须进行土地审批,仅在立项阶段申请核定规划设计条件即可。而划拨取得土地的项目从立项开始到取得建设工程规划许可

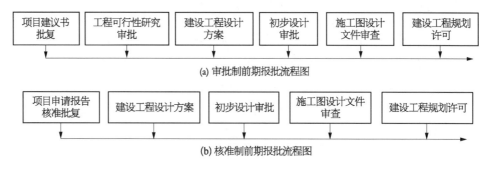

(a) 审批制前期报批流程图

(b) 核准制前期报批流程图

图 7-3 审批制和核准制前期报批比较

证,需要进行如土地预审、用地审批等一系列的土地审批工作。

土地自有与土地划拨报批流程比较如图 7-4 所示。

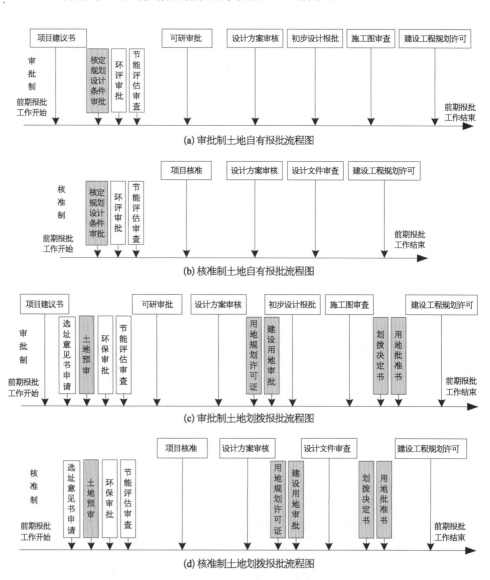

(a) 审批制土地自有报批流程图

(b) 核准制土地自有报批流程图

(c) 审批制土地划拨报批流程图

(d) 核准制土地划拨报批流程图

图 7-4 自有土地和划拨取得土地项目前期报批比较

7.2.4 上海机场建设项目报批类型分析

以目前指挥部所承担的 15 个建设项目为例,项目分类、审批形式和土地权属情况见表 7-1。

表 7-1 上海机场建设项目报批属性一览表

序号	建 设 项 目	项目分类	土地权属	审批形式
1	浦东机场三期扩建工程	民航专业工程	部分划拨	核准
2	飞行区下穿通道及 5# 机坪改造工程	民航专业工程	自有	核准
3	南航站区配套南机坪工程	民航专业工程	自有	核准
4	南航站区配套东机坪工程	民航专业工程	自有	核准
5	浦东机场四跑道工程	民航专业工程	划拨	审批
6	浦东机场五跑道工程	民航专业工程	划拨	审批
7	浦东机场 T1 改造工程	民航专业工程	自有	核准
8	浦东机场场区生活服务中心三期配套设施工程	非民航专业工程	自有	核准
9	浦东机场第一监管区 M-4 地块普货仓库工程	非民航专业工程	自有	核准
10	西货运区 3# 地块国际快件中心工程	非民航专业工程	自有	核准
11	虹桥机场 T1 改造工程	民航专业工程	自有	核准
12	虹桥机场 T1 交通中心工程	非民航专业工程	自有	核准
13	虹桥商务区东片区综合改造市政配套一期工程	非民航专业工程	划拨	审批
14	虹桥机场武警营房工程	非民航专业工程	自有	审批
15	虹桥 T2 21 m 层改造和装修工程	非民航专业工程	自有	审批

按照项目分类、审批形式和土地权属三个维度来划分分析,建设项目报批共有 12 种类型,但是上海机场建设项目不走备案制,且无审批制土地自有的民航专业工程项目和核准制土地划拨的非民航专业工程项目,所以上海机场建设项目可以归纳为六种报批类型,见表 7-2。

表 7-2 上海机场主要建设项目报批归类

项目分类	审 批 制		核 准 制	
	土地自有	土地划拨	土地自有	土地划拨
民航专业工程	无	浦东机场五跑道工程、浦东机场四跑道工程	虹桥机场 T1 改造工程、飞行区下穿通道及 5# 机坪改造工程、南航站区配套南机坪工程、南航站区配套东机坪工程、浦东机场 T1 改造工程	浦东机场三期扩建工程
非民航专业工程	虹桥机场武警营房工程、虹桥 T2 21 m 层改造和装修工程	虹桥商务区东片区综合改造市政配套一期工程	虹桥机场 T1 交通中心工程、西货运区 3# 地块国际快件中心工程、浦东机场第一监管区 M-4 地块普货仓库工程、浦东机场场区生活服务中心三期配套设施工程	无

7.3 工程建设前期工作推进机制的充分运用

上海市重大工程建设办公室(以下简称"市重大办"),成立于1989年4月,是在上海市政府决定集中财力、物力建设一批重点工程的背景下成立的。

1) 市重大办的职能

(1) 承担上海市重大工程建设协调推进领导小组办公室日常管理工作;参与制订市重大工程建设有关法规、规章和政策;研究制订市重大工程建设管理实施办法;负责市重大工程建设综合协调推进工作,组织市重大工程推进协调会议,落实有关协调意见。

(2) 参与确定市重大工程项目;参与编制市重大工程政府投资项目规划储备库和前期推进三年计划;组织编制市重大工程年度建设计划、前期审批计划、各区任务计划;组织编制市重大工程建设前期土地和房屋征收市属动迁安置房使用计划,负责审核使用。

(3) 梳理市重大工程交叉施工风险点;参与市重大工程交叉施工风险管控工作;参与市重大工程重大突发事件应急处置工作。

(4) 参与市政府实事项目年度建设计划编制;负责实事项目建设协调推进、日常管理工作;配合开展实事项目满意度调查、绩效考核等工作。

2) 工程协调与综合服务

在浦东机场三期扩建工程建设中,市重大办依据自身的基本职能,承担了工程协调、综合服务等工作,并通过协调各成员单位职责来配合机场三期扩建工程建设前期工作的推进。

据此,指挥部积极寻求市重大办的帮助和支持,充分利用这一协调机制,大力推进浦东机场三期扩建工程的建设前期工作。

(1) 工程协调。指挥部虽然有较强的办事力度,但由于全市范围内各类建设主体和重大工程众多,再加上日益流行的多元发展趋势,其力度相比较于以往已经有所减弱。因此,在工程推进方面,遇到与外围配套等市政基础设施建设上难以协调的事情,包括外围道路和外围市政管线(水、电、气等)方面的问题,市重大办就能发挥积极有效的协调作用。

(2) 编制年度计划。每年上海市"两会"召开前,市发改委的年度重大工程量清单(讨论稿)形成,市重大办就会收集浦东机场三期扩建工程各项目的单篇材料(简介)、形象进度、年度计划投资等计划内容。待"两会"闭幕确认后,市重大办与指挥部确定各项计划内容,归入"年度市重大工程计划大本",并在有市分管领导以及市区相关管理部门、建设单位、新闻媒体等单位都参加的市重大工程计划工作会议上,布置市重大工程年度计划。

(3) 统计报表。在每年召开的市重大工程计划工作会议后,指挥部就开始上报重大工程月度报表,报表主要内容为当月形象进度、完成投资数、影响节点目标完成的问题等。形象进度和存在的问题作为市重大办协调推进、调整或加快建设节点目标工作的依据。

7.4 五跑道工程概算调整前期工作

7.4.1 五跑道工程概算调整背景

浦东机场第五跑道工程(图7-5)于2014年12月取得初步设计批复,批复总投资为54.06亿元,包括飞行区工程、场内道路和室外管线工程以及二级排水工程,并明确除机场集团公司及所属企业自筹解决1.34亿元(二级排水工程20%部分)外,由市级建设财力安排资本金31.93亿元,其余由机场集团公司及所属企业通过银行贷款解决并由市财力安排偿债资金偿还本息,整个项目于2017年6月竣工并具备投用条件。

图7-5 五跑道工程

由于在二级排水工程在施工图设计阶段及河道和湖泊工程部分区域的施工阶段,发现现场可提供施工的实际条件与设计方案相差甚远。经专题研究及专家论证,须根据实际工况对原有初步设计进行优化和调整,对引起的设计变更及投资予以调整。第五跑道工程实施期间,飞行区工程、场内道路和室外管线工程以及吹砂补土工程均基本按照初步设计内容实施,仅二级排水工程因现场施工条件原因须进行设计变更。

设计变更主要涉及河道及湖泊工程。由于河道及湖泊工程位于浦东机场外侧3#围区内,受3#围区圈围工程实际建设情况及围区内的实际工况影响,工程开工后发现河道及湖泊工程实际的可施工条件与初步设计批复阶段相比存在较大变化,具体变更原因如下:

(1)设计与施工间隔时间长。工程初步设计上报时间为2012年6月,施工单位进场施工为2015年7月,其间相差约3年。由于3#围区的圈围及吹填是一个动态的过程,该工程于2014年11月完工验收,设计条件出现变化,导致部分设计需要调整。

(2)吹填土质不均匀、土性差。2011年机场集团公司对3#围区五跑道和二级排水区域的吹填土质提出了用粉细砂吹填的要求。实际在吹填过程中仅五跑道为粉细砂,其余区域分别采用航道疏浚土和工程渣土进行回填,土性离散系数大、渗透系数小、力学指标极低,局部岸段难以满足设计要求。

（3）施工期临时排水困难。3#围区东侧新建大堤原设有10个临时排水口,由于围堤沉降变形,部分临时排水口在施工初期就难以排水,3#围区西侧为浦东机场现状老大堤,无有效排水出口,且围区内淤泥区临时排水沟难以开挖成型。随着施工的推进,3#围区无有效排水出口及排水通道,造成机场侧河道堤后地下水位普遍较高,一般地区水位超过3.0 m,局部地区水位在3.8～4.2 m,不能满足五跑道相关工程的要求,也造成工程实施条件与原设计条件不一致,需要进行设计调整。

（4）周边工程影响。在建场内道路及室外管线工程施工紧邻河道工程的施工便道,道路部分路段的地基处理采用塑料排水板＋堆载预压的施工方式,堆载高度为2.0 m,堆载体对河道护岸结构稳定有一定影响。此外,五跑道北端区域真空预压后截断了淤泥西侧的出路,造成原设计的充泥管袋挤淤效果减弱。

（5）局部地段现场地质与原地勘数据有出入。由于圈围是一个动态过程,历经时间较长,在圈围实施阶段开展的地勘工作所获得的数据与围场河工程实施时的实际情况存在差异。

7.4.2 五跑道工程概算调整前期工作推进过程

2013年12月上海岩土工程勘察设计研究院有限公司完成《上海浦东国际机场第五跑道项目二级排水扩建工程（河道）岩土工程勘察报告》详细勘察工作。2015年3月,上海市水利工程设计研究院有限公司编制完成了《上海浦东国际机场第五跑道二级排水扩建工程（河道部分）》的施工图设计。二级排水扩建工程河道部分于2015年7月正式开工。

2015年10月,在施工过程中发现施工现场部分区域地质与原勘察土质有差异（图7-6）,为此,指挥部要求勘察单位进行补勘。上海岩土工程勘察设计研究院有限公司于2015年11月、2016年2月分两次对相关区域进行了补勘,2016年2月提供了《上海浦东国际机场第五跑道项目二级排水扩建工程（河道）岩土工程施工勘察报告补充说明》。

2016年1月和2月指挥部组织有关专家对二级排水扩建工程河道部分设计变更方案进行了论证和评审。2016年3月,上海市水利工程设计研究院有限公司根据补勘报告以及专家论证和评审意见,编制完成了二级排水扩建工程河道工程施工图设计变更。

7.4.3 五跑道工程概算调整前期工作推进成效

上海市发展和改革委员会于2016年12月批复了浦东机场第五跑道工程概算调整的请示（沪发改投〔2016〕281号）,批复指出为解决工程实施中出现的新问题,保障浦东机场安全运行,原则同意浦东机场第五跑道工程概算调整,新增概算8 886.16万元,新增费用在浦东机场第五跑道工程内部调剂,总概算保持不变。

(a) 河道边坡出现滑移、无法开挖成型

(b) 完成的导梁发生位移与抬升

(c) 护岸挡墙基槽开挖后基槽淤泥隆起、
基础方桩偏移

(d) 已完成吹砂管袋发生滑移、沉降严重、
底部管袋发生断裂

图 7‑6　现场地质情况差异

并要求机场集团公司深度优化工程方案和工程施工组织设计，抓紧推进项目建设，加强项目管理，确保项目依法合规有序实施。

在此次概算调整及重大设计变更过程中，指挥部从以下几个方面得到了相应的启示：

（1）加强对工程技术方面业务的学习和掌握，以便能在项目扩初阶段对设计方案在技术经济方面提醒设计部门和工程部门注意，同时加强对立项估算、初设概算工作的把控。

（2）在施工图设计阶段，对带有机场地域特点的项目，特别是浦东机场区域的软土地基，应提请设计部门注意对地基的处理加强研究，在设计中采取必须的技术措施，以确保施工安全和工程质量。与第五跑道工程位于同一吹填区域的五跑道场内道路和调节水池均采用了地基处理的工艺，而第五跑道工程未考虑，是值得吸取的经验教训。

（3）在工程招标时，敦促工程部门对现场条件进行详细排摸，将进出场道路、施工排水出路、现场地质条件等因素事先在招标文件予以规定与明确，作为投标单位的承包措施内容并一次包定。

（4）在合同管理方面，对单项变更费用超过 200 万元且与原工程工序不冲突、不影响原工程项目施工的变更项目，拟经指挥部决策后采取招标的方式再实施工程。在合同条款中，进一步明确追责条款，特别是设计合同，如发生重大设计变更（类似本工程的情况）且责任明确，对设计费进行扣减。

7.5 捷运新增复线工程前期工作

7.5.1 捷运新增复线工程建设背景

按实际发展情况预测,浦东机场在 2019 年卫星厅投运后,2020 年就有可能达到 8 000 万人次/年的设计能力,因此,必须抓紧实施四期扩建工程,以满足航空市场的发展需要。东方航空公司从建设上海航运中心、满足基地航空公司及联盟未来发展、提升旅客服务品质及补短板的角度出发,已书面明确将搬迁至 3 号航站楼(以下简称"T3")运行,原预留 T3 至卫星厅的单线旅客捷运通道将无法满足东航及联盟旅客运输需求,须增加复线。

机场捷运复线工程(图 7 - 7)位于现正建设的浦东机场三期扩建工程港湾站坪及 T1 和 T2 垂直联络道正下方,主要为在卫星厅和 T3 预留的捷运车站之间增加一条旅客捷运复线,工程包括 S2—T3 段 713 m 明挖区间主体结构、联络通道、泵房及泵房排水设施等。根据机场三期扩建工程总体进度安排,机场捷运复线工程施工周期预计至少 8 个月,建成后方可进行港湾站坪及 T1 和 T2 垂直联络道道面工程施工,上部道面和管线施工周期约 4 个月,项目建设总投资估算约为 1.53 亿元。

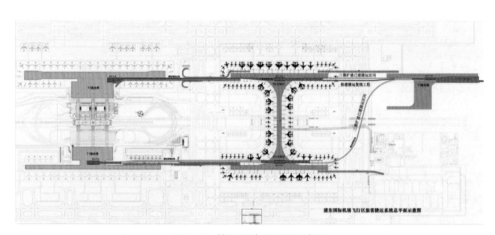

图 7 - 7 捷运系统总平图示意图

7.5.2 捷运新增复线工程前期工作推进过程

由于捷运新增复线选址位于现正在建设的三期港湾站坪及 T1 和 T2 垂直联络道工程区域约 700 m 长度的正下方,经多轮专家论证,在现阶段采用明挖方式可避免后续出现不停航施工情况、减少废弃工程量,工程造价也最为经济。但如若不能随同本期卫星厅和捷运工程同期建设,延后建设势必将对本期建成的影响区域涉及的道面和管线重新进行开挖破除、搬迁和恢复,产生废弃工程和重复投资,并会在今后空侧机坪和垂直联络道高位运营的状况下进行不停航施工,将大幅增加建设成本并给安全运营及施工带来很大风险。因此,项目有必要纳入浦东机场三期扩建工程同步实施。

2018 年 8 月 7 日下午，上海市市重大办在人民大道 200 号 205 会议室召开会议，贯彻落实市政府专题会议纪要《关于浦东国际机场捷运系统 S2—T3 复线区间工程规划建设工作》(2018 - 32)要求，协调推进落实浦东机场三期扩建工程捷运系统 S2—T3 复线区间工程(机场捷运复线工程)建设工作。上海市发改委、市住建委、市规土局、市交通委，市建筑建材业市场管理总站、市交通安质监站、指挥部等单位和部门有关负责同志参加会议。鉴于浦东机场三期扩建工程计划 2019 年 6 月竣工，机场捷运复线工程应立即启动工作，力争 9 月份开工。与会单位均表示支持优化捷运复线工程前期工作，由指挥部加快工程推进。

(1) 关于工程初步设计调整工作。经市发改委、市住建委研究，原则同意在浦东机场三期扩建工程总投资不作调整(即机场捷运复线工程投资在机场三期扩建工程总投资中予以消化)的前提下，通过初步设计调整的方式将其纳入机场三期扩建工程，由市发改委会签；请市住建委同步加快受理相关施工图审查和基坑施工图审查工作。

(2) 关于工程招投标工作。请市住建委、市建筑建材业市场管理总站支持，采用勘察、设计、施工一体化招标的方式，加快建设进度。

(3) 关于工程规划许可证办理工作。鉴于机场捷运复线工程相对浦东机场三期扩建工程比例很小，投资占比不足 1%，请市规土局支持，按规划许可调整的方式加快办理工程规划许可证。

(4) 关于机场捷运复线工程施工许可和安全质量监督事宜。请市交通委、市交通安质监站支持，提前介入、加强指导，加快办理施工许可和报监事宜。

7.5.3　捷运新增复线工程前期工作推进成效

在上海市政府的大力支持下，浦东机场捷运系统 S2—T3 复线区间工程的建设推进工作取得了实质进展。依据上海市市政府专题会议(2018 - 32)的精神与要求，明确工程纳入浦东机场三期扩建工程并同步建设完成，先期实施土建部分。

7.6　三期扩建工程交通配套工程（机场联络线）前期工作

7.6.1　三期扩建工程交通配套工程(机场联络线)建设背景

浦东机场三期扩建工程于 2015 年 5 月立项，其中主体工程卫星厅桩基工程于 2015 年 12 月开工，标志着上海航空枢纽建设中具有重要里程碑意义的机场三期扩建工程全面启动。伴随着浦东机场三期扩建工程建设的不断推进，为进一步提升机场运营服务品质，完善升级机场综合交通配套设施，根据《上海市城市总体规划(2017—2035 年)》和 2016 年 12 月上报国家发展改革委的《上海市轨道交通近期建设规划(2017—2025)》，结合上海市轨道交通市域线机场联络线规划方案及实施要求，机场集团公司对浦东机场三期扩建工程交通配套工程项目进行了调整，对城市公共交通浦东机场地下铁道车站站点进行综合研究，统筹考虑同步建设预留，为今后市域、城际铁路的建设创造较好的条件。

上海轨道交通机场联络线(图7-8)是一条东西方向走向的市域快线,全长68.6 km,设站9座,从虹桥枢纽站出发经过沪杭铁路外环线、七宝、华泾、三林、张江、迪士尼、浦东机场等重要地区,最后达到铁路上海东站。该线从虹桥枢纽站至上海东站,是一条外环以外的近郊线路,也是上海市域铁路之一。2016年4月17日,机场联络线在《上海轨道交通新一轮规划(2017—2025)第二次环评公示》首次出现。2018年7月9日,《上海市轨道交通机场联络线选线专项规划(草案公示)》确定选线及站点位置。2018年8月30日,《上海市轨道交通机场联络线选线专项规划》得到批复。

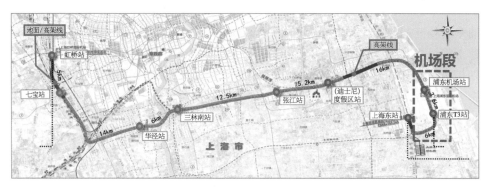

图7-8 机场联络线示意图

根据上海市委和市政府专题会议要求,机场联络线浦东机场站作为浦东机场三期扩建工程的交通配套工程实施。机场联络线是支持上海实现航空枢纽战略目标,建设世界级枢纽机场的需要;是增强浦东机场对长三角区域辐射、服务功能的需要;是整合三期工程资源、提升投资效益、保证三期扩建工程建设目标实现的需要;是全面、协调推进三期扩建工程建设实施的迫切需要。因此,建设机场联络线浦东机场站对上海交通的整体布局有着极其重要的意义与价值。

7.6.2 三期扩建工程交通配套工程(机场联络线)前期工作推进过程

根据《上海市城市总体规划(2017—2035年)》和上海市政府有关要求,结合上海市关于市域铁路机场联络线项目总体实施要求和浦东机场三期扩建工程交通配套工程地下铁道车站土建预留工程计划安排,指挥部委托上海市政工程设计研究总院(集团)有限公司编制完成了《浦东机场三期扩建工程交通配套工程项目调整申请报告》,并于2018年9月17日提请机场集团公司向上海市发改委上报。报告从建设的必要性、建设主要内容和规模、投资估算和资金筹措、组织实施和建设工期安排等四个方面进行了详细汇报。报告指出若待机场三期扩建工程建成投运后再进行机场联络线浦东机场车站的建设,不但需要再次对主进场路进行开挖,而且会大大增加工程施工难度并造成一定废弃工程。因此,机场联络线浦东机场车站的建设与浦东机场三期扩建工程同步开展规划设计、同步协调建设,十分必要。

2018年9月30日,浦东机场三期扩建工程交通配套工程(图7-9)在上海市政府各委办单位的指导和支持下取得核准调整批复。在相关批复要求指示下,指挥部依据建设流程及有关工作要求,就建设工作及时间制定了相关计划和建议,以确保2018年年底开工建设的目标实现,具体工作开展如下:

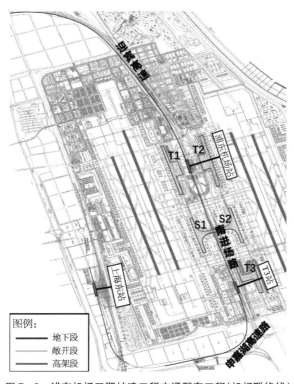

图7-9 浦东机场三期扩建工程交通配套工程(机场联络线)

（1）规划方案审批。于2018年10月31日取得设计方案审批,该项工作得到市规土局的提前介入并给予支持。

（2）招标工作。于2018年10月8日上网发布勘察设计施工一体化招标信息,于11月26日完成中标通知书发放。该项工作得到市住建委给予的大力支持。

（3）初步设计工作。于11月21日取得批复。该项工作涉及抗震、人防、消防、磁浮、申通、市交通委和市住建委、建科委等单位,得到上述单位的提前介入及给予的大力支持和配合。

（4）施工图审查工作。于12月3日取得桩基施工图审图合格证。该项工作得到市住建委、图审中心等单位的提前介入及给予的大力支持。

（5）开工手续办理。于2018年12月12日取得桩基工程规划许可证,于12月13日取得桩基工程施工许可证。该项工作得到市规土局和市交通委等单位给予的大力支持。

7.6.3　三期扩建工程交通配套工程(机场联络线)前期工作推进成效

上海市发展和改革委员会在收悉《关于上报浦东机场三期扩建工程交通配套工程项目调整申请报告的请示》(沪机场集规〔2018〕321号)后,及时受理了此项请示,并委托上海投资咨询公司对相关内容进行复核确认。2018年9月21日,上海投资咨询公司邀请了轨道交通总体、铁路总体、车站建筑、结构工程、工程管理、概预算等方面的9位专家,对机场集团公司申报的《浦东机场三期扩建工程交通配套工程项目调整申请报告》(以下简称"《调整申请报告》")进行评估论证。

1) 关于项目调整建设的必要性

评估报告认为,实施浦东机场市域铁路车站土建预留工程,有利于加强机场与轨道交通的有效衔接、完善浦东机场配套功能、推进上海综合交通运输体系的建设、增强浦东机场对上海市域及长三角的服务功能。由于在项目申请核准阶段,上述配套工程未纳入项目建设内容中,为满足政府有关项目核准的管理要求,及时对项目申请报告进行调整是必要的。

2) 关于工程方案

评估报告原则同意《调整申请报告》提出的预留车站采用地下二层岛式的站型方案和车站规模,符合上海市政府专题会议精神。同时,评估提出以下优化意见和建议:建议从服务长三角出发,综合考虑机场联络线与上海市域铁路网络、上海铁路枢纽网络之间的运输组织规划,加快开展机场联络线行车组织方案的专题研究;建议进一步深化和细化结构设计方案等。

3) 关于工程质量安全和施工风险

根据《关于进一步规范本市建筑市场加强建设工程质量安全管理的若干意见》(沪府发〔2011〕1号)和《关于在建设项目可行性研究阶段加强工程质量安全分析工作的通知》(沪发改投〔2011〕165号)要求,建议补充工程质量安全篇章,从工程地质、自然环境、建设方案、外部设施、工程组织实施等方面对该项目面临的主要风险因素进行分析,提出相应的对策和防范措施。

4) 关于投资估算

评估认为,《调整申请报告》投资估算编制依据基本合理,编制方法基本正确,编制内容基本齐全,经审核,该工程总投资估算调整为149 604万元,较《调整申请报告》核减投资68 625万元。

在上述评估意见基础上,上海市发改委于2018年9月30日做出《关于上海浦东机场三期扩建工程项目核准调整(交通配套工程)的批复》,同意新增交通配套工程纳入浦东机场三期扩建工程项目。

在取得立项批复后,指挥部按照制定的工程前期工作进度计划,开展排摸研究工作,梳理存在的问题和矛盾,细化完善所需要准备的相关资料和技术方案,制定应对措施,积极配合并努力满足政府相关部门提出的要求,寻求提前介入和支持。在有关政府部门和相关单位的大力支持和帮助下,浦东机场三期扩建工程交通配套工程(机场联络线)于2018年12月31日正式开工。

第8章
多样性需求下的工程建设管理模式

浦东机场作为国际航空枢纽之一,其运营过程需要满足国内、国际的客运及货运等不同及多样性的需求,而这样的需求也必然反映在机场工程的建设之中。在浦东机场三期扩建工程中,指挥部针对不同项目的特性、不同用户的需求、自身管理能力的长短板,采取灵活多变的工程建设管理模式,开展了有价值的研究和实践探索。

8.1 工程建设管理模式的多样性需求

8.1.1 机场工程建设的复杂性

相比于普通民用工程来说,机场工程极其复杂。在浦东机场三期扩建工程的建设中指挥部面临的问题也是前所未有,从战略定位、规划设计,到管理实施无不充满挑战。浦东机场三期扩建工程的复杂性,主要体现如下:

1)边建设、边运营

浦东机场是一个有机的整体,扩建工程的规划设计需要整合前期工程的资源,并加以更新和完善,如弱电系统、标志系统、道路系统、捷运系统设施及信息系统也必须与前期工程相衔接。另外,在扩建工程不停航施工过程中,工程建设要满足飞机航班和磁悬浮列车等的正常运营,保证旅客进出机场交通要道的畅通,保护工程周边管线,配合机场联络线施工等情况。确保机场空防安全、运行安全、管线安全和施工安全,是摆在建设指挥部面前的一个突出问题。

2)时间紧、难度大

浦东机场三期扩建工程的核心项目卫星厅工程于 2015 年底正式开工,2019年 6 月竣工验收,2019 年 9 月投入使用,总共施工期只有 3 年多的时间。由于项目复杂、建设工期紧,只能采用平行搭接、交叉作业的方式安排进度计划,也就形成多条关键线路,突显出三期扩建工程按期完工的风险。

3）交叉多、协调难

浦东机场三期扩建工程建设过程中牵涉到的相关单位众多，需要协调的工作量巨大。例如，指挥部需要与国家民航局、上海市相关部门沟通，保证浦东机场的建设与整个区域和行业的发展相一致；需要处理好同机场运营单位等的关系，解决运行和建设的协调问题；需要和航空公司、联检单位等用户进行协调，体现运营单位的要求；需要综合协调空管、航油等设施的建设，确保机场能顺利如期投入使用；需要和周边的企业和居民进行沟通，处理好建设和当地居民的关系等。浦东机场三期扩建工程本身的设计、设备和信息系统采购、施工安装、调试之间需要协调，土建、民航、市政、园林绿化、专业设备、装饰等各承包单位需要协调，施工现场的作业队伍、施工工作面、施工机械设备、施工用水用电等的协调也相当复杂，凸显机场工程建设的复杂性。

8.1.2 利益相关者合作模式的多样性

与单个项目建设相比，机场这样的大型建设工程涉及更多的利益相关者。首先体现在多投资主体以及融资渠道的多样化所引起的利益相关者的增加，在建设过程中涉及更多相关人的利益，如相关投资建设单位、相关运营管理单位、动拆迁居民等。其次，由于大型机场建设工程功能的特点以及对社会的影响，使得最终用户更加广义化和社会化，关系到更多方的利益。

在浦东机场三期扩建工程建设过程中，为顺利实现工程竣工、投入使用的目标，指挥部针对各利益相关者合作多样性的特点，采用多种建设管理模式，充分考虑和满足各方特点和利益诉求，充分发挥机场工程建设参与各方的技术或管理优势和特长，科学推进三期扩建工程的建设实施。

8.1.3 运营多样化及其导向的建设

浦东机场三期扩建工程是上海机场网络的重要组成部分，指挥部始终将满足用户需求作为工程建设的宗旨，以"建设面向运营"为指导思想，全面展开三期扩建工程的建设工作。事实上，建设面向运营这一理念在项目策划前期就已形成，浦东机场三期扩建工程正式立项后，指挥部明确提出这一理念，并贯穿于规划、设计、施工、验收及移交的全过程。在建设前期，指挥部坚持"功能为主"的原则，在组织结构中配备具有丰富机场运营经验的人员，建立与运营单位之间的信息沟通平台，深入分析用户的需求功能，邀请运营单位参与规划设计。在建设过程中，规划设计的"回头看"、施工过程中面向使用功能的技术交流、设施管理规划的制定等，均是这一思想的充分展开。工程竣工阶段，运营预案的研究、移交计划的编制与实施，对运营人员的全过程培训等，是指挥部面向运营的建设理念在实际工作中的应用。

基于面向运营的建设理念，指挥部在三期扩建工程中针对不同项目的特点及需求，采取了不同类型的项目建设管理模式。通过不同建设管理模式在不同特点的工程项目上的科学合理的应用，极大提升了各类工程项目建设的推进效率，最大限度地满足了相关运营客户和用户单位的需求。

8.2　FedEx "3#地块" 项目建设管理模式

指挥部在 FedEx "3#地块" 项目的建设管理中,基于"最大限度满足最终用户(外资企业)的全球化管理标准和需求"理念,与外方建设管理模式进行有机融合,使得外资企业用户在浦东机场能够达到其全球化国际标准以及进行运营升级。

8.2.1　FedEx "3#地块" 项目概况

随着浦东机场国际货运量的快速增长,已有货运区内的货运设施已不能够满足货运发展的需求,特别是国际快件的处理设施更是处于紧缺状态。因此,为了实现将浦东机场建设成为国际枢纽全球前列的目标,满足浦东机场货运增长需要和发展空间的扩展,上海机场集团公司引入联邦快递(FedEx),共同建设为国际快件和货运的处理及运营提供现代化的货运设施。

联邦快递是一家国际性速递集团,提供隔夜快递、地面快递、重型货物运送、文件复印及物流服务,总部设于美国田纳西州,隶属于美国联邦快递集团(FedEx Corp)。联邦快递为顾客和企业提供涵盖运输、电子商务和商业运作等一系列物流服务。联邦快递集团通过相互竞争和协调管理的运营模式,提供了一套综合的商务应用解决方案,其年收入高达 320 亿美元。

FedEx "3#地块" 项目为国际快件和货运中心工程,位于浦东机场西货运区 3# 地块,总用地面积 17 万 m²,总建筑面积 8.5 万 m²(图 8−1),项目建设内容包括入口大楼 A、分拣大楼 B、发变电站 C、支持服务车间 D、待运作业棚 E、客服中心及警卫室 G、消防水池 H 以及室外总体工程。本期建设项目投产后可实现转运货量和国际快件量共 32 万 t,远期可实现最大转运货量处理能力 53 万 t。

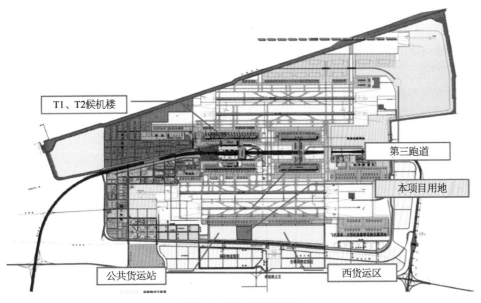

图 8−1　项目区域示意图

8.2.2　FedEx"3#地块"项目建设与运营管理模式

根据2012年9月上海机场集团公司与联邦快递(FedEx)签署的合作协议,基于联邦快递全球多处转运中心的运营经验以及全球化统一标准的管理模式,由机场集团公司负责除分拣工艺设备以外的所有土建及设备设施的投资、设计和施工;由联邦快递负责分拣工艺设备的投资及安装。项目建设采用土建一次建成,设备分期配置的方式,建成后整体租赁给联邦快递,即机场集团公司在期限内向联邦快递出租项目场,由联邦快递承租项目场所进行运营管理(图8-2)。

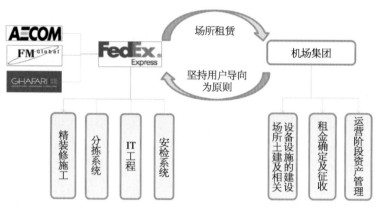

图8-2　FedEx"3#地块"项目建设与运营模式

FedEx"3#地块"项目的土建结构、机电设备安装等工程建设的投资方为机场集团公司,机场集团公司委托所属货运枢纽事业部实施资产管理、指挥部实施工程建设及其管理;联邦快递(FedEx)以租赁方式作为项目运营管理方,并负责承担工程二次装修、工艺设备安装等项目的投资建设。工程建设分为两阶段:第一阶段为项目场所建设,即土建结构、机电设备安装等工程的建设;第二阶段为传送系统建设,即二次装修、工艺设备安装等工程的建设。在工程的建设过程中,指挥部和联邦快递分别委托相应阶段的设计单位、施工单位和工程咨询单位,参与工程建设的主要单位见表8-1。

表8-1　两阶段工程建设主要参与单位

主要参与单位	第　一　阶　段	第　二　阶　段
建设管理单位	指挥部	联邦快递(FedEx)
设计单位	中国中元国际工程有限公司	由联邦快递自行委托实施
施工单位	上海宝冶集团有限公司	范德兰德物流自动化系统有限公司(联邦快递自行委托)
监理单位	上海宏波工程咨询管理有限公司	AECOM(联邦快递委托的项目管理公司)

在FedEx"3#地块"项目的建设及其管理上,指挥部与联邦快递的主要分工以及时间节点,如图8-3所示。

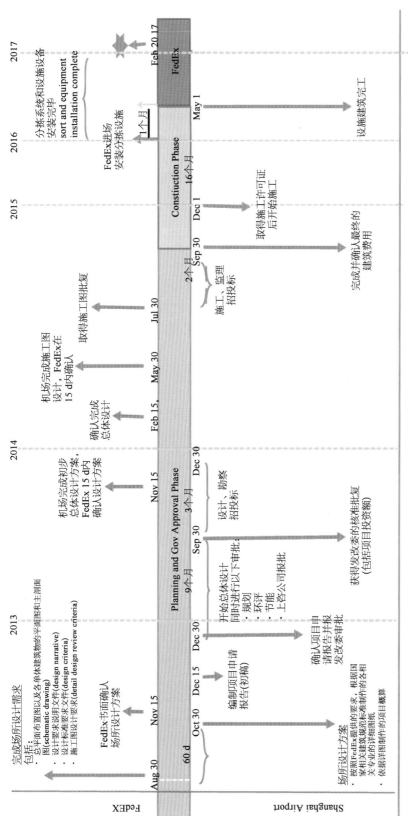

图 8-3　FedEx "3# 地块" 项目建设时间节点图

8.2.3 FedEx"3#地块"项目建设管理模式的实施

指挥部在FedEx"3#地块"项目的建设管理中,坚持建设以用户为导向的原则,将自己的建设管理模式与外方管理模式进行有机融合,在现有制度框架内依法合规推进项目建设,最大限度地满足最终用户(外资企业)的全球化管理标准和需求。

1) 项目建设管理的协调融合

在项目场所建设(土建结构、机电设备安装)和传送系统建设(二次装修、工艺设备安装)阶段,机场集团公司和联邦快递双方各自指定了一名自然人担任其工程协调代表(工程协调代表),就建设过程中的相关问题进行磋商协调。

此外,为顺利推进工程建设,加强各建设参与方的合作,根据机场集团公司领导的要求,成立了工程联合建设管理小组,由指挥部、货运事业部共同承担建设方责任。各方分工负责又密切合作,有效推进工程建设。工程联合建设管理小组的主要职责如下:

(1) 共同推进工程按进度计划实施,包括完成计划的各关键性节点目标,及时有效协调和解决工程建设过程中出现的问题,建立例会等沟通协商机制;

(2) 指挥部主要负责对口管理第一阶段工程建设的施工总承包单位,对工地现场的安全文明施工生产等工作进行监督管理;

(3) 货运事业部主要负责对口管理第二阶段工程建设的责任方联邦快递,对其建设行为、工地现场安全文明施工生产等工作进行监督管理;

(4) 指挥部将根据货运事业部、联邦快递的需求,协助进行与上海市相关政府部门或机构,以及民航地区管理局、机场当局等单位的协调工作。

2) 项目最终用户建设全过程的参与

在拟定的FedEx"3#地块"项目建设管理模式下,指挥部努力提高项目最终用户等各利益相关者在工程建设全过程中的参与度。FedEx"3#地块"项目从项目立项、工程设计、工程施工到竣工验收等各环节均有最终用户联邦快递的全程参与。对于联邦快递聘请的专业第三方项目管理咨询公司,在坚持以指挥部为主体实行统一指挥和指令的原则下,给予其独立平行的全过程管控。同时,指挥部项目管理团队与外方项目管理咨询机构合作,借助外方项目管理咨询团队的优势,共同制定项目进度异常管理流程、项目变更管理流程、质量异常管理流程、项目管理沟通流程等流程化管理制度,提升了项目管理团队的水平。

例如,在工程设计及其管理过程中,双方充分融合,协同工作。

(1) 项目场所的设计需求(场所设计需求)由联邦快递完成,费用由其自行承担。场所设计需求包含联邦快递使用场所所必要的设施的关键特征、设备、能力、使用要求、装修标准等因素,以及场所的全部概念设计。

指挥部则根据总体规划图以及场所设计需求所适用的法律、法规和建设工程强制性标准,对场所设计需求提出修改意见。经双方协商一致确定场所设计需求后,由指挥部委托专业设计机构,根据场所设计需求完成项目申请报告、设计方案和设计文件(场所设计)。

指挥部作为项目的建设主体,按照场所设计和所有适用的法律、法规和建设工程强制性标准进行项目建造,并承担建设费用。

(2)项目传送系统(二次装修、工艺设备安装)的详细设计文件(传送系统设计)由联邦快递完成,费用由其独自承担。对于传送系统的设计,指挥部要求其设计须确保符合所有适用的法律、法规和建设工程强制性标准,须取得相关政府部门的批准,须由具备政府部门依法认可资质的机构出具,须符合长期稳定运营的使用要求等。

3)项目建设、运营及竣工移交的无缝对接

指挥部坚持以运营为导向的建设管理理念,做到建设、运营及竣工移交的无缝对接。从项目前期设计任务书编制、申请报告编制、工程设计、工程施工、竣工验收等各环节,最终用户联邦快递根据全球统一标准和各地设施运营经验,对设计方案、空间布局、材料选型等方面均提出相应需求与意见。指挥部在项目实施过程中,充分尊重最终用户的意见,尽量降低项目竣工移交给联邦快递后的不必要的整改发生率,使建设运营及竣工移交等实现无缝衔接。

4)招投标及工程变更等环节的投资管控

鉴于FedEx"3#地块"项目的投资(最终造价)由最终用户联邦快递以租金形式返还机场集团公司,指挥部积极理顺招投标及工程变更等环节的投资管控工作。指挥部在严格执行制定的招投标管理办法和工程变更实施细则等制度的基础上,邀请联邦快递参与相关管理工作,如参与各个项目的招投标过程;严格遵循变更提出、造价变化预估、最终用户确认、变更实施的工程变更管理流程,加强最终用户在项目实施过程中变更管理的参与度。

此外,指挥部以工程建设为载体,突出新技术新工艺的转化应用。如项目屋面施工阶段,通过在卷材表面铺设导电网线,以便于后期运营阶段采用电场矢量地图原理实施屋面漏水检测;引入美国FM全球认证体系,在提高施工所用材料设备质量的同时,也提升了建筑设施本身在全球范围内的认可度和市场中的地位。

8.3 东航"3#货站"项目代建模式

为全力满足用户需求,基于"以用户需求为导向的全权委托"理念,指挥部构建了一种全新的代建模式,即上海机场集团公司委托用户在集团自有土地使用权的地块上,由用户自行负责并完成全部设计与施工等建设工作。

8.3.1 东航"3#货站"项目概况

上海东方远航物流公司(以下简称"东航物流")"3#货站"位于浦东机场西货运区第4、5地块,地块总面积为397 468 m²。机场集团公司作为该项目用地的土地使用权人,委托东航物流以机场集团公司的名义,在项目用地上规划设计并分期建设"3#货站"项目,为设立和运营西货运区货运站所需的、能形成机场集团公司固定资产、具有正常使用功能且符合建设工程设计与建设程序的建筑物、构筑物及相关设施,各期建成后的建筑物、构筑物及相关设施的产权归属机场集团公司。

东航物流负责全部工程的规划设计、建设及管理工作,并承担包括可行性研究费用、规划设计及其审批费用、工程招投标费用、建筑材料费用、工程款、人工费、运输费、强制性检测费、验收费、保险费、政府部门收取的费用和其他与工程有关的所有费用。

工程符合验收标准并在工程竣工验收完成后,东航物流根据项目租赁合同确定的条款和条件,租赁项目用地的场地使用权和工程项下全部建筑物、构筑物及相关设施的使用权,用于满足东航物流设立和运营西货运区货运站的需要。项目整体的首轮租赁期为租赁运营起始日起的 20 年,续租期为首轮租赁期满后一日起的 10 年。

经机场集团公司和东航物流双方的商定,此项目被列入机场集团公司工程计划,并作为上海市重大工程项目向上海市政府申报。双方确认,机场集团公司为项目所需而根据"东航要求"及"东航资料"以机场集团公司名义办理项目建设所必需的立项、审批、备案、登记等手续,签署项目建设所必需的法律文件。东航物流对"东航要求"及"东航资料"的合法性、合理性、真实性、有效性、完整性、准确性及与项目的关联性负责。上述以机场集团公司名义实施的行为所涉及和形成的义务、风险、后果和责任,均由东航物流承担。

8.3.2 代建管理过程及各方工作内容

1) 建设管理过程

上海机场集团公司委托东航物流以机场集团公司的名义并在机场集团授权范围内负责项目用地内工程建设的实施、管理、协调工作及任何经授权的变更工程,包括有关建设程序中所有可行性研究、规划设计、施工图编制、工程建设、竣工验收等。双方同意,机场集团公司无须就上述建设管理服务向东航物流支付任何管理费或任何其他报酬。

2) 建设管理范围

东航物流项目的建设管理范围,主要包括工程前期管理(包括可研、规划、立项文本编制)、工程设计管理、工程招投标管理、工程进度管理、工程质量管理、工程投资管理、安全生产、文明施工管理和工程竣工验收管理等。

3) 建设管理要求

东航物流的建设管理工作均不得低于国家、上海市的有关法律法规、行业惯例规定的标准,并且应使得各期工程及其所建成的建筑物、构筑物和设施的外观、结构、功能等条件均符合货运区的运营需要,符合浦东机场及西货区的统一建筑风格和外观形象。

4) 专项建设资金

东航物流以预付款形式承担为工程项目应投入的专项建设资金,包括工程设计、评审、施工、材料、监理、验收、审价等为工程建设而发生的一切费用。第一期工程的投资决算额(不包括工艺设备)分摊到第一期工程所建成建筑物的每平方米建筑面积,经决算审计后不低于人民币 3 000 /m² 。若任何一期工程的投资审计决算额未达到双方约定标准的,则租赁对象的租赁期限相应缩短。

经每一期工程审计决算,以审计决算报告中的工程决算额作为东航物流承租租赁对象中该期工程项下的所有建筑物、构筑物及设施部分的预付租金,如果首轮租赁期满后根据合同约定自动续租的,则该预付租金相当于首轮租赁期加续租期间东航物流承租租赁对象中,该期工程项下的所有建筑物、构筑物及设施部分的全部租金。如果首轮租赁期满后未续租或者在首轮租赁期或续租期内租赁合同提前终止的,则该预付租金相当于实际所发生租赁期间东航物流承租租赁对象中,该期工程项下的所有建筑物、构筑物及设施部分的全部租金。

5) 专项建设资金的支取

东航物流申请使用专项建设资金或以专项建设资金支付工程有关合同价款时,由东航物流填写满足机场集团公司财务审计要求的付款申请表并由工程监理、财务监理、东航物流代表签字认可,由东航物流递交机场集团公司。机场集团公司在收到申请表后 5 个工作日内对申请表予以核对审核。东航物流独立与相关第三方协商付款进度与金额,只要付款额及其他付款条件符合项目该期工程项下以机场集团公司名义订立的合同的约定或东航物流提供合理文件表明需要支付相关款项,机场集团公司以专项建设资金账户内的资金根据内部财务管理制度和收支规程,向有关第三方支付该期工程中须以机场集团公司对外支付的款项。

机场集团公司审核后告知东航物流确切的支付金额,东航物流在 2 个工作日内将相关款项划至专项建设资金账户,机场集团公司在收到款项后根据机场集团公司内部财务管理制度和收支规程,向有关第三方支付该期工程中须以机场集团公司名义对外支付的款项。机场集团公司与东航物流双方均尽最大努力缩短相关流程,以保证工程的正常进行。如果东航物流的付款申请不符合法律规定、有关合同约定或不符合机场集团公司财务审计要求的,机场集团公司有权不予同意东航物流的付款申请。

若因东航物流的原因(包括未能按照合同向机场集团公司支付预付款、未按时发出明确指示、申请支取资金等情形)导致机场集团公司延期或未能支付的,由此给机场集团公司及项目造成的所有损失及损害,均由东航物流承担。

8.4 捷运系统专业工程代建模式

浦东机场建设项目众多且专业性极强,尤其对于一些非直系机场的建设工程而言,指挥部自身拥有力量与资源不能对其进行最高水准的建设与管理。因此,为实现资源的合理整合与运用,基于"组织架构嵌入深度化合作"的理念,指挥部开拓思路,纳入外部优质力量进行深度化的工程建设与管理合作。

8.4.1 捷运系统专业工程项目概况

浦东机场捷运系统为机场内部的旅客自动捷运系统,共两条线路,用于连接航站楼和卫星厅,采用 4A 编组,配车 7 列。捷运东线起自 T2,至 S2,运营段长1 652 m;西线起自 T1,至 S1,运营段长 1 861 m(图 8 - 4)。东西线各有两条相对独立的正线,每条线各支持 1 列捷运列车穿梭运行。所有车站均采用地下一层一岛双侧式站台,中间岛式站台用于上客,两侧侧式站台用于下客,车站中间设置分隔以区分国内与国外客流。

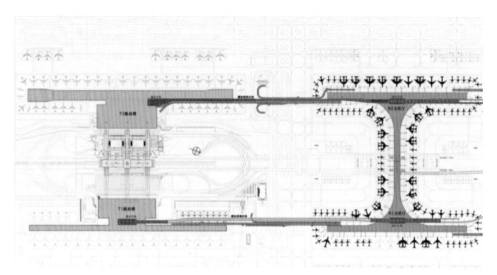

图 8-4　捷运系统专业工程示意图

捷运系统专业工程项目位于浦东机场内,工程内容包括维修基地一座、维修基地内及之外的地面段区间线路、轨道铺设、捷运专用设备采购、车站工作区一般设备采购、屏蔽门采购、全部线路区间内的工作量及捷运系统联调等,区间线路采用浅埋方案。

8.4.2　捷运工程部的成立与职能

经招标确认,上海机场集团公司与上海申通轨道交通研究咨询有限公司(以下称"申通公司")签署了浦东机场三期扩建工程捷运系统专业工程建设管理委托协议。确定申通公司为"浦东机场三期扩建工程捷运系统专业工程"的建设管理受托单位,申通公司向机场集团公司提供与工程及工程内容相关的各项管理服务工作。

由于捷运系统专业工程的高度专业性,且捷运工程将与航站区、飞行区产生众多工作界面,为提高工作效率,保障不停航施工,经机场集团公司与申通公司协商,申通公司组建负责浦东机场三期扩建工程捷运系统专业工程建设的管理部门,其纳入指挥部,成立捷运工程部(图 8-5)。由此,捷运工程部同属申通公司及指挥部管理体系,接受双重领导和指令,即捷运工程部为一套班子,两块牌子。

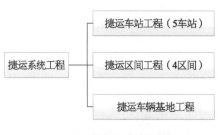

图 8-5　捷运系统建设项目

8.4.3 捷运工程部的工作内容与运作

捷运工程部在受托建设服务期内对捷运专业工程的建设进行管理,同时遵守指挥部与申通公司的有关规定,全面负责工程设计、招投标、设备采购、合同管理、施工期间的投资控制、工程施工、捷运系统联调、竣工验收、工程结算、实物移交和配合完成财务决算、审计等管理工作,对建设项目的工程质量、工期、造价、安全及文明施工向指挥部负责。

1)项目前期研究及报批工作

捷运工程部须协助指挥部进行相关使用需求确认及后续初步设计文本审核和报批,并负责相关技术审定。

2)工程项目设计管理及审查手续

捷运工程部需要组织完成施工图的设计,并协助指挥部完成相关审批手续,并负责实施过程中的设计变更管理和审核。

3)工程项目实施阶段的过程管理工作

捷运工程部应根据工程项目总体目标,组织编制捷运专业工程的总进度计划(含招标及采购计划);按规定办理开工前各类报批手续,做好现场场地准备;按规定组织工程项目相关的施工、监理等委托工作,组织开展工程项目项下的发包和所有相关设备、系统、材料的公开招标、采购及合同拟定工作,按规定办理相关审批手续,取得施工许可等行政许可;负责工程项目实施过程中的进度、质量、安全及文明施工等的管理;负责工程项目施工期间的投资控制,以及与工程项目相关的合同管理,负责对工程项目各类费用支付的审核。

4)项目的竣工验收及后期工作

捷运工程部须配合开展工程项目所必需的竣工验收工作,协助办理各类竣工验收手续,共同完成工程竣工各类工作;组织完成现场实物工程向机场集团公司的移交工作,并及时移交工程档案;负责完成工程结算,配合完成决算和工程审计工作;做好工程质保期内的服务工作,落实承包单位及时解决项目投入使用后发现的问题。

5)预期实现的目标

在工程项目建设期间必须按国家及上海市有关法律、法规的规定对工程项目进行管理,实现工程施工进度、质量、投资控制、安全文明施工、决算审计和廉政建设等目标:

(1)施工进度。捷运工程部要严格控制工程的工期,确保所有委托管理的工程项目在2019年一季度完成试运行。在项目启动后,捷运工程部应有效实施工程管理,合理安排工期,合理调整工程的施工总体流程安排。

(2)质量要求。捷运工程部要确保无重大质量事故,确保所有委托管理项目的工程质量一次验收合格。

(3)投资控制。捷运工程部要按照项目批准的建设规模、建设内容和建设标准,并结合机场集团公司的委托范围进行建设,确保工程总投资控制在受托范围对应的政府有关部门批复的初步设计概算内。

(4)安全施工。捷运工程部要杜绝重大责任事故和重大伤亡事故,杜绝运行、空防、消防事故,确保做好现有管线保护。

(5)文明施工。捷运工程部要确保整个项目在施工周期内符合上海市文明工地相关要求。

(6)决算审计。捷运工程部要确保建设项目所有程序必须符合国家有关法律法规及基本建设程序要求,并通过项目决算审计。

8.5 捷运系统土建及飞行区道桥项目管理咨询服务委托模式

8.5.1 捷运系统土建及飞行区道桥项目概况

捷运系统土建及飞行区道桥项目位于浦东机场内,按照浦东机场的规划布局、航站楼与卫星厅的功能分配、旅客捷运系统的功能定位和行车组织需要,全线设 T1、S1、T2、S2 共 4 座地下一层一岛两侧车站,预留 T4 车站,一个车辆基地,分东线和西线独立运营。西线连接 T1 和 S1,东线连接 T2 和 S2,西线、东线通过联络线连接车辆基地。西线、东线正线均采用双线,联络线采用单线,其中西线正线长约 2.35 km,西线联络线长约 1.67 km,东线正线长约 2.14 km,东线联络线长约 1.21 km。工程包括 T4 预留车站、西线正线、西线联络线、东线联络线、T4—车辆基地敞开段。

飞行区道桥工程包括 10 座滑行道桥(ET1—ET5、WT1—WT5),2 座服务车道桥(ES1、WS1),共 12 座桥,桥梁总面积 24 075 m²。

8.5.2 项目管理咨询单位优势

基于捷运系统土建及飞行区道桥项目的专业性和复杂性,指挥部充分发挥社会专业项目管理咨询单位的力量和优势,将该项目的项目管理工作委托社会咨询机构提供相应服务。

经过公开招标,指挥部选择了上海市市政工程建设发展有限公司(以下简称"市政建设公司")作为咨询服务提供单位。市政建设公司成立于 1993 年,公司经营范围包括房地产开发经营,市政工程基础设施综合开发等多种业务,具有丰富的项目管理咨询经验。

根据公平和诚实信用原则,经协商一致,指挥部与市政建设公司就浦东机场三期扩建工程捷运系统土建工程及飞行区道桥工程的项目管理咨询服务的权利义务事项达成一致。市政建设公司在捷运系统土建工程建设中提供约 18 个月的咨询服务,在飞行区道桥工程建设中提供 23.5 个月的咨询服务。市政建设公司将在质量目标方面,确保工程设计满足使用和功能需求,工程施工达到设计及国家相关质量要求,并最终一次性验收合格;进度目标方面,按机场集团公司要求的计划工期完成并竣工交验;投资控制目标方面,项目结算总投资不超过批准的初步设计概算。最终实现工程无重大安全责任事故,文明施工满足上海市有关文明工地各项规定与要求。

为最大程度地发挥项目管理咨询的专业优势,市政建设公司在报监及施工许可证办理、施工组织设计和专项方案审查、针对重大专项方案的专家审查工作组织、施工界面协调、工程和设计变更控制、工程竣工验收等方面,提供全方位的管理咨询服务,针对捷运系统土建及飞行区道桥项目工程特点,提出合理化的意见与建议。

8.5.3 管理咨询服务过程及各方工作内容

捷运系统土建及飞行区道桥项目的项目管理咨询服务过程及各方工作内容如下:

(1)市政建设公司受机场集团公司的委托,全面负责项目安全、质量、进度等工作,在项目建设推进过程中应体现管理痕迹。如每周组织施工例会,对一周项目进度、质量、安全及协调工作进行点评,同时对下周工作进度计划予以安排,并在会议纪要中予以体现。

(2)在项目实施过程中,工程总包单位每月上报的验工月报经施工监理单位审核完成后,市政建设公司对本月完成工程量、价款进行审核,无异议并签字确认后提交指挥部。

(3)市政建设公司须审核经施工监理单位、设计单位审核后的技术核定单,及时上报指挥部。此外,市政建设公司须协助指挥部组织国家及上海市主管部门对工程的竣工验收工作和移交工作。

(4)市政建设公司应按机场集团公司的要求,在工程的施工过程中提供咨询意见和建议,提供相关专家团队,为项目提供技术支持。为了有利于工作的开展,市政建设公司与指挥部采取合署办公的形式,对项目建设进行管理。

(5)市政建设公司按照合同约定,在完成项目建设后取得项目管理服务费,并接受指挥部的工作考核结果。

8.6 浦东机场 3# 围区渣土消纳项目管理模式

基于"勇于担当、为市重大工程保驾护航"的理念,指挥部承担了浦东机场3#围区(以下简称"3#围区")的渣土应急消纳工作。在各方的通力协作下,指挥部从接受任务到正式启用开放消纳场所,实现渣土进场消纳,只用了短短2周时间。

8.6.1 渣土消纳背景与项目概况

2016年夏末,上海市的市政重大工程正全面展开建设,包括周家嘴路至北翟路地下联络通道;地铁10号线、13号线延伸段工程等。然而,恰在此时,周边省市的渣土消纳场所由于种种原因被迫纷纷关闭,导致全市各个重大市政工程均面临着工程渣土无处可去的窘境。

为此,上海市领导当即召开专题会议,明确由市政府相关部门(市交通委、市重大办、市绿化市容局等)会同上海机场集团公司及相关建设单位(申通集团、公投集团等)组成"市重大工程渣土应急处置工作小组",负责落实市重大工程渣土应急处置的具体工作。相关职能部门随即召集各单位布置落实相关工作,明确即刻启用浦东机场3#围区作为市重大工程渣土应急处置的消纳场所,自2016年9月7日起正式开放,以解市重大建设项目渣土应急消纳的燃眉之急。

8.6.2 渣土消纳项目的管理体系

根据 3# 围区接收市重大工程渣土专题会议的精神,由市绿化市容局、市重大办等单位牵头组成的重大工程渣土出运应急处置工作小组,全面指导和推进3# 围区渣土消纳工作的落实。工作小组通过召开定期及不定期的联席会议,及时掌握渣土消纳工作的进展和遇到的困难。通过联席会议这个平台,充分利用市相关职能部门的管理资源,积极协调渣土消纳工作的各参与单位,高效地解决各种困难和矛盾。

机场集团公司作为渣土消纳工作的主要参与单位,高度重视此项工作。指挥部领导亲自负责主抓,成立了由指挥部、上海机场股份有限公司(以下简称"股份公司")和上海市公安局机场公安分局(以下简称"机场公安")等单位相关领导和人员参加的渣土应急处置工作领导小组和专项工作小组,依据上海市政府的要求,第一时间制定了渣土消纳实施方案,包括 3# 围区总体土方平衡、渣土可消纳总量及堆放区域的划分、渣土运输路线、渣土质量控制以及渣土消纳运营管理工作;渣土消纳期间空防安全管理方案;门岗和专项通行证管理方案等各类专项方案,确保工程渣土的及时进场消纳。

指挥部通过现场实际运作的情况,针对渣土消纳过程中遇到的问题,逐步完善各项管理工作的内容和要求,形成了切实可行的长效管控机制,为后续渣土消纳工作平稳有序地顺利推进奠定了坚实的基础。

8.6.3 渣土消纳与机场建设运营的协调

由于 3# 围区紧邻浦东机场第五跑道及其周边在建的三期扩建工程,如何使渣土消纳工作对机场正常运营和三期扩建工程施工的影响降至最低,是一项重要课题。为此,指挥部积极会同机场公安、机场综合监察支队等单位,对相关影响因素进行了全面梳理和研究。经多方"会诊",提出了以下协调配合操作意见:

(1)利用"市渣土处置联席会议"的平台,对各建设单位和项目的渣土运输车辆的车容车况,提出了明确的要求和规定,确保入场消纳渣土的运输车辆符合相关标准。

(2)充分依托机场公安和保安公司,在进场卡口处对所有入场卸土的车辆进行严格把控。对于存在"跑、冒、滴、漏"现象的进场车辆坚决不予入场卸土,并将相关信息第一时间反馈给各相关建设单位,同步上报市重大办及市废管处等主管部门。同时,对违规车辆及人员进行及时的教育,责令其落实整改。

(3)依靠机场综合监察支队对渣土消纳区域进行现场巡查,如发现入场卸土车辆有不按照规定线路行进、随意偷倒渣土的,以及不遵守相关规定的车辆和人员,及时进行查处,包括对车辆及相关人员的行政处罚、信息通报及入"黑名单"等方式。

(4)在消纳区域设立若干清洗池,对完成卸土作业的车辆进行清洗,确保其在完成卸土作业后的车容车况符合标准,有效控制渣土处置对周边环境所带来的扬尘等影响。

(5)进一步加强对参与渣土消纳工作的各级人员的安全教育和培训。一方面是强化安全生产的责任;另一方面是使相关人员能切实理解机场管理的特点,从思想上牢固树立起空防安全的意识,杜绝各类安全事件的发生。

8.6.4 渣土消纳的现场管理与措施

从实际操作层面看,整个渣土消纳工作面临着参与单位众多、涉及面广、运输压力大等问题,这就需要指挥部从总体管控的角度,建立一套既便于操作又能满足各方需求的行之有效的科学管理方法。对此,指挥部在接受渣土消纳工作任务后,立即组织相关职能部门对如何有效地对渣土消纳实施管控进行了深入研究。通过对整个运作流程的全面梳理,详细罗列了从渣土进场到运输车辆离场全过程中每个环节的工作内容和要求。同时,会同机场公安、空港办及机场综合监察大队等单位,针对每项工作的规范操作,提出了整体管控的框架思路,形成了较为完善的管控流程。通过研究发现,进场消纳渣土的单位仅申通集团下辖的单位就有6家(包括地铁10号线、13号线、14号线、15号线、18号线及申松线等),其他还有包括公路投资公司及国网电力等单位,共计需要进场消纳渣土的建设单位有近10家。而申通集团下辖的6条轨交线都是独立法人单位,每个建设项目下又分若干个标段,参与渣土运输的单位更是不计其数。

针对这种复杂的局面,指挥部计划部门会同工程部门及相关管理单位(包括空港办、机场公安、监察支队等)进行了重点研究,围绕从渣土运输车辆进场、计量到卸点卸土、车辆离场的整个运作环节,制定了一系列管理措施。

(1)从管理对象上实行分级管理,即先对各个工程项目进行分类,将各个具体的出土单位(项目)规整到同一个大项下。如将轨道交通各条线路下的相关标段均统一归入相应的轨交项目中,由机场集团公司与申通集团下辖的每一条轨交线签订"渣土处置协议",并由市废管处参与见证,将渣土消纳管理工作和要求纳入处置协议,由申通集团统一与机场集团公司对接,实现指挥部与各建设单位点到点的信息直达。现场管理则根据每个标段出土的情况,通过"四联单"的方式,分标段进行计量统计,确保每一车的渣土进场都能做到"可区分、可追溯"。

(2)对进场渣土的计量统计采用"四联单"的方式,利用与建设单位签订的"渣土处置协议",从管理层面和操作层面双管齐下,彻底打通整个运作流程,有效杜绝了项目实施过程中可能发生的各类矛盾和问题。通过与建设单位和市废管处签订三方"渣土处置协议",将各方的责权利、实际诉求及管理要求予以明确和固化。这不仅规范了出土单位的行为,更是为高效、文明、科学和系统地实施渣土消纳提供了有力的保障。

指挥部采用进场渣土"四联单"的方式,将出土单位的相关信息(包括建设单位信息、土源所在项目及标段信息、渣土运输单位信息、渣土运输车辆及人员信息等)均在"四联单"中充分反映出来。该方式不仅能使出土单位和消纳单位都可即时掌握每一车渣土的消纳信息,也便于对各项目乃至各标段的出土量进行统计计量及相关费用的结算。自渣土消纳工作启动后,出土单位与指挥部在渣土计量及费用结算方面从未发生数据不一致的情况。该方式不仅得到了市重大办及市容绿化管理局等部门的高度认可,还在后续其他区域的渣土消纳工作中进行了推广和复制。

(3)指挥部充分利用现代化移动通信手段,建立了渣土消纳工作的专属微信群,参与此项工作的相关部门纷纷入群,利用此平台及时交流各类信息。如出土单位每天都会及时发布出土信息(包括出土计划、出土量、运输车辆信息等),以便收土单位及时掌握情况,提前做好相应的准备。

(4) 指挥部为实现 3# 围区渣土消纳项目安全、有序、高效的运作,在以下五个方面做了专门的部署:

① 车辆证照管理方面。采用由空港办、机场公安等各相关管理部门联合审核、制证发证的管理模式,实现了对进场渣土运输车辆的数量、车次、载重、车况,以及行进路线等全方位的有效控制。

② 渣土门岗管理方面。委托具备专业资质的上海国际机场保安服务有限公司实施 24 h 门岗管理,设置视频监控,并接入机场公安运行管理中心,确保了对进场渣土运输车辆的实时监控。保安人员对每一机场车辆通行证件的查验,以及机场综合监察支队对渣土处置证的查验,确保了进场车辆身份信息的真实有效,杜绝了偷运、偷倒车辆的混入。

③ 车辆行驶管理方面。为确保车辆行驶安全,指挥部及时做好相关道路、照明、交通设施维护维修工作,积极配合机场公安、机场综合监察支队对渣土车辆的规范行驶进行严格管控,最大限度地避免了渣土车辆发生"跑冒滴漏"现象。

④ 渣土质量管控方面。现场管理单位对每一车次渣土均进行质量检查,凡不符合要求的,即予以拍照记录并当场退回,确保了进场消纳渣土的质量满足相关要求。

⑤ 安全文明施工管理方面。在车辆进出场路线上设置自动喷雾系统、结合流动洒水车,较好地解决了扬尘等环境保护问题。同时,通过采取施工单位、管理单位及第三方咨询服务单位的联合管理方式,切实做到安全文明管理无漏洞。

通过上述管理措施,使渣土消纳工作进入稳步推进、管理有序的良好运行状态,南区和北区消纳点运行时间均为 8:00—20:00,具备 1 万 t/d 的渣土消纳保障能力。其中,南区在空港办、机场公安、机场综合监察支队等单位的多方支持及全力配合下,具备实行 24 h 运行的能力。

8.6.5 渣土消纳项目实施成效

根据上海市政府的指示精神,指挥部迅速完成了浦东机场 3# 围区渣土接收前的一系列准备工作,并按照要求的时间节点,于 2016 年 9 月 7 日正式向市重大工程开放 3# 围区北区渣土消纳点。2017 年 4 月 10 日,指挥部又根据市政府有关渣土消纳工作新一轮的部署和总体要求,及时开通了 3# 围区南区的渣土消纳场所。从第一辆渣土运输车开进 3# 围区起,到 2018 年 10 月,3# 围区已完成渣土消纳量约 300 万 t(北区消纳量约 230 万 t;南区消纳量约 70 万 t),累计进场渣土运输车辆约 14 万车次(北区约进场 10 万车次;南区约进场 4 万车次)。

3# 围区渣土消纳工作的实施,不仅有效缓解了上海市重大工程渣土外运的压力,为众多重大工程的推进提供了强有力的保障,避免了国家财产的重大损失,为相关部门后续实现全市范围内渣土处置工作战略布局的优化和调整赢得了充分的时间,也为今后类似工作提供了宝贵的经验与有益的借鉴。

质量安全篇

第9章

总　述

按照上海国际航运中心建设三年行动计划(2018—2020),到 2020 年,上海要基本建成国际航运中心。2015 年年底,上海浦东国际机场(以下简称"浦东机场")三期扩建工程开工建设,同时指挥部也承担了上海虹桥国际机场(以下简称"虹桥机场")1 号航站楼(以下简称"T1")改造"脱胎换骨"式的建设。两大机场同时建设,又均在高位运行的机场中实施,难度、风险前所未有,工程质量安全管理也没有成熟的经验可参考。上海机场建设指挥部(以下简称"指挥部")围绕工程建设中心工作,着力打造"平安工程、品质工程、绿色工程"的建设理念,深入开展工程项目特点、难点分析,确立质量安全环保建设目标,开创性地建立了管理体系和制定了系列管理办法,达到了较好的管理成效。

9.1　项目简介及项目特点

9.1.1　项目简介

浦东机场在建项目包括浦东机场三期扩建工程、第五跑道工程、飞行区下穿通道及 5 号机坪改造工程、东机坪扩建工程以及西货运区 3 号货运站(一期二阶段)。虹桥机场建设项目包括 T1 改造工程、T1 交通中心工程、东片区综合改造市政配套一期工程。

以 T3、T4 垂直联络滑行道为界,浦东机场扩建工程项目分布示意图,如图 9‐1 所示。

虹桥机场扩建工程项目分布示意图,如图 9‐2 所示。

浦东机场三期扩建工程主要由航站区工程、捷运系统、飞行区工程、配套工程等 10 多个单体工程组成,包括了大型公共建筑、捷运轨道交通系统、机场站坪工程等单体,不同单体工程之间的建设规模、工程进度以及所涉及的专业知识迥然不同。

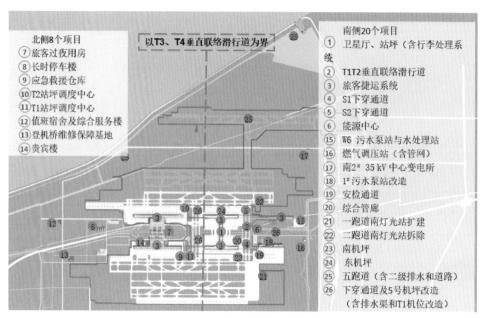

图 9-1　浦东机场扩建工程项目分布示意图

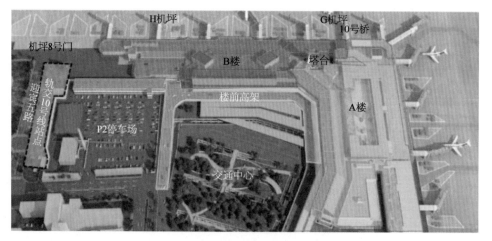

图 9-2　虹桥机场扩建工程项目分布示意图

整个三期扩建工程各个单体项目的位置布局效果图,如图 9-3 所示。

在实施工程项目管理的过程中,根据项目的功能划分和指挥部管理部门的划分,将项目按照航站区工程、捷运系统工程、飞行区工程,以及配套工程进行了分解,具体如图 9-4 所示。

9.1.2　项目特点

浦东机场、虹桥机场两场扩建项目呈现以下特点:

1) 扩建工程是系统工程,考虑与原系统的有效衔接

(1) 飞行区工程衔接。飞行区工程施工包括禁区内施工和禁区外施工。禁

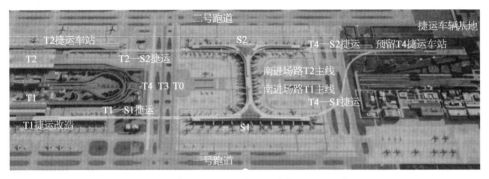

图9-3 浦东机场三期扩建工程单体项目位置布局图

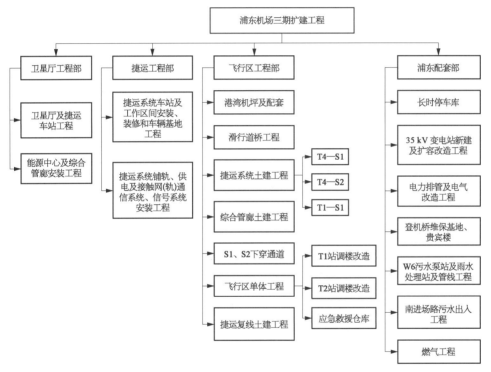

图9-4 浦东机场三期扩建工程项目分解

区内施工本来就是在既有运行设施范围内的施工,必须与既有设施有效衔接。禁区外施工的区域,也要最终与既有运行设施进行衔接,确保整个机场飞行区贯通。因此,无论是场道工程、停机坪、排水沟还是消防、供电、泊位引导等系统均须与既有运行设施有效衔接。

(2) 航站区工程衔接。卫星厅体量62万 m²,从功能上看,S1与既有T1构成一组运输体系,S2与T2构成一组运输体系,通过建设一条捷运系统连接。卫星厅建成后处于飞行禁区内,与既有飞行区滑行体系密切衔接。同时,作为现有T1、T2有效延伸,卫星厅内各类信息系统必须与既有系统有效衔接。总体原则是,在既有系统容量富裕的情况下,卫星厅新建终端作为延伸;在既有系统容量不足情况下,则在卫星厅新建系统,既有系统接入新系统。

(3)各类道路、管线衔接。陆侧须考虑航站楼改造、交通设施对接(楼前高架、进场路等)。主进场路是旅客进出进场唯一通道,扩建工程上跨主进场路。新建工程建设区域有大量既有管线,建设工程需要充分考虑管线保护以及新建管线衔接。

2)与运行高度交叉,运行优先,不停航施工风险高

施工策划要考虑最大程度减少对运行的影响,对施工组织策划、协调、配合的精细化程度提出了高要求。重点为:不停航施工、管线保护、交通组织。机场不停航施工风险集中在空防安全、消防安全、管线安全、交通安全、禁区施工以及紧邻运行区域的扬尘、噪声等管理方面。

3)项目点多面广,专业种类多,参建单位多,管理难度大

涵盖了建筑、民航、市政、轨道、水利、电力、绿化等绝大部分施工专业;涉及施工总承包单位23家、监理单位9家、检测单位12家,高峰施工管理人员近万人。

4)施工风险突出

浦东机场、虹桥机场两场扩建项目主要危大数量多,专业范围广,包括深基坑工程、承重支架和模板工程、脚手架、起重吊装、大型机械安装和拆除,以及盾构推进及旁通道施工、轨行区施工等施工过程中本身的各类风险都广泛存在。

9.2 质量安全环境管理指导思想及管理目标

9.2.1 指导思想

为贯彻落实党中央领导对民航工作"坚持民航安全底线,对质量安全隐患零容忍"的重要批示和上海机场集团工作部署,以工程建设为中心,坚持"安全是前提,质量是基础,进度是主线",努力打造平安工程、精品工程,确保工程安全、质量和进度目标实现。

9.2.2 质量安全环境管理目标

三期扩建工程是上海国际航运中心建设的重要组成部分,对提升浦东机场基础设施保障能力,加快建设上海航空枢纽意义重大。为确保项目的顺利实施,指挥部制定如下目标。

1)质量管理目标

(1)工程竣工验收一次合格率100%。

(2)争创奖项:优质结构、市政金奖、白玉兰奖、鲁班奖等。

2)安全管理目标

结合三期建设的实际情况,指挥部编制了具体的安全管理目标,以指导各单位的实际工作,指挥部提出了"两防一线"为重点的安全目标,以确保"空防、管线、施工、运行"安全与平稳。具体如下:

(1)杜绝较大及以上责任事故,在工程建设活动中发生的工伤死亡人数不超过上海市安委会下达的指标;

（2）杜绝因施工责任原因造成的候机楼、机坪等重要设施、设备发生影响航班的火灾事故；

（3）杜绝因机场施工责任原因引发影响机场正常运行的事件；

（4）创市级平安工程每年不少于一项。

3）环境管理目标

（1）绿色体系。建设指挥部环境管理体系，环保内控管理事项纳入内控管理体系，环境管理纳入绩效考核，层层签订环境保护责任书。

（2）绿色环境。提升环境监测能力建设，市政管道雨污分流，各项目所辖地块污水排放达标，围场河水质2020年水质达到Ⅴ类标准，大力推进立体绿化、绿道、林荫道建设。

（3）绿色建设。建设项目依法依规落实环保措施，建设期各项环保手续齐全，施工期环境监管，新建项目"三同时"执行率100％，2020年工地文明施工达标率达到98％以上；拆房工地洒水或喷淋措施执行率100％，对符合条件的建筑按装配式建筑实施。到2020年两场装配式建筑的单体预制率不低于40％或装配率不低于60％；所有新建建筑全部执行绿色建筑标准。

（4）绿色运行。做好两场噪声的防治，持续推进虹桥航空噪声治理，浦东机场航空噪声治理，2020年生活垃圾分类全覆盖，完善再生产品和原料推广使用制度，削减一次性用品使用。

9.3 创新管理方法

机场工程建设任务重、时间紧、难度高，管理手段和方法要与时俱进，创造性地开展工作，要加强各方联动，建立日常高效沟通机制，要齐抓共管，形成合力，有序、高效推进各项工作。因此指挥部在三期扩建工程管理方面提出了专业代建咨询服务、第三方专业咨询服务、项目群管理等创新管理手段。

9.3.1 专业代建咨询服务

不同于浦东机场一期、二期工程建设，浦东机场三期扩建工程无论从规模投资方面，还是专业性方面，都有质的飞跃，因此工程建设管理面临较大挑战，指挥部针对如捷运系统、滑行道桥这种专业性较强，内部人员短缺，且指挥部内部不需要较多专业人员，指挥部创新性提出专业代建咨询服务。

1）捷运系统（申通代建）

为有效解决三期扩建工程中南卫星厅与既有航站楼之间的大容量旅客输送需求，机场建设一条空侧旅客捷运系统。对于上海机场集团来说，这是首次自行建设和运行这条捷运系统。由于在浦东机场建设一条捷运系统，无论是指挥部的建设管理经验还是设计、采购、施工规模效益，以及今后运行维护资源均存在不足，作为日后运行的单位股份公司也提出，这条捷运系统运行维护无法单独用市场化方式来确定，需要结合建设统一考虑。

指挥部采用市场化方式与相关专业单位开展合作。通过比选考虑，选择和上海申通地铁集团有限公司开展就"建设运行一体化委托"的方式最为有效。上海申通地铁集团有限公司是上海城市轨道交通网络的投资、建设、运营唯一的责任主体,已建设和运行上海轨道交通 14 条线路,共 548 km,车站 337 座,配属城市轨道交通车辆超过 3 000 辆,在职员工 3 万余人,拥有丰富的建设和运营管理经验,较强的专业力量和规模优势。同时,乙方具备众多设备架修和大修技术平台和场地,具备较快整合和调动各设备供应商资源的能力,具备应急情况下提供整车备份的资源优势。上海机场集团和上海申通地铁集团同属于上海市国资委下属大型国有企业集团,长期承担城市基础设施的建设和运行,承担相应社会责任,双方强强合作为这条捷运线建设奠定了良好的基础。双方本着"合作发展、互利共赢"的原则,就浦东机场捷运系统项目的建设管理、运营维保两大领域展开全方位的合作,以实现"与浦东机场三期扩建工程同步开展,与南卫星厅同步投入运行"的目标,确保捷运系统建设和运行的安全、可靠、经济。

两家集团的合作如何与指挥部体系有机融合,充分发挥协同作用,又不会导致多头指挥的情况?这是在管理层面需要进行顶层设计的一项重要内容。经过充分研究酝酿,指挥部专门成立了捷运工程部,人员主要来自申通专业单位,主要承担现场综合管理职能。同时,以申通集团作为后台技术支撑,对方案设计、设备选型、采购技术规格设定等方面给予专业把关,日常行政管理,程序把控等纳入机场指挥部统一管理。这种做法的好处是能够充分集合两大集团的优势资源,又不会导致多头指挥,大大提升了管理效率。从后期的捷运系统建设和运行介入等来看,前期的这种良好的制度安排,为后续的顺畅实施奠定了良好的基础。

2) 滑行道桥和捷运盾构(城投代建)

不拘一格,差别化、有针对性地设置工程管理代建模式是浦东机场三期扩建工程中指挥部在管理上的创新。浦东机场三期扩建工程涉及专业类别多,指挥部采取不同的管理模式,如在滑行道桥和捷运盾构的施工管理,民航专业工程以往主要都是以跑道、停机坪为主。由于原来的机场规模不大,立体交叉的交通较少,伴随着浦东机场不断扩建,在三期工程项目中需要建设和滑行道,采用上跨南进场路的方式,大跨度桥梁施工对于指挥部来说缺乏相应的专业人员。同理,为尽可能减少对于运行中的机场影响,捷运工程中线路土建主要采用盾构方式,盾构施工专业性强,施工过程风险大,对于周边沉降控制等要求高,指挥部也缺乏熟悉盾构施工的项目管理人员。由于总体上来说,这两个专业都不是机场大量需要的,如果由指挥部重新召集人员去管理,一来是不经济的,二来人员的培养磨合还需要相当长的时间,三期工程紧迫的时间进度要求客观上也不允许,再加上考虑风险因素,选择社会专业力量代建不失为一种很好的解决方案。

上海市市政工程建设发展有限公司(以下简称市政建设公司)前身是上海市市政建设处,是上海市市政行业中最早承担市政工程建设管理的综合性咨询服务企业,长期从事高速公路、公共建筑、城市道路、排水系统、桥梁隧道、轨道交通等领域的建设管理,承担过上海市很多标志性的市政工程,例如南北高架延安路立交、延安路高架中段、外滩隧道、军工路越江隧道工程等。

与申通集团代建模式不同,由于滑行道桥、捷运盾构施工与飞行区工程建设密切相关,与市政建设公司合作的模式就设置为挑选一支经验丰富的管理团队加入指挥部飞行区工程部,按照指挥部要求的质量目标、进度目标、投资控制目标、安全目标、文明施工目标为管理目标,做好报监及施工许可证办理、监理大纲和实施细则审查、施工组织设计和专项方案审查、施工界面协调、安全教育培训,组织开展测量测绘工作,负责工程实施过程中质量、安全、进度、施工文明形象管理,工程巡视检查,原材料管理与控制,对施工、监理单位进行考核,工程和设计变更控制,配合档案管理部门完成档案归档工作,组织开展工程预验收等工作。

9.3.2 第三方专业咨询服务

浦东机场三期扩建工程项目任务重、难度大、时间紧,涵盖了民航、建筑、交通、水务、机电、设备安装等多专业,对指挥部工程管理能效提出了更高要求,工程实施中出现的各类问题迫使指挥部管理力度和方式须不断加大和创新。

为加强指挥部对工程管控,强化检查、考核、培训和信息化等管理手段,动态掌握项目施工管理状况,及时处置不良行为和隐患,实现指挥部管理目标。指挥部特委托有经验的、具有相关资质的社会第三方机构开展专业咨询活动,如为掌握工程总体质量安全管控态势,查找管理行为和工程实体质量存在的问题和隐患,指挥部委托第三方质量安全督查,对项目参建的各总包单位、监理单位进行考核。通过"第三只眼"检查、督查、讲评、考核形成一个立体的体系,大大丰富了指挥部工程管控对于安全、质量和文明施工等方面的管理力量和纬度。

9.3.3 项目群管理

1) 项目群的主旨

指挥部根据浦东机场三期建设诸多项目多由一家施工单位承建和一家监理单位监理的特点,创造性地实践项目群管理方法,即分别建立施工项目群和监理项目群,加强公司层面对现场管理,以此促进所施和所监工程项目安全质量管理目标全面受控,安全质量管理水平整体提升。

项目群管理旨在对承担上海机场多个项目的施工单位和监理单位,其单位内成立由公司分管领导为负责人的项目群管理团队,对口机场项目群的管理工作。从组织机制建立、信息交流沟通、人力资源支持、技术资源支撑、日常工作检查、定期工作考核、工作机制创新、持续改进提高等方面开展日常项目群管理工作,指挥部对各项目群管理工作进行定期考核评分,并在质量安全专刊予以公布考核排名情况。

2) 项目群管理的成效

(1) 管理效率的成效。新型项目群管理模式,大大减轻了指挥部的管理和协调压力,能将更多的精力投入于关键工作,提高了管理质量。同时机场指挥部要求项目群管理者必须是公司主管领导担任,这样一来,整个项目群可以获得更多资源,执行力明显提高,从而促进了整个上海机场建设管理和施工水平的提高。

(2) 管理抓手的成效。指挥部充分运用施工单位安全考核、监理单位工作质量考核作为抓手,定期对各项目群管理工作进行检查考核评分,并在质量安全专刊予以公布考核排名情况。在检查效果形成"五个一"模式:一次检查、一次讲评、一份纪要、一份报纸和一份通报。通过这些平台,讲评、处罚和表彰信息能让各工程部、项目部、监理部和项目群公司及时知晓、资源共享、放大检查考评效应,如图9-5、图9-6所示。

图9-5　月例会项目群讲评　　　　　　图9-6　项目群排名

（3）管理目标的成效。通过项目群管理工作的开展和持续推进,各施工单位和监理单位项目部在指挥部的帮助下,从公司得到人力、资金、技术资源、组织机制、信息交流沟通等方面倾斜和支持,在项目部日常工作检查、定期工作考核、工作机制创新、持续改进等方面得到持续提高,自身项目在工程安全、质量、进度管理得到保障和提高。

指挥部管理采用项目群管理,在三期建设过程中取得了良好的成效,促进各工程项目安全质量管理目标全面受控,安全质量管理水平整体提升,提高了指挥部及各参建单位的工作水平和业务能力,促进了三期扩建工程的整体进步。

9.3.4　立功竞赛

为深入学习贯彻落实党的十九大会议精神,组织广大建设者,不忘初心、牢记使命,奋发有为、锐意进取,当好新时代排头兵和先行者,指挥部进一步弘扬立功竞赛精神,全面推动机场工程建设。

一方面,指挥部运用立功竞赛活动平台,始终聚焦工程建设安全质量,确保工程建设处于受控状态。安全是机场工程建设的生命线,必须确保安全始终处于受控状态。通过立功竞赛活动切实抓好施工安全,严格落实参建各方责任,加强重大危险源的预估,进一步完善风险预防机制和应急处理机制,坚持问题导向、需求导向,不断增强安全工作的针对性和实战性,教育好建设者切实做到大处着眼、小处着手,牢记安全工作无小事,确保不发生重大安全伤亡事故,使安全工作始终处于受控状态,如图9-7所示。

图9-7 2019年上海机场赛区立功竞赛

另一方面,指挥部通过立功竞赛强化质量优先意识。国家标准是最低标准,机场建设标准要高于国家标准,立功竞赛的参赛单位的质量标准应高于国家标准。各参赛单位不断弘扬精雕细琢的工匠精神,努力推动全生命周期质量管理目标,努力提升机场工程质量,把机场工程建成精品工程、样板工程。

9.3.5 党建联建

为充分发挥党组织在推进浦东机场三期扩建工程建设中的质量安全保障作用,为打造和谐机场、平安机场建功立业,指挥部通过联合搭设党建平台,以加强建设工程安全、质量、验收管理为主线,以推动文明施工、安全管理为抓手,聚焦上海机场重大工程建设,破解工程瓶颈难题,共同促进机场工程建设与管理水平不断提升。指挥部主要开展了与市安质监总站、交通质监站、中铁四局等党建联建活动。

指挥部机关党委与市安质监总站党委分别开展了以"强化工程监管,共创精品工程"为主题的党建联建签约、"进博先锋,党员行动"为主题的党日活动,并与市安质监总站现场监督科党支部签订结对共建协议书。通过共建活动,搭建学习交流平台、交流经验做法、互通动态情况、寻补工作短板;围绕机场工程质量、安全、验收和文明施工监管重点难点问题,利用各自资源优势,开展工作探讨,充分发挥党员智慧,凝聚党员力量,共同攻坚克难,联手破解难题瓶颈,提高工程管理水平,如图9-8所示。

"以共建促党建,以党建促业务,以业务强党建",指挥部机关党委和上海市交通建设工程安全质量监督站党委、浦东机场捷运"四电"工程项目党支部等工程开展"不忘初心跟党走,牢记使命创双优"的党建共建活动,积极探索和实践新时代下党建共建的新途径、新载体、新作用,充分发挥共建党组织在推进上海重大工程——浦东机场三期扩建工程中的质量安全保障作用,为打造和谐机场、平安机场建功立业。

2019年是浦东机场三期扩建工程建成并投运的关键年,验收移交节点多、时间紧、任务重、压力大、难度高。尤其是卫星厅工程,作为亚洲最大单体卫星厅,要

图9-8　指挥部与市安质监总站结对共建

在5月底前完成竣工验收任务,难度相当高。如何在最短时间内有序高效地完成一个大体量单体工程竣工验收,给运行筹备创造更多的时间,一直是摆在指挥部面前的一道难题。

因此,自2018年下半年开始,指挥部质量安全党支部就与市安质监总站第三党支部通过党建联建平台多次开展卫星厅验收方案研究。双方支部联合施工总承包单位继去年研究梳理的基础上进一步深入探讨,根据"成熟一块、验收一块、移交一块"的原则,结合卫星厅工程特点,确定了五阶段分步分区域验收、8个系统分步移交的工作方案,明确了阶段范围及时间节点。2019年1月25日,双方支部开展了以卫星厅工程验收筹划及联合检查为形式的党员活动,拉开了2019年双方支部以"强化工程监管、共创精品工程"为主题的党建联建活动的序幕,如图9-9所示。

图9-9　指挥部质量安全部党支部与市安质监总站第三党支部党建联建活动

通过党建联建平台形成了联动机制,在项目协调、资源共享、信息互通、形成成果等方面形成合力,取得了良好的效果。

9.4　管理成效

浦东机场三期扩建工程、虹桥机场扩建工程多个项目在文明工地创建、质量创优方面取得良好效果,具体创优清单见表9-1。

表9-1　各项目创优一览表

序号	工程项目名称	文明工地创建	质　量　创　优
1	卫星厅及 T2 捷运车站改造工程	市级文明工地升级版示范工地	市优质结构 金刚杯、中国钢结构金奖 市白玉兰奖:将于 2020 年上半年参评 鲁班奖、申安杯:分别于竣工后参评
2	能源中心	市级文明工地	市优质结构
3	捷运车辆基地	市级文明工地	市优质结构
4	捷运土建工程	绿色工地评审	市优质结构
5	长时停车库	市级文明工地	市优质结构
6	飞行区桥梁工程	市文明场站(混凝土拌合场)	/
7	综合管廊土建及部分管线工程	2018 年 4 月参评	通过市政金奖过程评审
8	虹桥 T1 改造工程	/	A 楼获国际 2017 年绿色解决方案奖一等奖; A 楼获上海市建设工程白玉兰装饰奖; B 楼获上海市建设工程白玉兰装饰奖
9	捷运铺轨、四电	市级文明工地	市申安杯
10	下穿通道二标	2016 年度上海"明星工地"	/

第10章

工程总体策划

浦东机场、虹桥机场建设项目总投资逾 350 亿元,涵盖了几乎所有建设领域的专业工程和各类施工安全风险;高峰时期施工作业管理人员近万人,管理项目部和居住点分散,管理协调难度大;建设区域内施工高度交叉,施工组织策划尤为关键。因此,科学策划施工区域内平面管理、界面划分、施工组织,对整体建设能否有序推进、最大限度减小对运行的影响、质量安全能否有效管控起到了决定性的作用。

10.1 施工总平面设计

自 2014 年年初开始,由指挥部总工办牵头,会同指挥部各相关部门、上海建工、民航院,形成《浦东国际机场总平面管理设想》1.0 版。再与机场公安、股份公司、监察支队等单位,经多次讨论和现场踏勘后,编制完成《浦东国际机场施工总平面管理设想》2.0 版。

在编制过程中,由于总平面管理工作涉及建设、运营、公安及外围协调等多个方面,在总平面设想编制过程中,成立两个专题组。

(1)道路交通及综合治理组。由机场公安牵头,指挥部、股份公司、监察大队和上海建工派员组成。主要评估施工道路建设、交通组织以及综合治理等方面。

(2)运行评估组。由股份公司牵头,指挥部、上海建工派员组成。主要评估对运行可能的影响,包括土地使用、禁区围界、施工围界、场地排水、施工用电、施工用水等方面。

浦东机场三期扩建工程总平面管理,按照施工道路和交通组织、施工生活基地、施工排水、施工给水、施工临电、围界设置、测量控制网、大临设施布置等方面综合考虑。同时,统筹考虑机场内所有建设项目,临时和永久相结合,一次规划,分期实施,利用好既有设施,合理调配。

10.1.1 施工道路和交通组织

1) 管理原则

道路交通管理方面,施工车辆运输路线遵循"北进北出""北进南出"和"南进南出"的原则;由机场大道进入的,须避开高峰行驶;每个项目启动前,至交警支队核定施工车辆运输路线,按要求办理浦东机场施工车辆通行证。

2) 进场线路

经综合比较,南进场线路通行均受限制。其中由下盐公路、经二路进机场,对各方面影响最小,因此建议实施经二路钢便桥(2 车道,载重 60 t)。同步协调南横二路与机场内部道路的对接建设。

北进场线路目前可经机场大道避高峰进出外。为了联通机场南、北工作区,建议加快建设规划路和桥,如图 10-1 所示。

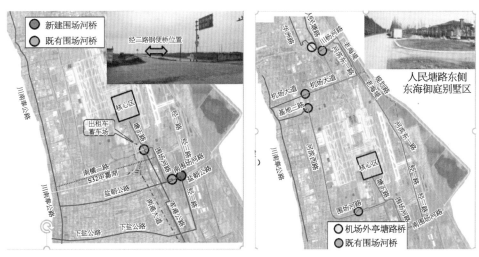

图 10-1　南北进场线路规划

3) 线路上的桥梁

(1) 南侧。

① 经二路钢便桥。受围场河外商飞规划河道影响,建议先在围场河上建 2 车道钢便桥。考虑永临结合,同步完成机场内路网修建。

② 既有七九塘桥。桥梁位置不在规划路上,且同样受围场河外侧的商飞规划河影响。建议维持现状。

③ 既有塘下路桥。施工车辆与机场工作车辆混行,且须穿越朝阳农场场部。建议维持现状,作为施工备用道路。

(2) 北侧。

① 新建机场大道桥。

② 其余 2 座桥梁,维持现状。

线路上的桥梁规划如图 10 - 2 所示。

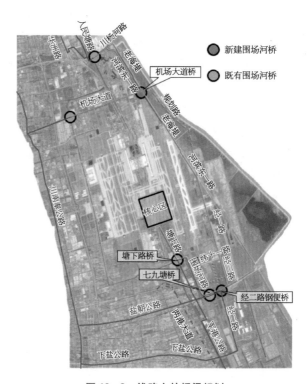

图 10 - 2　线路上的桥梁规划

4) 机场内允许施工车辆行走的道路

南北进出场路线，东机坪和卫星厅站坪土方堆载和卸载时行走路线均须经过塘下路，如图 10 - 3 所示。

图 10 - 3　机场内允许施工车辆行走的道路规划

① 施工前,将塘下路拓宽至 12 m,由飞行部负责。

② 在塘下路出现拥堵时,东侧辅道和飞翔路作为施工道路的补充道路。

10.1.2　施工生活基地

(1) 基地布置时,保留既有基地,增设新基地,新基地遵循"集中"和"就近"二大原则。"集中"布置,如不停航施工项目、以卫星厅为核心的项目。"就近"布置,如二级排水、长时停车楼、职工过夜楼及综合服务部、机电培训基地等项目,如图 10-4 所示。

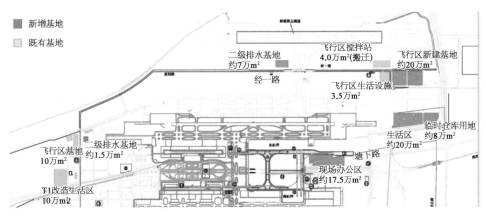

图 10-4　施工基地布置

(2) 由于在南、北工作区均有建设项目,而施工人员的交通组织从南进场路通行的难度较大,因此在南、北工作区均设施工基地。

(3) 生活区和办公区经验估算指标:人均占地面积 8~10 m²/人,人均生活用水 0.1 m³/d,人均生活用电 0.25 kW/人。

(4) 施工用水管径不超过 DN150。施工排水须经三级沉淀。厕所设置化粪池,定期抽取。

(5) 大临用地须提前 3 个月申请。

10.1.3　施工排水

排水主要有五跑道、卫星厅和南站坪两大区域,二大区域临时排水均须经临时排水沟收集、沉淀后,最终排入就近的既有排水渠或围场河内,如图 10-5 所示。

(1) 东侧场地 E1 临时排水:在南进场路东侧修建临时排水沟,排入既有明渠(蓄水能力约 4.8 万 m³)。

(2) 西侧场地 W1 临时排水:第一阶段,先排入飞翔路市政管网,同时设置临时泵站,雨季时强排排入东侧既有明渠。第二阶段,规划新建排水渠完成后,西侧排水直接排入东侧既有明渠。

(3) 南进场路两侧的排水沟,永临结合,由市政院、华东院、民航院共同

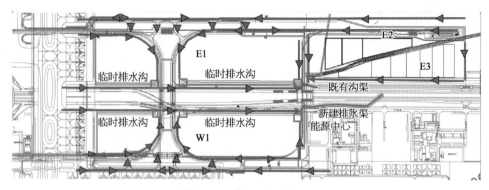

图 10‑5　施工排水布置图

确定。

10.1.4　施工给水

核心区和南侧基地周边均有市政给水管网,施工用水根据市政管网就近开水头,每处管径不超过 DN150,如图 10‑6 所示。

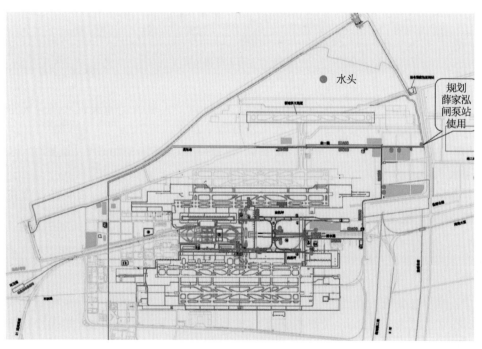

图 10‑6　给水布置图

10.1.5　施工临电

考虑到电费、管理、用电安全等因素,将 10 kV 临电中心站从基地七路搬迁到经一路。供电以机场内既有 10 kV 架空线为主,高峰负载控制在 8 000 kW 左右。从 2015 年 11 月至 2017 年 12 月施工用电高峰期间,架空线有缺额时,可用南 1#

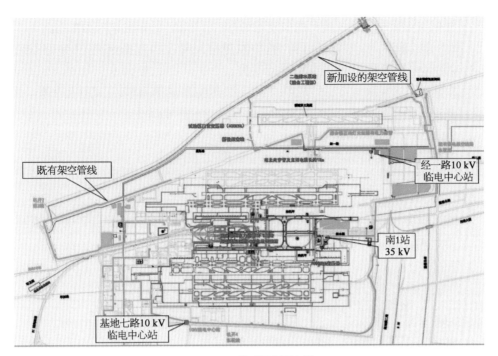

图 10-7 临时用电网布置

变电站供临电,如图 10-7 所示。

核心区项目的箱变根据架空线位置,高压端以埋地电缆接入为主,如图 10-8
所示。

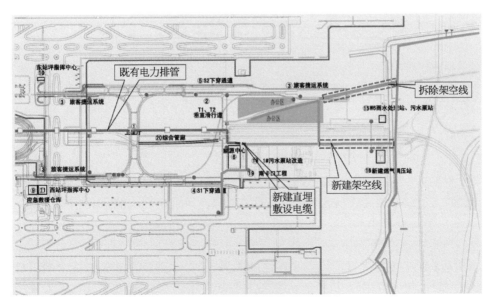

图 10-8 临时电网局部调整

10.1.6 围界设置

根据飞行部对已报批项目的前期策划,飞行区禁区围界将有四次变化。

第一次:南机坪、东机坪开工前,将原单排围界改为双排围界,飞速路以北38 m,既有单排围界,在施工期间维持现状。

第二次:下穿地道及5号机坪施工前,禁区围界局部调整;卫星厅施工前,专机坪双排围界向西移44.5 m,东机坪双排围界向东移49 m。

第三次:T3滑行道用双排围界划入施工区。

第四次:T4滑行道用双排围界划入施工区。

10.1.7 测量控制网

浦东机场三期扩建工程建设过程中,设置坐标、高程共同控制点8处,设置高程控制点4处,如图10-9所示。

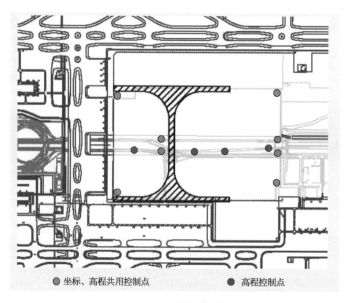

● 坐标、高程共用控制点　　● 高程控制点

图 10-9　测量控制网

10.2 实施界面划分

根据核心区项目平面关系,按照借鉴历史、减少界面、工作均衡、进度衔接、对接运营五项原则制定浦东机场三期扩建工程实施界面方案,如图10-10所示。

10.2.1 卫星厅与机坪

卫星厅工程与飞行区以卫星厅红线为界,卫星厅部负责实施红线内的项目(含卫星厅、服务道路、登机桥活动端、高杆灯桩基等)。飞行部负责实施红线外的项目(东机坪、南机坪、港湾机坪、T1—T2联络道、滑行道桥6处、高杆灯等),同时负责对口航油分指。航油分指负责实施航油工程,如图10-11所示。

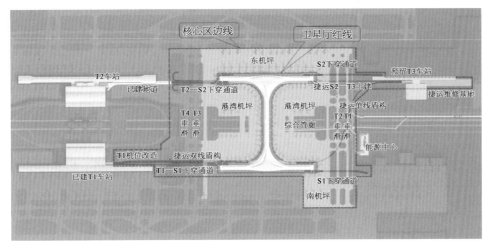

图 10‐10 核心区项目平面关系示意图

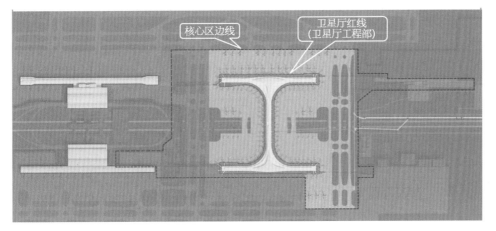

图 10‐11 卫星厅与机坪实施界面

10.2.2 下穿通道

飞行部负责实施穿越机坪和滑行道的 4 处下穿通道道(含卫星厅红线内部分)。飞行部负责实施穿越机坪和滑行道的综合管廊土建。卫星厅部负责综合管廊装饰和机电,这样可以由一个部门负责能源中心到卫星厅的全过程,减少了以往建设过程中分两个部门管理,供冷供热调试出现问题时的扯皮,如图 10‐12 所示。

10.2.3 捷运系统

为尽可能减少施工时的交叉作业,由飞行部负责实施 T2—S2 捷运地道土建、S2—T3 捷运地道、S1—T3 单线盾构、T1—S1 双线盾构,确保在纵向一个断面上自上而下由一个部门管理,在横向上,由于捷运线路土建与下穿道工程距离很近,这样的安排也可以使横向交叉作业得到有效控制、统筹和监管。如图 10‐13 所示。

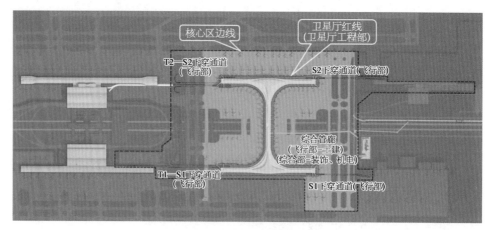

图 10 – 12 下穿通道实施界面

上海机场建设综合管理

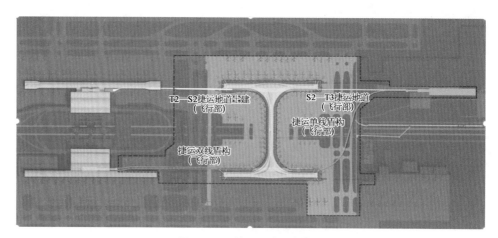

图 10 – 13 捷运系统实施界面

10.2.4 捷运系统车站

同样,为了减少交叉,厘清责任界面,捷运系统 4 个车站毗邻既有 T1、T2 以及卫星厅工程,由卫星厅部负责管理最为合理。维修基地是捷运系统最先需要建设完成的区域,是车辆现场安装调试的前提,成立捷运工程部,统一实施维修基地土建(其中 T1 车站土建已完成预留),捷运系统铺轨、管线、系统设备安装调试等工作;同时负责运营筹备和今后配合股份公司运营管理,便于建设向运营的顺利过渡,如图 10 – 14 所示。

10.2.5 实施界面汇总

实施界面划分的总体思路如下:

(1)卫星厅部是卫星厅和 4 个捷运车站(土建结构部分)的总管,负责该区域内项目建设的总协调和兜底;

(2)捷运工程部统一实施捷运系统铺轨、管线、系统设备安装调试等工作。

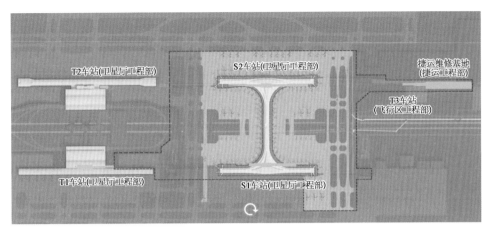

图 10-14　捷运系统车站实施界面

负责捷运系统线上部分建设的总协调和兜底；

（3）飞行部是核心区内除航站部负责项目的总管，负责该区域内项目建设的总协调和兜底；

（4）综合部是核心区外项目实施的总管，负责核心区外（5跑道除外）项目的总协调和兜底。

根据以上思路，整体实施界面如图10-15所示。

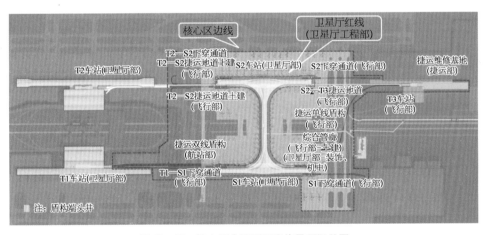

图 10-15　核心区主要项目实施界面汇总图

第11章

质 量 管 理

工程质量好与坏是一个根本性问题。浦东机场三期扩建工程建设投资大,建成及使用时期长,只有合乎质量标准,才能投入生产和交付使用,满足社会需要。

本章首先分析工程的重难点,在分析重难点的基础上,为确保工程质量目标的实现,建立质量管理体系;然后对浦东机场三期扩建工程特色的质量管理手段及方法进行分析,随后在指挥部层面建立第三方质量督查制度,并对督查工作成效进行分析与总结;最后对旅客捷运系统的质量管理进行总结。

11.1 质量管控特点

1) 工程建设规模庞大,组织策划是重点

浦东机场三期扩建工程,包含航站区工程、飞行区工程、捷运系统、配套工程,工程建设规模大,如此庞大规模的工程在建设期间组织策划是重点。在策划过程中应重点考虑总分包的合同分解模式,如将钢结构、幕墙、安装、装饰纳入总包管理范围,将弱电工程纳入机电总包范围管理,设置民航专用弱电系统总协调单位等;在多个标段施工过程中加强标段之间的标准统一、界面的协调以及沟通管理。这是单位工程内部组织协调,同时各单位工程存在界面协调工作量大,因此须做好组织策划。

2) 项目单体量多,界面管理是重点

卫星厅及 T2 捷运车站工程是浦东机场三期扩建工程的主体工程之一,为满足 S1、S2 和 T1、T2 的连接,一并建设了捷运系统;同时为满足服务车辆穿越卫星厅两侧的联络通道,配套修建多条地道,再加上卫星厅周边的专机坪、东机坪和港湾机坪以及能源中心和能源管沟,整个三期扩建工程包含多个项目并行推进,界面管理复杂,如图 11 - 1 所示。

针对多项目的并行推进,机场指挥部应建立统一的协调管理机制,在项目策

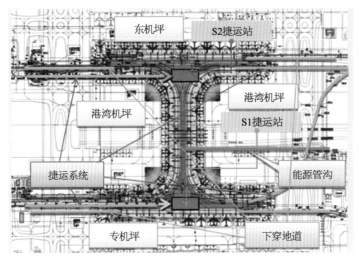

图 11-1 三期扩建工程界面示意图

划、进度计划编制时统一考虑,如卫星厅计划编制应考虑捷运系统、下穿地道以及能源管沟对卫星厅工程施工的影响,提出界面搭接限制条件避免相互干扰;在施工期间,针对界面管理和施工协调,定期组织各项目施工单位、监理单位召开协调会议通报各项目进展情况,互通消息,明确搭接节点和移交条件,及时调整交叉有影响项目,确保项目无缝整体推进。

3) 建设项目类别多,关键技术控制难

三期扩建工程项目涉及专业较多,类别也较多,其中部分单体涉及关键技术,如卫星厅工程涉及深基坑、高支模等关键技术,隧道工程涉及盾构技术等,须进行针对性的管理和控制,同时某些技术较前沿,控制较难。

4) 机场功能须稳定,质量验收要求高

整个三期扩建工程的建设是配合 T1 和 T2,形成"主楼+卫星厅"构型,未来共同满足年旅客吞吐量 8 000 万人次的需要。因此功能是否稳定,直接影响运营服务的质量。为提高运营服务质量,重要的一方面就是建成后功能须稳定,这对质量验收提出较高要求。

11.2 质量管理体系建设

11.2.1 质量管理组织架构

浦东机场三期扩建工程的质量安全管理模式主要是以项目管理质量管理、安全管理、界面管理、协同管理理论和系统工程理论为基础,为机场三期扩建建设这一庞大而复杂的工程质量安全管理工作进行改进和完善。

在过程中继承和发扬上海以往机场建设的质量安全管理理念和思路,通过对三期扩建工程现状调查和对其他类似工程的调研,采用理论分析和实践研究等技术手段,结合机场以往对其质量安全管理模式、体系、手段和方法的总结,提出并实践了如图 11-2 所示管理模式。

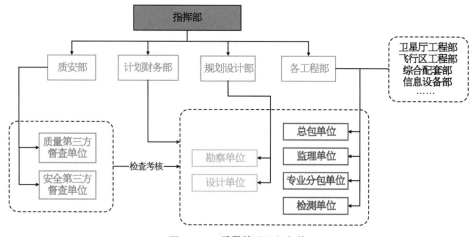

图 11 - 2　质量管理组织架构

上海机场建设综合管理

11.2.2　质量管理职责

1) 指挥部主要质量管理职责

(1) 负责项目实施,选定设计单位、工程监理单位、施工单施工管理单位等。

(2) 按合同规定的条款对有关单位在进度、投资、质量方面实施管理,完成机场工程的建设。

(3) 要在特殊资源——时间的制约中,用系统论的工作方式有效地对掌控的资源进行计划、组织、协调、使用和控制。

(4) 指挥部要督促、检查施工管理的落实,负责对确定的施工单位、监理单位进行质量监控管理;指挥部要会同航站区项目部组织审查监理项目部提交的监理大纲,也要参与对重大施工组织设计以及施工技术方案的审查,对施工中的难点、重点的施工方案应当组织专题研究并报审,并对技术方面的风险实施管理。

2) 质安部主要质量管理职责

(1) 负责项目质量监督管理工作,严格执行国家及地方有关法律、法规、方针政策和强制性条文标准,落实质量管理责任。

(2) 负责项目质量管理计划的编制,并监督检查计划的落实。

(3) 负责项目质量管理目标的分解,责任制与责任目标完成情况的考核工作。负责现场相应管理制度办法的编制工作。

(4) 参与专项施工方案的审核,参与并见证项目质量交底,监督检查交底落实情况。

(5) 负责现场质量专项教育培训工作,对分包单位内部开展的相关教育培训工作进行监控和指导。

(6) 监督施工过程材料的使用及检验结果,负责进货检验监督,过程试验监督,对检验批、分部、分项工程质量的预验进行审核,负责工程质量验收报验工作。

(7) 负责工程质量不合格的统计工作和质量月报工作,监督不合格品的处置。

(8) 定期、不定期进行质量检查,对环境污染源定期进行监测,发现问题及时提出整改要求,并监督验证整改落实情况。

（9）协助项目经理组织召开月、周质量安全例会,并组织落实有关会议决议,统一协调各分包单位及业主直接发包单位的安全管理工作,并监督检查落实情况。

（10）做好与业主、监理及地方政府主管部门的日常业务对接和协调沟通工作。

（11）委派第三方督察机构对工程进行检查考核,协调工程部和受检单位接受检查,并对检查结果进行整理分析出具报告,并按照量化后的检查打分结果对各工程进行评价考量。

3）工程部主要质量管理职责

（1）贯彻执行国家有关工程建设法律、法规及工程各项规章制度,认真熟悉图纸、施工规范、质量检验评定标准、工艺标准及操作规程。

（2）参与招标、投标和评标工作,负责施工现场"三通一平"。负责施工监督管理,协助施工单位解决有关问题,组织在建工程大检查和竣工验收工作。

（3）组织图纸会审,严把工程技术、质量关,联系并办理设计变更、材料代用等手续,组织主要建筑材料及设备的考察、选型。

（4）安排（督促）工程进度,负责（参加）隐蔽工程验收,审查施工单位报表并如实上报（本条括号内表示委托监理的状况）。

（5）负责办理施工现场变更签证工作。

（6）负责向机场运营方办理竣工工程移交手续。

（7）负责收发往来技术文件,审查工程技术资料,对工程资料进行整理、归档。

（8）做好与工程内部各部门间的配合工作,完成领导交办的其他工作。

4）设计部主要质量管理职责

（1）编制规划纲要,进行概念策划。

（2）负责扩初/施工图设计单位、勘察单位、市政设计单位的选择评估。编制概念/扩初/施工图设计任务书并组织相关部门评审或批准,提交设计单位。负责组织有关规划设计、建筑设计、环境设计、室内装修及装饰设计等设计工作方案评审、确定工作。与设计单位沟通联系监控设计单位的设计质量和进度做好施工配合。组织对初步/施工图设计进行评审对设计供方的设计质量、服务、时效等做出评估。组织施工图技术交底。参与一般材料设备的选型定板对供应商提交的材料进行封样移交工程部保存。配合营销部提供相关设计资料。审核一般设计变更确保满足目标成本的要求重大设计变更按权限须报总部评审组织所有设计变更的执行。

（3）负责推行限额设计方法确保职责范围内设计成本控制在目标成本范围内。根据设计评审的结论对超出目标成本的设计方案进行调整修正。

（4）探索新技术搜集各类资料。负责对前期、设计、施工等项目各阶段成果进行监督检查依照产品理念要求对各阶段进行设计验收和评价。

（5）负责工程竣工档案的整理和归档工作。

5）计划财务部主要质量管理职责

（1）认真执行国家和上级主管部门颁发的有关方针、政策、制度及规定，依据有关法规制定本部门的计财工作规章制度和管理办法。

（2）掌握主要经济技术指标及计划执行情况，对企业生产、经营活动实行统计监督，开展统计分析评价、预测等活动，并及时收集资料、追加投资和索赔。

（3）编制企业内部报表和对外发布统计信息，为本单位领导以及有关部门提供统计信息资料。

（4）会同有关业务部门建立健全原始记录、统计台账。保障工程二次预算分割的来源和对项目进行考核管理。

（5）严格执行施工企业成本管理办法的规定，成本费用进行事前预测、事中控制、事后分析，按照"实事求是"的原则，在规定的成本开支范围内归集分摊费用。

（6）依照各种法规，在项目部及上级主管部门的领导下办理各项会计业务，确保票据审核、填制凭证、账务处理、编制报表、成本核算，以及财务报告、计划的准确性。

（7）严格纪律，认真把关，为领导提供可靠数据，当好参谋，理好财源。

11.2.3 质量管理制度建设

1）质量管理制度办法

为提高浦东机场三期工程建设管理水平，规范质量管理行为，指挥部印发了《上海机场建设指挥部工程质量系列管理办法》，包括对施工总承包单位的质量管理、对监理的管理、对第三方质量督查管理、对工程质量检测的管理，具体如下：

（1）施工总承包单位质量管理。为加强对在建工程项目施工总承包单位质量管理、规范质量行为、落实质量责任、增强履约意识、健全奖罚机制、提高管理水平，指挥部印发了《上海机场建设指挥部工程项目施工质量考核办法（试行）》。对于施工总承包的质量管理考核主体为监理项目部、指挥部工程部门、指挥部质量安全管理部门，其中监理项目部每两个月对所监理项目进行质量考核检查，并报工程部门；指挥部工程部门对所管项目进行日常检查，形成记录，并结合监理项目部的质量考核检查情况及评分结果予以确认；指挥部质量安全管理部门根据《督查办法》，组织开展在建项目质量督查并评分。

指挥部质量安全管理部门每半年组织在建工程施工质量综合考核，并对考核单位实行一定的奖惩办法，并影响质量考核金的支付和返还。

（2）工程项目监理管理。为提高建设项目工程监理管理水平，规范指挥部所辖项目建设工程施工监理行为，指挥部印发了《上海机场建设指挥部工程项目监理管理办法（修订）》。明确了工程项目监理机构及管理要求、监理工作主要内容，并对监理工作进行质量考核。考核由指挥部质量安全管理部门和工程部门、第三方评测机构组成监理工作质量联合考核小组，并采取"每两个月定期考核、每半年质量督查、每半年综合汇总"相结合的方式进行，考核采用评分，并对相关单位按要求进行奖惩。

（3）工程项目质量督查。机场三期扩建工程包含项目多、参建单位多，为提高参建单位质量管理水平，指挥部首次引入质量督查第三方。同时，为进一步规范工程质量督查工作，提高督查的科学性，指挥部制定《上海机场建设指挥部工程项目质量督查办法（试行）》。

指挥部通过委托第三方督查机构，按计划覆盖全部在建工程，主要采用查看现场、查阅资料、询问核查、对单检查、随机抽检等方式进行督查，旨在全面掌握工程管理状况，突出参建各方质量保证体系运转、管理行为、工艺控制和实体工程的质量状况，加强指挥部对工程质量的督查管理，促进工程质量管理水平不断提升。

（4）工程质量检测管理。工程检测对控制工程质量有重要的作用，它能够有效控制工程的质量。为加强上海机场工程质量检测管理，指挥部制定了《上海机场建设指挥部工程质量检测管理办法（试行）》。

机场三期扩建工程的检测工作包括施工检测、监理平行检测、业主专项检测，本办法对管理部门、检测机构资质、现场试验室设置、取样及见证等做出详细规定。

2）验收管理制度办法

浦东机场三期扩建工程体系庞大、系统复杂、验收难度大，指挥部为保证工程质量，进一步加强上海机场工程建设项目的验收（包括强制性检测、专项验收、竣工验收）及竣工备案管理工作，制定了《建设工程验收及竣工备案管理办法》（修订）（以下简称"《管理办法》"）。

《管理办法》以法律法规、部门规章制度、行业标准等为依据，适用于指挥部所有工程建设项目的验收及竣工备案管理工作。对施工过程中的验收工作，包括分部核验、中间验收、隐蔽工程验收、阶段性验收进行明确规定；对强制性检测（包括消防、防雷、卫生、环保、民防、节能、室内环境、能效测评、防静电等）和专项验收（包括消防、卫生、环保、民防、交通、绿化等）的验收部门、管理部门进行明确规定；对工程竣工验收的前置条件、相关部门（单位）职责、验收程序、验收组织、验收人员、验收标准、具体要求、备案要求等进行详细阐述。

3）信息通报制度办法

对于像机场这种综合性大型项目，如何做好信息通报工作，也是一个重要方面。指挥部通过五个平台（例会、专刊、纪要、讲评、通报）对工程管理存在的问题、值得借鉴的工艺、工程控制情况、违规生产等方面进行告知，从而扩大工程管理效应，如检查出现的隐患，通过这些方式告知各单位，引起各单位重视，在今后生产活动中避免类似隐患。

11.3 质量管理手段

11.3.1 信息化管理

1）监测监控

港湾机坪采用水泥搅拌桩工艺的地基处理工程量约 51 万 m^2，在吸取其他类似工程项目的经验和教训基础上，将单轴水泥搅拌桩改为三轴水泥搅拌桩。在施工质量管理方面,会同监理单位在水泥搅拌桩的重要工艺参数监控上改进和增加管理手段,通过全过程信息化监控对水泥搅拌桩的重要工艺参数进行控制,来保证水泥搅拌桩的施工质量。改进和增加的监控措施如下:

（1）改进施工、监理水泥搅拌桩的质量控制流程,将施工、监理的质量控制流程进行融合;

（2）通过试桩,确定水泥搅拌桩的施工参数:如浆液比重,水灰比,单位水泥浆量,下钻和提升速度等;

（3）配备经校验的计量和监控设备,如比重计、压力计、流量计、视频和计算机等;

（4）桩机内安装流量计,对每根水泥搅拌桩的桩长、流速、单位体积和累计用浆量、下钻和提升速度进行数据监控;

（5）水泥浆液拌制后台采用全方位视频全过程监控每桶水泥浆液的水泥用量、水灰比等数值,并随机检测水泥浆液比重;

（6）同步做好水泥搅拌桩施工过程中的施工和检测记录,及时打印收集流量计参数记录、拷贝视频监控资料,核查资料的完整性、符合性和可追溯性;

（7）合理划分检验批,及时进行检测,避免可能出现的大面积水泥搅拌桩质量不合格现象;

（8）在水泥搅拌桩成桩检测方面,会同监理单位共同在平面图上随机选定检测桩位,由监理单位现场复核检测桩位,保证检测桩位的代表性。

通过以上改进和增加的质量管理手段,确保了港湾机坪全部水泥搅拌桩施工质量。

2）BIM技术应用

本工程作为上海超大型公共设施项目,受到多方关注。其特点如下:施工范围广,建筑面积大,施工单位众多,工序穿插作业复杂,平面布置及周边场地协调工作量大,工程工期紧张,节点工期要求高等。

针对本项目上述特点和难点,为提高管理水平和工作效率,故在项目管理中推行BIM技术,应用在工程进度控制、平面布置、工序交接与穿插、技术管理等多个方面,从而提升管理水平和管理效果。在卫星厅工程BIM技术应用如下。

（1）施工方案动态模拟及可视化交底。如在基坑施工通过BIM模型,在虚拟三维空间整合基坑结构相关的各种结构及设备信息,直观反映各类专业、各种工况的变化,为施工方案的优化和施工现场的监控提供可视化依据;同时通过动态化模拟,进行可视化交底。

（2）碰撞检查。通过BIM模型,检查外总体结构与建筑主体结构的相对定位关系,排除定位干涉问题;整合各建筑结构专业模型,全方位的检查结构干涉、工序流程等施工要素,确保专业结构深化的质量和现场施工的顺利推进。

（3）机电管线综合。基于BIM软件平台整合机电系统模型,优化阶段管线的空间排布和设备定位。输出施工深化图,满足现场施工需求;同时基于BIM软件平台对机电管线定位优化,满足现场施工需求。

（4）平面动态管控。本项目体量庞大,分多个施工区域,同时涉及多行业和多施工单位的协同管理,现场施工总平面会根据各个不同的施工阶段情况进行动态调整,利用 BIM 技术建立各阶段、工况的现场平面布置模型和调整时间节点,为现场平面管理提供直观、形象的依据。

(5)进度管控。对 3D 模型附加时间维度,模拟现实的建造过程,可视化工程进度计划,在虚拟的环境下发现施工过程中可能存在的问题和风险,并针对问题对模型和计划进行调整和修改,进而优化施工计划,强化现场的进度监控。

(6)成本管控。使用 Revit 辅助进行现场工程量的提取统计,对设计变更引起的工程量快速提取,成本变化尽在掌控、方便快捷。

(7)协同办公及数据共享。简洁项目成员管理,可通过手机、邮箱、账号的方式进行项目成员邀请,还可以手动添加项目组成员。同时灵活地设置权限,对项目目录调整、文件创建、浏览、删除、下载等进行权限设置。项目各参与方上传文件到项目空间,实现项目数据的集中化管理,同时平台会自动记录文件所有的历史版本,方便数据共享,各参与方及时更新版本,实现高效协同办公。

11.3.2 施工新技术应用

随着科学技术的不断发展,建筑施工技术也得到了不断提升,由原来单一的技术发展成多元化的施工技术,已经达到了一个比较成熟的水平。尤其是近年来新的施工技术、新工艺、新设备不断涌现出来,使多年前存在的难题都迎刃而解,破除了很多限制技术发展方面的瓶颈。新的施工技术不断引导和推广,大大改变过去施工效率低下的现象,使施工效率达到了新的高度:一是新的施工技术使施工成本大大降低,增加了单位时间能够完成的工作量;二是工程施工的质量安全大大提升,将施工风险降低到更低的程度。

指挥部特别重视新技术的应用,在工程建设过程中大力提倡新技术、鼓励采用新技术、鼓励技术创新,如机坪混凝土面层滑模技术、微顶管技术、清水混凝土及监理公司推广现场执法记录仪辅助应用。

(1)滑模施工。与传统摊铺工艺相比优点在于:① 易于操作,滑模摊铺工艺摊铺、挤压成型、搓平和抹面一次性完成,机器不间断施工,劳动力节省一半。② 摊铺速度,传统摊铺效率低,摊铺量少,自动化摊铺工艺效率提高 300%,摊铺量也大大提高。③ 摊铺质量,传统摊铺质量与工人技术水平和责任有决定性关系,滑模摊铺质量稳定、道面成活密实、提浆饱满均匀、平整度好,同时振捣均匀,有效降低水灰比和坍落度。④ 大大节省了施工成本。

(2)微顶管施工。与常规开挖、传统泥水平衡顶管工艺相比有以下特点:① 施工难度。管线保护难度小,施工可操作性强,但顶进过程中可控性较低。② 工期。不需要围护,摇井、封底 4 d 左右(50 m 为例),顶进效率较泥水平衡顶管提高了约 500%(50 m 为例)。③ 施工质量及环境影响。对周边既有管线影响较小,产生污染物较少,对环境影响较小,但地下遇障碍物处置机动性较差,须对障碍物进行排查。④ 施工成本。稍高于开挖埋管,但低于泥水平衡顶管。⑤ 对管径有要求,不大于 DN600。

根据现场管理情况的需要,北京中企建发监理公司监理部在浦东机场工程管理领域创新使用执法记录仪辅助现场管理，工作过程中在取得了较好的管理成效，随后指挥部在三期建设各参建单位中鼓励推广使用，以提高现场旁站和隐蔽验收的监理效果。

11.3.3 关键岗位人员实名管理

"质量管理，以人为本"，只有不断提高人的质量，才能不断提高活动或过程质量、产品质量、组织质量、体系质量及其组合的实体质量，这就是人本原理。各个行业在人员管理方面采取不同的方法、手段。而在三期扩建工程建设中，面对如此多的参建者，如何做好人员管理是一项艰巨的任务，指挥部创新地采用关键岗位人员实名管理来控制工程质量。

所涉及关键岗位人员包括：取样员、见证员、机管员、焊工、项目经理、项目技术负责人、安全总监等，对上述人员建立实名制管理，每月发出实名制人员行为黑白名单。对项目经理、项目技术负责人、安全总监等主要管理人员由监理进行考核，每月通过例会、管理群进行情况通报，敦促其履行岗位职责。如对取样员、见证员建立不良信息名单，根据不良信息情况进行处置：首次进行预警、第二次进行通报、第三次则列入黑名单，不允许在机场工程从事本工作。

11.3.4 质量通病专项治理

为有效防范质量事故发生、全面提高参建单位质量意识、深入推进创建质量管理标准化工作、不断创建优质工程、创新质量管理思路、全面提高机场项目质量管理水平，指挥部坚持预防为主、全员参与，开展质量通病专项治理活动，通过专项治理活动提高工程建设质量。

如钢筋机械连接专项治理，通过对比分析发现直接滚轧套管连接具有应用范围广、施工效率高、操作简便、适应性强、经济、质量稳定等优点，但其接头施工及安装中质量控制具有多、杂、繁等特点。接头控制加工质量控制主要从原材控制、钢筋端头、丝头长度、丝头精度方面控制。现场安装方面，滚轧直螺纹接头须先进行工艺试验，套管连接送检合格后才能现场施工。另外，工人上岗前须进行技术交底，机械连接操作工人应经专业培训合格后上岗，人员要稳定并配专职质检员；滚轧直螺纹机应由合格证书，并派专人进行维护保养。

为贯彻落实《国务院办公厅关于西安地铁"问题电缆"事件调查处理情况及教训的通报》（国办法〔2017〕56号）精神，根据市交通委、民航华东空管局《关于开展民航专业工程线缆产品专项排查工作的通知》（华东局发明电〔2017〕2287号）等文件要求，加强工程线缆产品及安装质量管理，指挥部组织开展了专项排查。重点排查到货线缆材料相关信息、现场验收情况和产品检验检测情况。经项目自检和指挥部抽查，指挥部在建工程目前已进场施工的线缆产品生产厂商资质符合要求，产品质量证明文件齐全，进场材料执行验收程序，复试频率符合要求，质量均为合格，未发现不合格材料。

另外，指挥部还开展混凝土标养室专项治理活动，并对有关质量通病进行质量案例汇编，以达到控制质量通病的目的。

11.3.5　工地试验室管理

工地试验室是为控制工程质量而临时组建的,承担着控制工程质量的重要任务,反映大量工程质量的数据都可以追溯到工地试验室。为了确保工程质量能够满足设计、规范和合同要求,促进工程顺利进行,及时对施工中所使用的各种原材料、半成品、成品做出质量分析和鉴定,为工程施工提供可行依据和正确参数,杜绝不合格原材料、半成品、成品投入工程使用,同时参与本工程质量检查,工程质量事故的调查分析,工程验收,编写项目技术总结及本项目的新工艺、新技术、新材料的推广等重要工作。

为了加强工地试验室管理,指挥部主要从计量认证管理、检测工作质量督查、检测能力维持等以下方面入手:

(1)规范计量认证管理,全面提高检测能力与管理水平。通过计量认证管理,对试验室从事检测能力的评价和承认,随着质量管理体系的推进和运行,逐步增强全员的质量意识与管理意识,明确各项管理职责和工作程序,明确不符合工作的控制要求,促进试验室全方位的规范管理。机场范围内两个工地试验室全部通过计量认证,这在工地试验室管理中尚属首次。

(2)检测工作质量督查,提升工作质量水平。指挥部通过定期的质量督查,及时发现试验室存在的管理行为、操作行为等问题,并开具整改通知,要求试验室举一反三地加强整改工作,从而提升试验室工作的质量水平。

(3)开展试验比对活动,维持试验室检测能力。试验室检测人员有了满足当前产品检测、检测数据质量监控的能力,只能算是有了基本功,如何长期保持并提升、扩展这种能力,是试验室能否升华为持续生产力的重要问题。三期建设过程中,指挥部开展了水泥、钢筋试验比对,有效提升了试验室整体人员队伍技术能力和设备能力的保持,调动和培养了稳定的骨干技术人员,带动试验室人员队伍保持一定的技术能力方面的稳定性。

11.3.6　材料管理

1)拌合场材料管理

民用机场场道工程道面水泥混凝土采用自拌干硬性混凝土,涉及的砂、碎石、水泥原材料质量要求高,原材料的各项物理、化学技术指标都必须满足施工技术规范要求,特别在《民用机场水泥混凝土面层施工技术规范》(MH 5006—2015)施行后,对碎石的含泥量、压碎指标值又提高了标准。港湾机坪的水泥道面混凝土面层工程量大,需要的砂、碎石、水泥数量多,而市场上能够符合各项技术指标和满足供应数量的原材料的产地又较少,同时面临国家环保政策的影响,砂、碎石的个别物理指标又存在不合格现象,需要进场后二次进行处理,才能满足技术规范要求。针对以上情况,为了保证港湾机坪水泥道面混凝土原材料的质量,指挥部和监理单位制定了如下管控措施:

(1)结合以前拌合站管理经验,制定了一些标准化的规定,包括道路、料场的硬化,排水系统、分隔仓的设置、材料标志、已检和待检区的设置、环保设施等。

（2）组织施工、监理、检测单位对备选各料源地和厂家进行实地考察、检测，选择符合技术规范、质量稳定、供应量充足的供应商。

（3）要求施工单位拌合站配备砂的筛分和碎石冲洗设备，对含有较大粒径的砂进行筛除，对含泥量较大的碎石进行冲洗。

（4）施工、监理单位制定各项原材料检测计划，设置专职材料工程师，统计好每次进场材料的数量和累计数量，及时对进场材料进行检测，做好台账记录。取样员和见证员定期核查原材料的进场数量、检测频率、检测数量，核对与施工技术规范、材料检测计划的相符性。

（5）制定原材料的日常检查和飞行检查制度，对检查出可能有问题的原材及时进行抽检，保证每批原材料的质量。

2）重要材料抽检

随着上海机场建设的发展，使得其对工程质量要求越来越高，材料的质量是工程质量的基础，对于浦东机场三期扩建工程而言，材料来源广、种类多，因此，指挥部要加大材料的管控力度。开展材料抽检工作是十分有必要的，工程材料的抽检工作对保障质量和安全有着非常重要的作用，是工程中必不可少的一环。

指挥部在开展飞行抽检工作时，加强对工程中重点结构和部位的材料检测。指挥部抽检了大宗道面、钢筋原材及机械连接、电线电缆、铝单板、玻璃棉、防水卷材等材料，确保工程质量。

11.3.7 检测数据统计分析

工程检测数据管理工作力求及时掌握工程材料的使用和实体质量的数据，动态跟踪各检测大类，定量和定性地评价工程质量，提出针对性的提示和预警，作为指挥部进行工程质量管理的量化依据之一，促进参建各方对材料和实体质量的管理水平，保持高水准的工程品质。

11.3.7.1 检测数据管理工作机制

1）管理目标

有助于建设单位及时掌握和发布检测数量、不合格情况，跟踪不合格处置情况，通过数据分析对当前或某一阶段施工或管理问题提出预警，加强检测相关见证工作的严肃性，提高建设工程质量管理标准的统一性，加强施工、监理单位对建材供应商的管理和实体质量的建设水平。

2）工作组织

检测数据管理工作由指挥部质安部组织，第三方质量管理咨询机构对接 12 家在建工程的检测机构和上海市建设工程检测信息管理系统，对每月检测工作量进行复核。

每月由各检测单位提交各标段相关的施工检测和平行检测检测数据，第三方机构编制检测数据统计分析报告，复核检测量、不合格处置情况和见证送样信息核对情况，对相关工作内容做出提示。

3）检测数据统计分析报告设计

检测数据统计分析报告关注统计期内检测合格率、不合格处置、取样和见证人员的行为是否合规等重点指标，建立了合格率等级、建材供应商黑名单、取样和见证人员黑名单等具体评价标准和相关处理措施的管理制度。

（1）合格率的评价等级。合格率按照标段、专业类别两大划分形式，分别对施工检测和平行检测进行统计分项统计，汇总统计总体合格率，并用颜色在报告中标出。

总体良好：总体合格率＞97％（绿色）；

总体受控：95％≤合格率＜97％（蓝色）；

绝大部分受控：90％≤总体合格率＜95％（黄色）；

出现部分偏差：总体合格率＜90％（红色）。

（2）不合格原材料、成品、半成品处置。将项目各标段作为整体，针对出现的不合格次数，做出以下规定：同一厂家同类产品年度内出现1次不合格，预警；出现2次不合格或监理平行检测1次不合格，指挥部通报；出现3次及以上或监理平行检测2次不合格的，列入不良信用黑名单，指挥部工程范围内不得采购使用该企业产品。

（3）取样、见证人员处理。针对取样和见证人员在工作中出现的不合规行为，做出以下规定：在见证取样、见证送样和现场试验见证过程中，取样、见证人员未按照国家、行业及本市相关规范要求执行，存在行为缺失的，第一次发现，预警；第二次发现，通报；第三次发现，记入人员不良信用黑名单，不得在指挥部工程中担任取样员和见证员岗位。

（4）有关单位处置。对于在数据分析和不合格报告处置中发现管理缺陷的相关单位，采取预警、通报、约谈和根据合同约定暂缓检测费用、相关工程费支付等处置措施。

4）成果形式

主要包括指挥部工程检测数据统计分析报告（月报）和指挥部工程检测工作报告（半年报）。

11.3.7.2　检测数据统计分析情况

1）统计期内总体检测合格率情况

自2016年8月开展检测数据统计工作开始，至2019年1月，浦东机场三期合计检测量162 369个。检测点数最多的是2016年10月的12 277个，最少为2018年2月的1 309个。

浦东三期扩建工程总体检测合格率由2016年的92.04％上升至2018年的99.83％，呈稳步上升趋势。30个统计期的总体平均合格率达到99.17％，其中3个统计期的合格率达到100％。

通过检测数据管理，参建单位对建材、实体的施工管理水平有显著提高并保持稳定，各参建单位对工程质量检测数据，特别是不合格数据的处置有了足够的重视，在材料进场验收、不合格跟踪、工艺执行等方面有了长足的进步，如图11-3、图11-4所示。

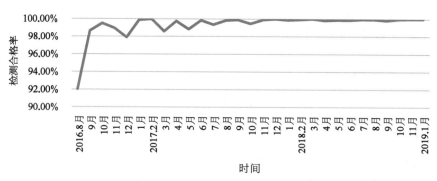

图 11-3　浦东机场三期检测合格率趋势图

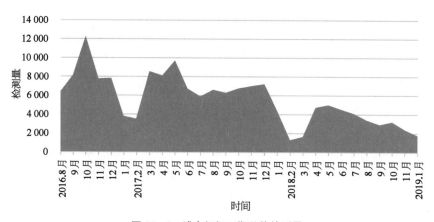

图 11-4　浦东机场三期总体检测量

2) 不合格及不良行为的跟踪处理

在 30 个统计期内,共记录到 33 家供应商的产品被检测出不合格,共发布预警 26 个、通报 8 个、5 家单位被列入供材黑名单,不得在浦东机场三期项目范围内使用,对机场建设项目范围内的供材管理起到了强有力的警示作用,确保所有供材不合格得到合规和妥善处理,促进项目整体的供材质量、建设质量保证在高水准,如图 11-5 所示。

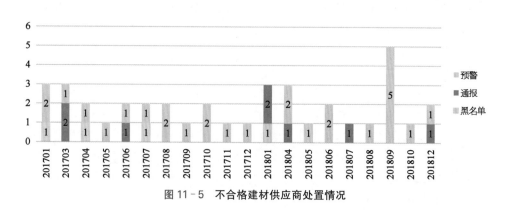

图 11-5　不合格建材供应商处置情况

3）见证取样管理

针对见证取样工作的随意性、不规范性，指挥部实施施工取样员、监理见证员实名制管理和见证取样工作要求，规定了现场取样见证、送样见证和检测单位在收样阶段对见证人员的信息核实工作。此举大大规范了取样员、见证员在工作中的规范性，确保检测样品、检测点位的真实性和代表性。对发现的因取样见证行为缺失造成的不合格情况，加大了对相关人员的处罚。

实施过程中检查出包括委托无取样资质人员、现场见证人员与实名制不符、现场未见见证人员签字等问题，共记录到9家单位的10位检测相关工作人员有不合规行为（其中2位取样员、8位见证员），发布预警6位、通报3位、黑名单1位，有效地督促相关取样员和见证员对检测相关工作的重视。

11.3.7.3 检测数据管理工作的作用

1）建立"黑名单"制度，严控不合格供材厂家

根据质安部制定的"不合格原材料、成品、半成品处置"规定，凡达到相应不合格次数的供材厂家，都会被记录及保留在月度检测统计报告中，进行通报、预警。如达到"黑名单"标准，则提示在指挥部范围内的所有建材使用单位，禁用该厂家的产品；有的成品材料在进场施工检测中一次不合格，加倍检测依然不合格，虽然未达被记录在"黑名单"上的标准，但通过预警/通报，承包单位也更换了厂家，并且其他标段也不再使用，同样达到了管理效果。因此，不合格供货商信息得以及时在指挥部范围内信息共享，提高了检测数据的管理作用，极大减少在项目范围中使用产品品质不稳定的建材供应商的概率，从材料入场开始就严格把控。

2）重点事项全场提示，提高主动控制效果

检测统计报告中会提供每期出现不合格分别有何因素，也会回顾近期多次出现的某种不合格类型，针对单期同类出现不止一个不合格以及近期多次出现的同类不合格，着重做出相关工作提示，强调相关控制重点和责任，督促各标段重视在其他标段已出现的问题，及时加强自身管理水平，提高一次检测合格率，着力避免加固、返工造成的工期延误和相关损失。

3）多渠道交叉复核，加强检测量管理

除了通过各检测单位提供的施工及监理平行检测的检测量外，指挥部也会登录上海市建设工程检测信息管理系统复核相关上平台的标段检测数据，为质安部掌握现场施工和监理平行检测量是否按照规范标准和合约规定提供了依据。将施工和监理平行检测量相互印证，可有效督促施工单位、监理单位按照既定检测计划开展工作。

11.3.8 质量专项活动

1）试验能力比对

为提高试验检测工作规范性、技术操作能力和管理水平，2018年9月6日指挥部组织三期工程两家现场试验室开展试验比对活动。比对试验包括热轧带肋钢筋（ϕ14）和水泥（P.O42.5）两种常规材料，共设抗拉强度、断后伸长率、下屈服

强度、标准稠度用水量、比表面积、凝结时间、强度7个参数。这是机场指挥部首次采用试验比对方式开展现场试验室管理,通过比对试验,检验了两家试验室在人员、操作、设备、环境、报告等环节的规范性,查找出平时不注意的陋习问题,加强了机构人员间的交流学习,对提高试验理论和实操水平、维持试验能力起到促进作用。

2) 技术比武

为提升浦东机场三期扩建工程建设施工质量,确保安全质量,践行习总书记提出的"精品工程、样板工程、平安工程、廉洁工程"讲话精神,指挥部开展一系列的竞赛活动:基坑工程质量竞赛、钢筋连接技术比武、道面混凝土拉毛技术比武、道面混凝土施工质量比武、卫星厅装修质量竞赛。

基坑工程质量竞赛是指挥部在2017年9月结合地下结构工程质量督查工作,开展的一次技术比武,聘请有关专家对现场地下结构的施工是否符合设计、规范及施工方案的要求,对施工好的地方和不足之处进行总结,通过对各个施工单位的技术比武,提升现场施工质量。

钢筋连接技术比武是为浦东机场三期扩建工程结构工程开展的一次技术比武,主要对机械连接和钢筋单面搭接焊进行评分。机械连接又分为钢筋端部切平、钢筋丝头长度、钢筋丝头精度、安装接头、接头试验、操作时间;钢筋单面搭接焊分为焊缝长度、焊缝厚度、焊缝宽度、外观质量、接头试验、操作时间。对各个项目进行评分,最后进行汇总排名。

道面混凝土施工质量比武比赛项目为港湾机坪道面混凝土施工,以道面施工相关安全技术规范要求、道面施工质量检验标准、时间效率为依据,对施工规范化程度、现场组织协调能力、道面成品质量(平整度、表面平均纹理深度、高程、纵横缝直线性、宽度、厚度)、安全文明施工、工序质量验收合格率、团结协作等内容进行评判。

卫星厅装修质量竞赛主要对吊顶和墙面进行检查。吊顶检查五个方面:吊顶与安装风口、灯具等协调性;龙骨按图设置,距离、位置合规性;吊杆及反支撑设置、间距、部位合规性;吊杆、反支撑、龙骨等原材料合规性;在吊顶面板封板前隐蔽验收及时性。墙面检查六个方面:墙面锚栓检测及时性及位置合规性;龙骨与埋件焊接质量及防腐处理质量;石材与挂件连接质量;石材间隙、色差外观质量;隐蔽工程报审的及时性;原材料报审的及时性。

通过技术比武活动,进一步提高浦东机场三期扩建工程项目建设的施工质量和管理水平,营造了"比学赶超"的氛围,树立工程建设的精品意识,努力打造优质工程、精品工程,积极开展立功竞赛技术比武活动,充分调动各参建单位的工作积极性,确保优质、高效、安全地完成建设任务。

3) 质量观摩

为进一步推动三期工程质量管理,营造提品质、创精品的建设氛围,促进工程质量标准化、信息化、精细化管理水平,指挥部组织开展了机坪工程道面混凝土滑模施工技术现场观摩活动、卫星厅安装工程质量观摩、能源中心安装工程质量观摩。

机坪工程道面混凝土滑模施工技术现场观摩活动,由指挥部组织,交通运输部科学研究院、市公路学会、民航华东管理局机场处、民航华东质监站等单位专家应邀参加,观摩了混凝土滑模施工技术应用情况,听取了上海宝冶项目部滑模摊铺施工情况,以及与现有人工摊铺施工技术在平整度、纹理深度、抗折强度、施工人员数量等相关要素的比较分析。本次活动展示了浦东机场三期机坪工程在新技术、新设备、新工艺方面的应用,为民航机坪、场道工程滑模施工技术积累经验,提升施工工艺水平。

能源中心项目自 2016 年 12 月 15 日开工,该工程全面推广使用 BIM 技术,并贯穿于整个施工周期,开工前建立与现场一致的建筑模型信息库,通过 BIM 进行图纸会审、管线深化设计、综合布线、预制加工等,提前解决了施工过程中可能存在的问题,确保工程高效开展,达到管线布设合理美观。自动焊接技术克服了手工焊焊工人为因素的影响,推动了现场焊接的工艺规范及准确的参数实施,确保了储罐的焊接质量,提升了施工单位的技术能力,焊接技术达到国际先进水平。本次观摩会,通过经验交流、现场参观、相互交流等系列活动,牢固树立"百年大计、安全第一、质量至上"的理念,对进一步提高工程施工质量、提高指挥部工程质量管理水平具有重要意义;同时,强化了精品工程意识,弘扬了工匠精神,充分发挥了精品工程的引领示范作用。

11.3.9 发布不良行为名单

对于浦东机场三期扩建工程这样大型综合项目的建设管理难度大、要求高,指挥部通过抓关键、抓组织来落实,如采用诚信管理。指挥部逐步建立完善关键岗位人员、产品生产商、取样员、见证员、机管员、焊工、分包单位(作业队)黑名单,评价结果与招投标结合,必要时上报建设主管部门,加大管理力度。指挥部在每期的质量安全专刊中展示不合格厂商、检测人员不良信息、焊工不良信息等,同时给予相应的处置措施。2017 年以来,发布不合格产品生产商 39 家,5 家列入了指挥部黑名单;发布岗位人员不良信息 11 人次,1 名见证员列入黑名单;对 2 家施工企业给予诚信评价扣分,1 家监理企业暂缓机场项目投标资格。

11.4 第三方质量督查

浦东机场第三方质量督查服务根据各项目进展情况,对各参建单位质量管理行为、质量保证体系和工程实体质量开展检查,重点关注体系建立及运转、管理行为规范性、工程实体质量、重要工艺和主要节点质量管控情况。以下主要介绍督查工作目的、机制以及第三方质量督查的主要成效。

11.4.1 督查工作目的、机制

11.4.1.1 督查目的

指挥部承担了虹桥机场和浦东机场两场的建设任务。目前在建项目 20 余个,包括已有航站楼的改造、新建航站楼工程、场道工程、场区排水工程等项目,项

目类型多、参建单位多、项目体量巨大、质量要求高,对指挥部的质量管理带来说是一项挑战。

2015 年指挥部成立质安部,负责指挥部的质量安全职能管理工作。鉴于当前质量管理形势复杂、任务重,质安部引入第三方质量督查单位的力量,协助其对项目群质量管控,督促各项目质量管理体系有效运行。

第三方质量督查主要目的是梳理现有质量管理关系,协助指挥部总体把握工程建设动向和正面引导参建单位,重点解决系统性、区域性、全局性、质量通病等共性问题,提前预警、补漏洞、鼓励精细管理、工艺创新,形成督查、协同、项目群集管理。

1)正面引导、推优、鼓励创新

推优、树样板、抓典型、鼓励创新、正面引导、搭平台,形成项目间相互学习借鉴、争创优良的新局面。

2)提前预警防患于未然

客观地评价项目质量和预先发现管理漏洞,并把检查结果及预警充分应用到项目群或同类项目质量管理中,防患于未然。

3)解决区域性、全局性、质量通病等共性问题

第三方质量督查的力量增强指挥部项目群管理和项目之间横向引导,重点解决区域性、全局性、质量通病等共性问题。

11.4.1.2 督查机制

1)督查范围

指挥部所属的工程建设项目及各项目的参建单位,包括施工单位、监理单位、设计单位及检测单位的质量行为和实体质量。督查内容以工程各参建单位质量行为、质量保证体系运转情况、监理工作情况、工程实体质量检测数据情况和关键节点质量控制情况等为重点。

2)督查原则

(1)实事求是。督查工作必须全面、准确、客观地反映督查项目的实际情况。

(2)突出重点。督查工作既要全面反映实际情况,更要突出重点。针对机场建设项目的特点、难点、重点及指挥部管理需求设置重点督查。

(3)注重实效。督查结果要件件有落实、事事有回音,只督查不真正落实整改,效果将大打折扣。

(4)奖惩并举。奖惩分明,形成管理压力,激励参建单位持续改进,充分发挥先进引领和滞后警醒效应。

3)督查程序

(1)确定督查项目。根据指挥部在建项目情况和指挥部管理需要等,确定督查项目。

(2)制定督查方案。项目确定后,制定督查方案,报指挥部审批,实施督查方案。检查内容、人员组织、时间安排、要求等。

(3)组织督查活动。根据督查方案,开展督查活动。

（4）通报督查结果。每次督查活动结束都要发《督查问题清单通报》，相关责任单位要找出问题根源，剖析原因，责令整改，限期完成。

4）督查频率

半年期内实现项目全覆盖。

11.4.1.3 督查模式

通过督查，引导督促项目质量管理体系有效运行。从项目质量和参建单位纵横两个维度评价，采用定量和定性结合的评价方法。同时督查框架体系具有模块化、可扩充、可调整等特点。

1）体系

（1）纵向：项目质量。项目质量由质量行为和实体质量构成。质量行为包括施工单位质量行为、监理单位质量行为、检测单位质量行为。实体质量包括基坑工程、混凝土工程、防水工程、桩基工程等。

（2）横向：各参建单位。由自身的质量行为、其他单位质量行为及实体质量构成，如图 11-6 所示。

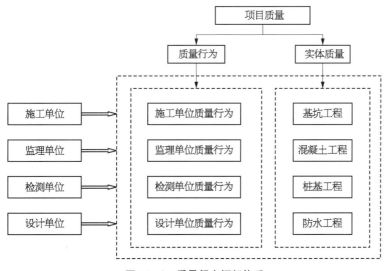

图 11-6　质量督查框架体系

2）判定标准

定性地分为优、良、中、差四档。

优：为 100% 的标准分值，做得均好。

良：为 85% 的标准分值，做得绝大部分好，只有个别不好。

中：为 70% 的标准分值，做得大部分好，有部分不好。

差：为 50% 的标准分值，做得大部分不好。

由专家根据检查情况进行档次判定，汇总后定量化评价项目质量和参建单位质量管理情况。

3）预警设定

（1）得分低于 85 分，预警提示。

（2）得分低于 70 分，整改通知。

（3）涉及重大质量安全隐患或严重影响使用功能的检查项目得分低于 70 分，停工整改。

11.4.2　督查工作成效

1）2016 年督查试点情况及成效

2016 年，针对虹桥机场 T1 交通中心工程、浦东机场三期扩建工程卫星厅及捷运车站工程、浦东机场第五跑道二阶段飞行区工程开展了第三方督查试点。

本次试点工作旨在摸索指挥部质量检查考核制度建立。督查客观评价了项目质量，发现了管理缺陷和实体质量问题，为指挥部质量管理提供了技术支撑。3 个试点项目总体评价良，大部分参建单位质量管理组织体系建立健全，项目管理机构及人员设置符合合同约定，质量管理体系运行总体正常有序，工程实体质量总体受控。通过试点，督查办法的可行性得到验证，部分细节问题得到修正，达到了试点目的。

2）2017 年督查情况及成效

2017 年，第三方督查组对目前机场在建项目进行了全年度的两次全覆盖检查。受检项目 17 个（标段 33 个），组织专家 167 人次。专项工程检查次数共 44 次，其中基坑工程 9 次、桩基工程 3 次、地基处理 4 次、主体结构工程 10 次（混凝土结构 9 次、砌体 1 次）、盾构工程 2 次、防水工程 2 次、道路工程 2 次、顶管工程 1 次、钢结构工程 4 次、安装工程 2 次、桥梁工程 2 次、道面工程 2 次、护岸工程 1 次。

检查过程中发现好的方面主要有：主体混凝土结构线形顺畅，外观质量较好，钢筋绑扎整齐；钢结构焊缝饱满；管线横平竖直，风管、吊架整齐美观，风管内加固可靠；检测计划、方案、制度、台账齐全；设计单位日志记录详细、齐全。发现的问题主要有：主体结构有细部裂缝、渗水现象；结构钢筋锈蚀情况普遍；部分项目经理和项目技术负责人未到岗履职，部分项目经理参与关键工作比率偏低；部分施工组织、施工方案指导性滞后，针对性不强；施工日志、监理日记普遍记录过于简单、内容填写不齐全，无法反映现场施工情况。

2017 年质量督查工作完成质量督查报告 30 份；完成月度质量工作汇报 8 份；开具整改单 30 份；预警项目 4 次，预警施工单位 4 次，监理单位 5 次，检测单位 1 次。

3）2018 年督查情况及成效

2018 年对指挥部在建的 30 个项目进行了一次全覆盖质量督查工作，涉及参建施工单位 21 家、监理单位 9 家、检测单位 12 家、设计单位 8 家。

总体来看，30 个项目质量整体受控。绝大部分项目工程质量保证体系在项目实施过程中运作正常，实际实施与设计图纸和施工组织设计方案的要求符合，施工过程中监理单位质量管理到位,项目实施过程中材料检查、检测控制严格,设计单位对项目现场提供有效服务。对四个项目进行预警提示,在质量保证体系运营、关键节点质量控制和参建单位质量行为等方面有待改进和提升。

各项目通过第三方质量督查在质量管理行为上得到了进一步规范与重视,如卫星厅工程材料严格按照规格书内各项指标一一进行检测;各项目主要管理人员每日考核制度得到完善;施工单位及监理单位对于每日现场施工的记录与之前相比也更加规范、详细,具备可追溯性;对各项目提出材料综合台账的要求等。

在现场实体质量方面,通过每次的第三方质量督查检查出的问题以及整改闭环,有效地避免了一些工程质量通病重复出现,以及一些违反强规的质量问题第一时间得到整改,如弱电间门未使用规范要求的防火门、钢结构拼缝宽度大于规范要求等。同时,每次的第三方质量督查会针对每个工程的特点提出一些合理性的建议,防患于未然,如大面积正置式屋面设计图纸未采取任何屋面排气措施,建议施工单位即时联系设计单位增设相关排气措施;女儿墙长度较长,且中间未留缝,今后极容易发生女儿墙墙体开裂现象,产生渗水隐患,建议及时与设计方沟通采取必要措施等。

11.5 旅客捷运系统质量管理

旅客捷运系统作为浦东机场三期工程中的重要部分,是我国首个机场空侧旅客捷运系统,工程质量管理标准、质量管理手段、质量验收方式均和现有城市轨道交通项目有所不同,是为浦东机场量身定制的专有系统。本节根据机场捷运系统的铺轨、供电、通信、信号、接触轨/网和车辆维修基地工程的专业特点,对工程质量和通车验收方面的管理做一梳理,为以后同类工程积累相关经验。

11.5.1 建设目标

在本工程项目建设期间必须按国家及上海市有关法律、法规的规定对本工程项目进行管理,实现本工程施工进度、质量、投资控制、安全文明施工和廉政建设等目标。

1)进度目标

严格控制工程的工期,确保所有委托管理工程项目满足三期工程总体要求。有效实施工程管理,合理安排工期,合理调整工程的施工总体流程安排。

2)质量目标

在符合国家施工质量验收标准的前提下,保证本工程一次性验收合格。施工过程中若发现工程质量不合格,不符合设计标准或达不到设计要求的,要求施工单位停工或返工,并不顺延工期。

3)文明施工、环境保护目标

确保整个项目在施工周期内符合上海市文明工地相关要求。

遵守国家和工程所在地有关法规、规范、规程和标准的规定,履行文明施工义务,确保文明施工专项费用专款专用。

11.5.2　信号系统工程质量管理

1) 质量管理目标

根据 ISO 9001 标准和质量手册中的要求,对浦东机场捷运线信号系统项目中的各个环节如应用设计开发、产品制造与测试检验、采购与供应商管理、包装与运输、设备安装、现场调测(含配合其他系统调试等)、验收等过程进行质量保证,同时制定了项目质量管理计划。

本项目开展质量活动的目标包括以下几点:定义并执行有效和高效的流程体系以满足项目各阶段时间目标;及时发现问题、提供可行建议并进行跟踪直至解决,将影响降到最低;按照合同时间,保质保量实现产品交付。

2) 质量管理措施

(1) 来料质量控制。

① 质量工程师负责到货材料的质量检验,防止不合格品流入和使用。

② 质量工程师负责组织和协调现场货物的开箱检验工作、清点发货数量、检验产品外观、检查发货记录和质量记录。

(2) 采购与供应商的质量管理。

① 质量工程师配合采购团队,按照流程要求对供应商进行质量和环境管理体系的评估与审核。

② 合格供应商将被记录在采购团队的合格供应商清单中。

③ 每年对供应商进行绩效评估。

④ 质量工程师负责生产控制与发货检验,对产品外观、生产关键过程、工厂测试、包装等进行检验,确保产品满足出厂条件。

(3) 首件定标。为预防出现批量性的不合格,对首次生产或安装的产品,进行首件定标。

① 由安装/生产单位按照安装图纸和技术文档进行试安装。

② 全体参与首件定标的人员均可提出意见或建议。

③ 所有问题和技术细节须最终得到确认和解决,首件定标通过后方可进行批量安装/生产。

(4) 质量审核。质量审核作为质量工程师的日常工作之一,自始至终贯穿于项目的所有环节,主要包括:

① 设计文件审核。对项目设计文档以及过程记录进行评审、变更审核。

② 现场巡检。在项目执行过程中,质量工程师将安排现场巡检活动对安装环境、安装质量、质量记录、现场配置管理等进行检查。

③ 测试见证。质量工程师对现场测试活动进行抽样见证,确保现场调测工作按照现场工作流程和相应测试流程开展。

④ 测试报告审核。现场测试报告提交后,须通过技术审核、质量审核,安全子系统还需安全审核。质量工程师将对测试报告填写的完整性、正确性和合规性进行审核,并做好相应记录。

（5）问题的跟踪和解决。项目执行过程中发现的任何问题或隐患，将以问题报告的形式记录在系统中，与产品有关的将形成系统变更报告，对问题进行提交和跟踪。质量工程师负责跟踪报告的状态，对有重要影响或者严重超期悬而未决的问题进行提醒。

（6）质量培训。质量团队每年组织培训以提高员工的质量意识。这些培训主要包括：

① 所有员工在入职后均参加质量意识培训，确保员工有基本的质量知识水平；

② 根据业务需要，对常用流程进行流程培训；

③ 对工程项目人员进行工程项目质量培训，确保员工在项目中具备相应的质量知识。

（7）售后和客户满意。

① 质量保证期内工程团队将提供完整的维护服务支持，保证系统的正常运营和运营安全；质保期后也将根据其他相关合约提供售后维护支持服务。

② 质量团队每年组织顾客满意度调查，对所有客户意见进行回复并提供改进措施。

11.5.3　轨道、四电系统工程质量管理

11.5.3.1　主要技术措施

1）轨道工程

（1）采用 CPIII 控制网及轨道精调技术。为达到较好的旅客乘坐舒适度及车辆与站台之间界限的优化，引用高铁 CPⅢ 控制网测量技术和轨道精调技术，利用 CPⅢ 轨道控制网，将轨道几何状态测量仪推动到待检测部位，由计算机专业软件计算当前轨道位置与设计位置的偏差，并将偏差量进行实时显示，指导进行轨排平面、高程、超高的调整，来精确控制轨道的实际位置与理论位置的绝对偏移量，测量精度可到达 0.1 mm。

（2）航站楼及卫星厅道岔采用钢弹簧浮置板道床技术。列车经过普通整体道床区间时产生的振动和噪声为 84 dB，而道岔是整个轨道系统最薄弱的环节之一，列车运行过程中产生的振动和噪声会更大。为提高捷运系统道岔区域的减振降噪措施，S1、S2 站 23 m 交叉渡线道岔、T4 站 13.2 m 间交叉渡线道岔，均采用特殊减振钢弹簧浮置板道床，13.2 m 及 23 m 大间距交叉渡线道岔的使用在国内尚属首次。

（3）采用预制装配式浮置板道床技术。捷运系统在航站楼及卫星厅站范围铺设预制装配式钢弹簧浮置板道床 2.065 km，预制浮置板提前在工厂内进行短板预制生产，现场采用地铁铺轨车进行预制板铺设。采用预制装配式浮置板道床技术，对于提高工程整体进度和工程质量效果明显，具有生产标准化程度高、节能环保、便于后期运营维护等特点。

（4）钢轨焊轨机发电机组安装尾气净化装置。针对 T1、T2 既有段车站内作业环境要求高的情况，通过加装柴油发电机组尾气净化装置，减少焊轨时发动机

尾气的排放,使隧道内环境和员工的健康得到有效保护。

(5)使用电力轨道车作为铺轨施工运输动力。随着地铁工程建设节能环保要求的不断提高,在捷运线使用了无燃料绿色动力地铁机车,采用直—交流传动标准轨距蓄电池动力机车。该电动机车作为地铁施工中运输牵引,具有节能减排、降低噪声等优点。

(6)使用轮胎式铺轨机、轮胎式混凝土运输车。采用橡胶轮胎替代传统轮轨运行方式,避免在隧道壁打孔,加强对隧道产品的保护。轮胎式铺轨机具有自动变跨和轮胎多角度旋转功能,可适应圆形、矩形、车站、高架多工况运行,有车载影像系统、盲区可视化、红外线防撞报警、防倾翻装置等功能的设置,提高了安全性能;吊装三维调整装置实现施工精确对位,提高机械化强度,加快施工进度。

2)四电工程

浦东机场旅客捷运系统四电工程主要包括供电工程、通信系统、信号系统、接触轨/网系统。

(1)产品增设成品保护。针对现场交叉施工严重、施工环境恶劣的情况,为保障施工质量,保证施工成品不受破坏及污染,量身为每一面盘柜定制防护套膜。

(2)模块化封堵。防火封堵作为安装施工的最后一步,其质量好坏直接影响验收,本工程根据封堵孔洞尺寸大小利用铝合金材质 20 mm 宽的型材预制边框,既保证了封堵的覆盖性、密实性,又保证了整体效果的美观性。

(3)二维码标志牌。本工程供电系统中所有电缆,均将其用途、长度、规格、生产厂家等信息编制成独立的二维码制成单独的标牌悬挂于其上,方便运营单位后期维护与检修。

(4)接触网增设"避水弯"。车辆基地接触网采用单承单导链型悬挂结构,接触线高度统一为 5 700 mm,便于检修。库内隔离开关上网引线增加"避水弯",使结构渗水汇集到电缆一点上。避免了渗水流到隔离开关接线铜牌上的情况,保护了隔离开关的使用安全性。

(5)BIM 技术运用。为更好地控制接触轨安装质量,采用 BIM 技术、模拟接触轨系统、锚段划分、底座定位、接触轨布置等施工,减少了接触轨的切割次数,使整段接触轨过渡平滑;在施工阶段,采用定位模具、打孔模具等工器具使用,保证了接触轨锚栓安装的合格率,减少了对轨道的影响程度。

(6)分层分组工艺技术的运用。通信线缆在施工中运用分层分组技术对所有线缆进行排布,利用分层技术避免线缆交叉;在多线缆的情况下利用分组工艺使线缆整齐划一、层次分明。

(7)"隐蔽工程"可视化。信号机房地板采用高强度透明钢化玻璃,防鼠蚁、易维护,随时随地可以看到地板下的线缆的情况。方便后期的检修和维护。

11.5.3.2 质量管理措施

针对施工特点,本工程采取的相应对策与措施,见表 11-1。

表 11 - 1　旅客捷运系统轨道、四电系统质量管控措施

序号	施工特点、重难点	采取的相应对策与措施
1	机场特殊地域的施工安全	成立专门机场施工管理小组； 制定完善的施工组织计划； 加强对施工人员的管理措施； 学习落实机场有关机场施工的管理制度
2	涉及专业的形式和种类较多，接口种类较多	制定接口实施与管理办法； 主动积极协调各接口相关方的关系； 加强施工接口管理的组织与管理
3	设备材料的运输	制定材料运输的符合现场实际情况的管理办法； 主动积极协调各相关方的关系，制定多种运输方法
4	道床类型多，道床结构变换频繁	制定道床专项施工方案； 主动协调站前单位，督促相关单位做好接口移交工作； 加强施工接口管理的组织与管理

11.5.4　车站、工作区间及车辆基地工程质量管理

11.5.4.1　主要技术措施

1）车辆基地

车辆基地包括检修综合楼和出入场线两部分。检修综合楼由检修库、临修／镟轮库、辅跨组成。结构采用钢筋混凝土现浇框架体系，通过设置抗震缝分为 5 个结构单体，跨度为 9 m + 12 m + 9 m，纵向柱距 9 m，库长 270 m，宽 30 m，辅跨共二层，一层设置车辆维修间、工区用房、中心仓库和办公生活用房，二层层高 4.1 m，为管理用房及控制中心。建筑总高度 11.45 m，检修库层高 7.5 m。

（1）盘扣式支架。针对综合检修楼结构特点，工程采用承插盘扣式钢管支架体系代替传统扣件式脚手管支架体系，架体结构稳固，安全可靠，施工标准化程度高，搭拆方便，便于检查验收，加快施工进度。

（2）BIM 技术。针对本工程施工特点，从施工开始阶段项目团队以建筑工程项目的各项相关设计参数等信息数据作为模型的基础，采用了 BIM 技术对综合检修楼从桩基施工、主体结构施工、众多的综合管线安装全过程进行管控。BIM 技术能在虚拟环境中对项目的复杂节点工况进行模拟优化，在工程实施过程中通过三维图像来展示处理这些难题的过程。

2）屏蔽门特殊设计

T2 为曲线站，中部设置了大片中庭。中庭范围内的轨行区上排热风道无法按照常规做法吊挂于中板下，需要结合屏蔽门特殊设计。

结合本站特点，在站台边缘增设钢柱，钢柱上部设置纵向及横向钢梁，支撑上排热风道结构。为满足各专业对上排热风道材质和性能要求，上排热风道选用常规做法，采用钢筋混凝土结构形式。屏蔽门与站台板及上排热风道结构相连。结构柱承担上排热风道以及装修面的荷载。

在屏蔽门每扇固定门中部增设钢柱，柱跨为 4 560 mm，柱截面尺寸拟采用 250 mm×200 mm，柱边距站台边缘 100 mm，钢柱上部设置纵向及横向钢梁，支

撑上排热风道结构。上排热风道采用钢筋混凝土结构形式,板厚为150 mm,风道内净空高750 mm。

屏蔽门固定门中部需要考虑局部断开,避让钢立柱,屏蔽门门体与站台板及钢结构纵向梁相连接,采用常规连接方式。

主要施工工艺如下:屏蔽门底座及立柱采用植筋螺栓及对穿螺杆安装方式进行固定,屏蔽门顶部于土建顶梁采用伸缩的铰链机构连接;屏蔽门单元采用皮带与滑轮传动机构系统。

3) 预制一体化泵站施工

纵观国内车辆基地工程,场地排水基本上都采用地下排水管道、雨水沟渠,而采用预制式一体化强排雨水泵站运用在车辆基地尚不多见。本次捷运车辆基地项目所用预制一体化泵站主体由井筒、潜水泵、提升链、管道、阀门、粉碎格栅、液位传感器、控制系统、通风系统、泵站进出水口系统等部件组成。

预制一体化泵站特点体现在以下方面:

(1) 雨水一体化预制泵站拥有专业"0淤积"泵站底部设计,将泵站的淤积降到最低,减少水泵堵塞的风险;

(2) 泵站的淤积降低,使得有害气体的产生量降低,减少臭气扰民及安全事故的发生;

(3) 预制泵站选用粉碎格栅,粉碎污物,可以防止大体积的杂物进入泵站;

(4) 整个泵站系统经过精密计算,可以保证所有水力部件都在优秀的运行工况下运行,故障率将大大降低;

(5) 预制泵站的外壁采用纤维缠绕玻璃钢制作而成,可以抗压、抗撕裂,并保证永久防水,在保证泵站自身的稳定运行的同时也保证不会影响周边环境,使用寿命长;

(6) 自耦安装系统,在水泵遇到任何堵塞都可以快速提升水泵检修及检查。

11.5.4.2 质量管理措施

坚持企业重视、人员配置到位、管理到位原则,确保质量策划先行、施工方案正确、技术交底详尽、过程监管严密。

1) 施工质量管理制度

项目部实行三级质量管理机制。各级质量管理机构均设专人负责,配备相应的有经验的技术人员、质检人员、管理人员和操作人员,加强现场监控能力。

2) 施工技术交底

分项工程开工前由项目部施工技术部门为主组织各班组进行施工技术交底,质量部门等职能部门共同参与。

3) 材料、设备、配件进场检验和质量自检制度

严把原材料进场质量关。实行市场准入制度,在合格供应商(厂家)范围内进行招标,重要材料和半成品实行驻(厂)监造。加强材料质量检验,杜绝不合格材料进入工地;对各种机械、设备按采购合同文件的要求,严格进行验证,确保其技术状态良好,运转正常。

4）"样板先行"思路

在装修、安装上秉承"样板先行"的思路，使内、外墙面、地坪、吊顶表观平整，桥架、管道、线槽等总体线性流畅，布局美观，空间层叠有致。

5）隐蔽工程检查

隐蔽工程在施工前必须按要求检查设计和规范规定的所有质量指标项目，先由工班自检合格后，报系统主管工程师验收，并做如实、详细的记录。合格后报项目质检部专职质量检查工程师进行质量专检，合格后签发自检合格意见向监理部报验。隐蔽工程的检查结果应具体明确，检查手续及资料应及时办理不得补办。

6）关键部位验收

由负责该项关键部位的系统主管工程师组织自检，经认定全部符合技术要求后，报分部技术负责人，由分部技术负责人组织工程部、质检部和安全部等相关人员参加验收并填写验收记录。自验合格后由质检工程师检查签证认可，报请监理工程师检查验证，验证合格后并签字。

7）定期进行质量检查

项目部建立施工质量工作定期检查制度，每月进行一次，由项目部领导主持，有关部门和专职质检员参加。检查后应及时提出总结和改进工作的措施。

11.5.5 质量验收及运行条件审查

浦东机场旅客捷运系统是国内首个空侧捷运系统，关于工程验收政府部门没有相关的规定，也无先例可循。经征询市交委主管部门，捷运工程的验收参照既有轨道交通模式，在完成全部工程组织竣工验收后，取得环保、规划、质量、档案、消防等政府专项验收的基础上，由建设单位自行组织捷运系统试运行条件专家评审（民航、轨道交通等建设和运营方面的专家），作为最终开通运行的条件之一。

第12章
安 全 管 理

项目安全生产是关系到国家和人民群众安全与利益的大事,其最根本的目的是保护人民的生命和健康,安全生产是对企业的最根本要求。民航领域一直是高风险的领域,无论是飞行、运营还是机场建设,都存在各种高风险点,其不仅关系着国家和公司的重大财产安全,还关系到很多家庭的幸福安康。安全生产一直是民航人员工作中严格落实的基本要求。无危为安、无损为全,安全生产的意义在于规避危险、防止损失、排除隐患、降低风险,只有坚守好安全的底线,才能使日常工作驾轻就熟。

浦东机场三期扩建工程安全工作围绕"安全是基础、质量是根本、进度是主线"的理念,以打造"精品工程、样板工程、平安工程、廉洁工程"为目标,抓体系、抓重点,创新方法、督促履职,保证安全总体受控,圆满完成工作目标。

本章主要从三期扩建工程安全管理特点出发,围绕安全管理的体系建设、安全管理手段、安全风险管理、隐患整改管理、安全考核管理及专项整治等方面,讲述浦东三期扩建工程安全管理过程。

12.1 安全管控特点

浦东三期扩建工程与新建工程相比,在安全管理上面临了更多的难点和难题,在整个三期工程建设过程中,既有建设工程本身所涵盖的深基坑、承重支架和模板、起重吊装等各类危大工程,还穿插着捷运系统中盾构、旁通道施工及轨行区施工,特别是盾构多次穿越运行跑道,是真正意义上的不停航施工,在国内尚属首例,由此带来的安全压力更是巨大,不停航施工中的空防、消防、管线及交通等方面的安全管控贯穿于三期扩建的整个过程。

12.1.1 安全管控点多面广

三期扩建工程面大点多,工程类别涵盖了建筑、民航、市政、轨道、水利、电力、绿化等绝大部分施工专业,如图 12-1 所示。

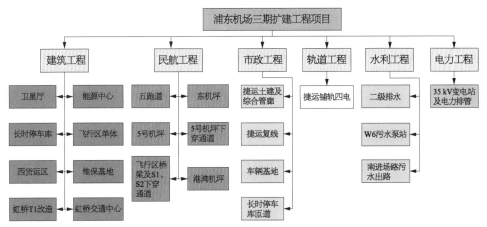

图 12-1 浦东机场三期扩建工程专业工程分类

(1) 建筑工程。卫星厅、能源中心、长时停车库、飞行区单体、西货运区、维保基地、虹桥 T1 改造、虹桥交通中心等。

(2) 民航工程。五跑道、东机坪、5 号机坪、5 号机坪下穿通道、飞行区桥梁及 S1、S2 下穿通道、港湾机坪等。

(3) 市政工程。捷运土建及综合管廊、捷运复线、车辆基地、长时停车库匝道、虹桥市政配套等。

(4) 轨道工程。捷运铺轨四电等。

(5) 水利工程。二级排水、W6 污水泵站、南进场路污水出路等。

(6) 电力工程。35 kV 变电站及电力排管等。

12.1.2 安全管控涉及危大工程众多

根据国家、上海市危大工程的相关法律法规和强制性条款,结合施工项目类别、现场工况等情况进行分析,三期扩建工程有深基坑工程、承重支架和模板工程、脚手架、起重吊装、大型机械安装及拆除、盾构推进及旁通道施工、轨行区施工等七类危大工程,每类危大工程存在于一个或多个项目中。

(1) 深基坑工程。包括卫星厅、虹桥交通中心、捷运土建及综合管廊、捷运复线、5 号机坪下穿通道等。

(2) 承重支架和模板工程。包括卫星厅、能源中心、虹桥交通中心、捷运土建及综合管廊、捷运复线、长时停车库、5 号机坪下穿通道、飞行区单体、车辆基地、35 kV 变电站、西货运区等。

(3) 脚手架。包括卫星厅、能源中心、长时停车库、虹桥 T1 改造、飞行区单体、西货运区等。

(4) 起重吊装。包括卫星厅、能源中心、虹桥 T1 改造、长时停车库、长时停车库匝道、5 号机坪下穿通道、飞行区桥梁及 S1/S2 下穿通道等。

（5）大型机械安装及拆除。包括卫星厅、能源中心、虹桥交通中心、虹桥 T1 改造、捷运土建及综合管廊、捷运复线、长时停车库、长时停车库匝道、5 号机坪下穿通道、飞行区桥梁及 S1/S2 下穿通道等。

（6）盾构推进及旁通道施工。包括捷运土建等。

（7）轨行区施工。包括捷运铺轨四电等。

12.1.3　施工安全管理重点

为确保三期扩建工程的生产建设安全和机场运营安全，深入贯彻民航局关于建设"平安机场、绿色机场、智慧机场、人文机场"指示精神，更好推进民用机场建设、运行和管理的高质量发展。指挥部深入分析安全风险点，积极主动地在方案制定、制度健全、组织机构的设立上不断完善与落实。做到生产建设及运营安全全过程的监管，确保三期扩建工程在工程及运营安全上得到控制。为保证工程建设安全的实现，根据机场工程安全管理特点，建设指挥部着重控制以下方面的安全。

1）不停航施工安全

浦东机场三期扩建工程是真正意义上的不停航施工，整个工程在建设过程中，飞行器是属于正常运行的，因此，不停航施工安全是浦东机场三期扩建工程建设的重中之重。影响不停航施工安全因素较多，指挥部制定专门的不停航施工管理规定，对施工有关单位的职责、不停航施工安全管理流程、管理方案、不停航施工的批准程序等做了详细规定。

对于禁区不停航施工的重点是不得发生影响机场正常运营的事件。要做好施工人员培训考核、应急相应演练、施工前安全例会、施工值班等制度。在禁区施工过程中，无论是取弃土还是场地平整、卸载、施工回填及航站楼改造、装修等，严格采取相应措施，以确保不出现扬尘、飞砂、噪声、粉尘、临电事故等安全和污染环境的现象。杜绝任何因施工原因损坏机场管网管线、影响机场正常运营的事件发生。严格管理施工人员、机械、车辆，不得进入非施工区域，发生影响机场正常运营的事件。

对于航站区、停车楼等区域的施工，参照飞行区不停航施工要求对影响安全的情况采取临时围挡等必要措施，尽可能降低对运行的影响。

2）空防安全

民航机场扩建工程，空防安全是安全管理的重中之重。影响空防安全的因素可能涉及：围界、人员（无证或其他非法进入）、车辆（无证或证件失效）、施工机械、施工照明、异物吹入机坪、违禁品等，因此在施工前须进行详细策划，施工过程中严格管理，多方把关。不停航施工必须做到"空防安全、运行安全、施工安全"。严格遵守浦东机场空防安全规定，加强所辖施工人员的空防安全教育，严禁施工人员、施工管理人员违规进入机场禁区范围。

3）消防安全

上海是中国重要的门户口岸，而浦东机场则是连接世界的大门，其影响甚大，三期扩建工程又处于现有运营机坪附近，因此其消防安全尤为重要。不停航施工必须做到施工中不得发生消防事件影响机场运营安全,在施工中严格执行动火审批和动火监管。在施工过程中须加强管理,如进入了装修阶段,特别要注重防火管理,经常联合消防管理部门加强对现场消防管理。

4) 管线安全

不停航施工区域内一般有保障机场运行的众多管线,禁区外有市政各类管网,禁区内有机场运行保障分公司管线和民航华东空管局管线,数量众多,错综复杂,且相当数量没有准确的定位资料。由于禁区外的各类管网涉及居民、公司企业的生产生活,禁区内运行中的各类地下专用管线等,是整个机场运行的命脉,因此,"绝对保证施工期间的管线安全"为施工的重中之重。

5) 交通安全

三期建设的工程量大,涉及的人员、车辆、材料进出场多,对于交通运行也产生无形的压力,在外部交通方面扩建工程中涉及道路多次翻交的安全管理,道路翻交应向交通管理部门申请,做好标志等工作后方能翻交施工;在内部交通方面,施工单位须做好场地策划,合理的安排路线,确保交通安全。

禁区施工严格执行施工车辆管理制度、通行证管理制度,严禁施工车辆驶入非施工区域。严格遵守道路交通法和机场道路交通安全的有关规定,严禁超载超速,维持良好的安全交通秩序。

6) 反恐安全

浦东机场是中国的门户机场,机场的安全与否影响着上海市的世界形象,因此,在机场建设过程中,指挥部把反恐安全提到施工安全管理的高度,做好反对暴力恐怖和维护政治安全、金融安全、网络安全、公共安全等五大领域风险预警、防控工作,提高维护国家安全和社会稳定工作。

7) 紧邻运行区域的扬尘、噪声等管理

做好建筑场地的设计与规划,实行封闭施工,工地出入口地面应当硬化并保持周边整洁。同时还要落实环境卫生管理责任制度,各建筑工程施工单位应及时清运工程施工过程中产生的建筑垃圾,防止造成环境污染,并不得将建筑垃圾交给个人或者未经核准从事建筑垃圾运输的单位处理。

机场工程为超大型工程,建设过程中存在着多方面的环境问题,如在机场建设及机场高速工程施工过程中,会产生占用土地、征地拆迁、植被破坏、取土和弃土、水土流失、粉尘污染等影响,航班营运将产生噪声和水污染。因此,绿色机场的建设非常重要,已是一种国际潮流。

当前,上海机场指挥部坚持以保护环境优化机场发展的思路,切实加强机场项目的环境管理,机场建设过程中对于环境的保护和管理也是指挥部质量管理重点之一。

12.2 安全管理体系建设

12.2.1 安全管理组织架构

三期扩建工程是一项重大而艰巨的工程,为实现工程项目安全管理目标的全过程控制,确保各项工程的建设安全,建立一套完善的安全管理组织体系是很有必要的。因此,在机场建设工程开始之初,根据指挥部各部门、工程监理单位、施工管理总承包单位、施工单位等的安全管理职责,构建相应安全管理的组织体系,从而做到职责分明、协调有序,从组织上保证工程建设安全管理的顺利开展。按照管理流程,该组织体系可分为指挥部安全管理组织体系和现场安全管理组织体系两部分,分别如图 12‑2、图 12‑3 所示。

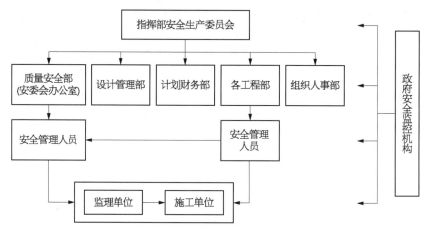

图 12‑2 三期扩建工程指挥部安全管理组织体系

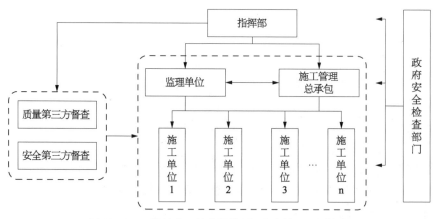

图 12‑3 三期扩建工程建设的现场安全管理组织体系

由于三期扩建工程项目具有专业多、体量大的特点,在指挥部的领导下,针对扩建工程建设中不同专业工程项目,对应地制定了相关的现场安全管理指挥组织体系。在指挥部的统一领导下,监理单位和施工管理总承包单位根据其不同的职责范围,督促并监控施工单位进行施工现场安全管理工作,并做好相关的安全风险分析、安全风险处理、安全风险跟踪及安全风险总结,以保证三期扩建工程的安全风险处于可控状态,如图 12‑3 所示。

12.2.2　安全管理职责

为实现工程项目安全管理目标的全过程控制，确保各项工程的建设安全，建立一套完善的安全管理组织体系是很有必要的。从而做到职责分明、协调有序，从组织上保证工程建设安全管理的顺利开展。

指挥部须负责三期扩建工程项目的实施，包括前期组织设计和工程实施等。在选定相关设计单位、工程监理单位、施工单位时，把工程项目的安全管理与组织协调工作职责以合同条款的方式确定下来。在工程的实施过程中，指挥部按合同规定的条款对各参建单位在安全方面实施管理考核。其中，指挥部组成指挥部安全风险管理的决策层，对工程的风险实施总体管理。

1）计划财务部主要安全管理职责

计划财务部负责工程项目的投资计划、用款计划等，控制资金总体平衡、负责建设项目的评审、报批的组织工作。其中根据三期扩建工程建设的特点确定安全管理的相关项目及对应费用。

根据项目建设的需要，选择合适的参建单位，包括勘察单位、设计单位、施工单位、监理单位、检测单位、监测单位等。所选单位的资质要求和人员要求满足工程规模、难度等需要，以保证工程建设风险的控制效果。

在合同中明确风险及危大工程施工所需安全专项资金，并按照施工合同约定及时支付风险和危大工程施工技术措施费以及相应的安全防护文明施工措施费，以保障施工安全。

2）设计管理部主要安全管理职责

设计管理部的安全管理责任主要体现在项目策划和深化设计阶段，在工程实施的前期将安全隐患降到最低程度。

组织相关单位在项目可行性研究阶段对项目在立项阶段可能存在的风险，以及可能对后续工程建设乃至运营阶段造成的风险进行研究和评估，将可能存在的风险体现在可行性研究报告中，并对该阶段的风险情况进行收集和保存；将该情况告知后续工程建设的相关参建单位或相关风险承担及管理方，以供其评估风险并制定相应的风险控制对策。

3）各工程部主要安全管理职责

包括卫星厅工程部、飞行区工程部、配套工程部、捷运工程部、信息设备部等部门，对所属工程的安全具有监督管理责任。在施工前期对设计提出的风险及已经给出的相关设计处理建议给予重视，合理采纳设计方案中建议或意见，并对选择的设计方案予以确认。在施工阶段，组织参建单位开展和落实风险识别、评估、措施、监测、应急等管控工作；建立风险管控台账，每月汇总、更新所辖项目风险清单，检查应对措施责任落实及执行情况；审核施工单位上报涉及资金或者工期调整的风险，并按规定流程报指挥部。在现场建立起相应的风险应急处置机制，明确参建方的风险应急主要责任人，组织编制相应的风险处置预案，并监督应急物资的准备情况。

4）质量安全部主要安全管理职责

质量安全部安全管理职责贯穿整个建设生命周期，从项目策划、深化设计到施工过程。组织制定指挥部相关安全管理办法,激励约束参建单位规范安全行为。通过采取相关管理措施,及时通过各项督查考核手段督促参建单位规范履行安全管理职责。组织开展各类安全专项整治、安全技术培训、安全技能比武、安全专题主题等活动,督查各工程管理部门及参建单位认真排查治理安全隐患。

5）组织人事部主要安全管理职责

组织人事部在负责指挥部的人力资源管理、组织管理、宣传教育、政治工作、综合治理、立功竞赛等工作的基础上,选派优秀工作人员担当安全管理人员,进行工程项目的安全管理和组织协调工作。

12.2.3 安全管理制度建设

浦东机场三期工程的扩建需要确保 T1、T2 以及其跑道的正常运营和使用。指挥部提出了以"施工安全、空防安全、管线安全、运行安全"为指导的四大安全目标。运行安全是不停航条件下施工的最根本出发点,也是不停航条件下施工必须妥善解决的最核心问题。保障空防安全和防止管线收到干扰和破坏是不停航条件下施工的基本原则,在保障空防安全和管线安全的前提下,实现工程施工的安全,保障工程顺利按期完成是机场工程施工的基本落脚点。空防、管线、施工和运行安全这四大目标相辅相成,任何一个目标出现问题,就会对其他目标造成影响。

以指挥部安全管理提升计划为基础,确保整个机场三期扩建工程的建设目标,做到工作有目标、管理有依据、奖罚有标准,指挥部不断修订、完善相应的安全管理制度,见表 12-1。

表 12-1 指挥部安全管理制度汇总

序号	文 件 名 称	颁发日期
1	《上海机场航站区不停航施工管理办法》	2015 年 5 月 31 日
2	《临建设施管理办法》	2017 年 3 月 1 日
3	《上海浦东国际机场三期扩建工程捷运系统轨行区施工作业管理办法(讨论稿)》	无
4	《虹桥商务区东片区综合改造不停航施工管线工程管理办法实施细则(试行)》	无
5	《指挥部建设工程打非治违专项行动方案》	2014 年 10 月 15 日
6	《关于开展施工用电隐患专项整治活动的通知》	2015 年 5 月 5 日
7	《关于开展危险品安全专项治理的通知》	2015 年 8 月 17 日
8	《2015 年度管线安全专项整治活动方案》	2015 年 9 月 1 日
9	《关于印发大临设施用电、消防专项整治方案通知》	2017 年 2 月 28 日
10	《机场建设指挥部涉恐隐患排查整治专项行动工作方案》	2017 年 5 月 22 日
11	《关于印发上海机场建设指挥部工程质量系列管理办法的通知》	2017 年 7 月 5 日
12	《关于落实上级要求立即开展安全生产大检查专项活动的方案》	2017 年 8 月 9 日
13	《指挥部机械设备专项整治活动方案》	2017 年 9 月 15 日

序号	文　件　名　称	颁发日期
14	《上海机场建设指挥部安全管理提升计划及实施细则》	2018 年 2 月 27 日
15	《上海机场建设指挥部突发事件信息报告工作管理办法(修订稿)》	2018 年 4 月 18 日
16	《上海机场建设指挥部动火作业管理办法(修订稿)》	2018 年 5 月 4 日
17	《上海机场建设指挥部工程项目风险管控管理办法(暂行)》	2018 年 5 月 4 日
18	《上海机场建设指挥部防汛防台预案(修订稿)》	2018 年 5 月 4 日
19	《上海机场建设指挥部安全生产事故隐患管理办法(暂行)》	2018 年 5 月 8 日
20	《上海机场建设指挥部工程项目施工安全考核办法(修订稿)》	2018 年 5 月 21 日
21	《机场建设指挥部中博会安全生产专项保障工作方案》	2018 年 6 月 30 日
22	《上海机场建设指挥部民航专业工程施工安全专项治理行动实施方案》	2018 年 8 月 9 日
23	《上海机场建设指挥部不安全事件调查及整改管理办法(暂行)》	2018 年 8 月 21 日
24	《指挥部开展交通建设工程质量安全专项整治方案》	2018 年 9 月 7 日
25	《上海浦东国际机场三期扩建工程捷运系统轨行区车辆信号联合调试阶段安全管理办法》	2018 年 10 月 19 日
26	《关于印发上海机场建设指挥部开展高处作业专项整治活动的通知》	2018 年 11 月 28 日

12.3　安全管理手段

12.3.1　不停航施工安全管理

如何确保三期扩建工程不停航施工的空防安全和运营安全,是摆在指挥部面前的一个重要问题。为了在工程管理中做好空防安全及运营安全,指挥部主动积极地在方案的制定上、制度的健全上、组织机构的设立上不断完善与落实,做到全过程的监管,确保三期扩建工程在空防及运营安全上得到控制。

12.3.1.1　空防安全措施

1) 安全保证机制

(1) 要求并检查各参建单位特别是施工单位建立健全安全责任体系,严格执行安全责任制。明确施工项目负责人为不停航施工安全第一责任人。

(2) 要求并检查各参建单位建立健全各级安全管理责任制度,全员承担安全生产责任,逐一签订安全生产责任书,明确责任落实到人。

(3) 对施工单位各层级安全规章制度,定期监督检查,保证各项规章制度得到贯彻落实。

(4) 坚持经常性的安全培训教育,组织认真学习《民用机场运行安全管理规定》(民航总局令第 191 号)相关规定,提高全员安全意识。

(5) 遵守《民用机场运行安全管理规定》(民航总局令第 191 号)第十章"不停

航施工管理"有关规定,严格审查施工单位上报的施工组织管理方案、施工方案。要求施工单位按照批准的施工组织管理方案、施工方案、航行通告规定的时间和区域施工,未经许可,不得擅自改变施工区域、施工时间。

(6) 建立机场不停航施工领导小组办公室,负责协调施工单位或机场相关部门间的联系,配备有效通信工具,确保施工期间的通信联络畅通,及时通报现场飞行以及不停航施工安全情况,以便处理突发事件。

(7) 施工单位须无条件服从机场不停航施工办公室的安全检查和安全督察,积极配合对施工安全教育情况的监督检查。

(8) 严格执行飞行区通行证管理制度。施工人员、车辆按要求办理通行证,凭证进出飞行区并主动接受机场安检人员的检查,指定专职保管人员保管证件。

(9) 加强施工现场监管,发现问题及时协调、处理。

2) 施工管理机制

(1) 施工进场、撤场管理。

① 根据机场航班运行时间,确定机械、设备、车辆、人员、物资的进出,未经许可,禁止施工人员、车辆进入飞行区。

② 进场的人员、车辆、设备、工具数量必须向机场扩建办保卫处人员申报登记,人员、车辆必须持有施工通行证,安全检查合格后方可进入。撤场时由机场指挥部安全办人员逐一进行清点、核对无误后方能撤离。作业车辆、机械按指定的道口(即:从施工道口)进出飞行区,须配备黄色旋转警示灯,按规定的速度、指定路线行驶,在指定位置停放。

③ 在施工过程中,值班人员如发现有影响机场飞行程序或导航设施正常工作等情况,及时与机场航务管理部和指挥部现场值班人员联系,改变施工方案,重新制定施工计划,避免发生安全事故。

④ 在航班运行前,预留足够的时间,确保开航前 1 h 施工单位完成现场清理撤离工作。机场管理部对施工现场进行检查,检查合格后撤离现场。

⑤ 审查施工工作量,做到适量,留有一定的余地,防止超时作业影响飞行安全。

(2) 施工场地管理。严格执行施工值班制度,检查施工、监理等各单位值班人员到岗情况。现场施工人员、机械、车辆、施工程序、进出场是否按照已批准的不停航施工方案执行,施工过程对运行是否存在潜在性影响;发现问题及时沟通各单位及机场管理部门解决。

3) 信息通报

塔台—机场站调—机场各保障单位(供电站、场务队、安检站、消防大队等)—指挥部—施工单位和监理单位。

施工单位明确施工计划,指挥部现场负责人向站调报告施工准备情况及计划施工时间,得到许可后,由指挥部现场负责人通知施工单位及监理单位,在现场值班人员的带领下,施工人员、机械车辆进入施工区域作业。施工方专职安全员负责施工范围的警示标志、标牌的设置安放工作。

4) 通信联络

机场保障单位、指挥部现场负责人每日将值班人员报机场站调,设立对讲机系统施工专用频道,使用对讲机传递信息,必要时可以使用固定电话或手机。机场各保障单位、指挥部现场负责人每日值班人员、施工单位项目负责人、安全负责人、现场负责人在施工期间保持 24 h 联络通畅。

12.3.1.2 消防安全措施

(1)指挥部依据国家、上海市有关规定结合上海机场实际情况,编制动火作业管理制度,规范施工作业消防安全行为。

(2)要求并检查各参建单位特别是施工单位建立健全安全责任体系,严格执行安全责任制。明确施工项目负责人为消防安全第一责任人。编制消防安全方案,建立施工现场防火档案,确立施工现场的防火重点部位,加强检查。

(3)组织各单位施工作业人员进入飞行区施工区域前进行消防安全培训。坚持经常性消防安全宣传、教育工作及专项整治活动。

(4)严格要求参建单位履行动火程序,施工作业动用明火前须到机场安全保卫部申请办理动火手续,经批准后才能施工。

(5)机场安全保卫部根据制度每日在飞行区施工区域进行消防安全检查,并对巡查情况进行台账登记。

(6)机场安全保卫人员做好进出场检查,严禁将违禁物品带入飞行区。

(7)要求监理、施工管理人员做好动态检查,杜绝因临时用电、动火作业监管不到位等情况引发的消防不安全事件。

12.3.1.3 管线安全措施

不停航施工区域内一般有保障机场运行的众多管线,禁区外有市政各类管网,禁区内有机场运行保障分公司管线和民航华东空管局管线,数量众多、错综复杂,且相当数量没有准确的定位资料。由于禁区外的各类管网涉及居民、公司企业的生产生活,禁区内运行中的各类地下专用管线是整个机场运行的命脉,因此,"绝对保证施工期间的管线安全"为施工的重中之重。

1)落实管线保护责任制

施工单位作为施工区域内管线保护实施的第一责任部门,项目经理为第一责任人,要求施工单位根据相关法规、条令、条例和规章制度,制定并落实管线保护方案及管理措施,负责日常监督检查,制定管线保护应急救援方案,编写管线保护专项方案,并经企业总工程师批准和监理单位审核后组织实施。

2)建立协调联系制度

设立专职管线负责人,与已有管线使用单位和新建管线施工单位保持联系,并定期召开协调会。

3)建立巡查制度

由专职管线负责人采取定期、不定期在全场施工范围内进行巡查,对已有管线进行管理,发现问题及时上报,监督各管线施工单位对已建、在建的管线做好保护工作。

4)建立相互通报制度

组织施工单位及管线相关单位定期召开施工协调会,相互通报各自施工情况及近期计划,以便统筹安排施工,避免因通报不及时引起的施工混乱。

12.3.1.4　交通安全措施

1) 制定制度

指挥部依据国家、上海市有关规定结合上海机场实际情况,编制施工材料、机械管理制度和通行证管理制度,规范施工作业中交通安全行为。

2) 现场监管重点

(1) 车辆管理。

① 车辆及时向机场管理机构申领民用机场航空器活动区机动车牌、行驶证。

② 接受机场管理机构组织的年度检验或临时检验,进入航空器活动区域应当报机场管理机构核准,发给通行证件,如图 12-4 所示。

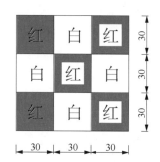

图 12-4　车辆通行证、警示旗

③ 悬挂机场管理机构颁发的牌证、喷涂统一规定的安全标志,制动装置必须保持有效。

进入场区的机动车辆,必须配置红白警示旗、灭火器材和黄色蜗牛式移动警灯。蜗牛灯 24 h 开启,禁区内禁止开启远光灯。

(2) 驾驶员。

① 持有相应准驾车型的中华人民共和国机动车驾驶人向机场管理机构申领民用机场航空器活动区机动车驾驶证,参加所在单位组织的培训、通过机场管理机构组织的考试。

② 已取得民用机场航空器活动区机动车驾驶证的驾驶员,在调离航空器活动区机动车驾驶工作岗位时,原单位负责收回驾驶员的民用机场航空器活动区机动车驾驶证,交机场管理机构,办理注销手续。

③ 需要驾驶车辆进入航空器活动区的应携带民用机场航空器活动区机动车驾驶证,由机场管理机构指定单位负责引导。

④ 驾驶机动车前,应当对机动车的安全技术性能进行检查,满足机场管理部门的要求。

⑤ 驾驶车辆时应当自觉接受值勤人员的查验、指挥。按照机场管理机构指定的时间和地点接受年度审验。

（3）车辆行驶。

① 车辆在航空器活动区行驶时,应当遵守下列规定：按指定的通行道口进入航空器活动区,接受值勤人员的查验,机场管理机构可根据本机场的实际情况,实行分区限速管理,但最高时速不得超过 25 公里;行驶到客机坪、停机坪、滑行道交叉路口时,停车观察航空器动态,在确认安全后方可通行。

② 在航空器活动区行驶的车辆发生故障不能行驶的,驾驶员应当立即报告机场管理机构;有可能影响航空器运行的,应迅速将故障车辆拖离至不影响飞行安全的区域。

③ 车辆应当停放在机场管理机构指定的设备区或停车位,且按照停车位地面标明的所示方向停放。机场实施低能见度运行时,车辆行驶应当按照低能见度运行有关规定执行。

④ 在停机位内驾驶车辆应当遵守下列规定：

a. 为航空器提供保障服务的车辆外,其他车辆不得进入或停放在停机位内;

b. 航空器正在进入停机位或被推离停机位时,车辆不得进入停机位;

c. 准备为抵达航空器服务的车辆,须停放在设备停放区,航空器已加上轮挡及引擎关闭后,方能接近航空器作业;

d. 车辆接近、靠接航空器作业时,应当使用制动和轮挡,时速不得超过 5 km/h;

e. 驾驶员在航空器旁停放车辆时,必须确保与航空器及临近设备保持足够的安全距离,且严格遵守操作规程;

f. 除须为航空器提供服务的车辆外,其他车辆不得从机翼或机身下穿行;

g. 车辆不得停放在航空器燃油栓禁区内;

h. 当航空器在加油时,在停机位内的车辆不得阻碍加油车前方的紧急通道;

i. 当航空器引擎正在开动或防撞灯亮起时,车辆不得在航空器后方穿过;

j. 在停机位内作业的车辆不得倒车。必须倒车的,须有人观察指挥,确保安全;

k. 车辆须避让在航空器旁工作的地勤人员;

l. 航空器准备推后作业时,除航空器拖车外,其他车辆均应远离停机位,停放在设备区。

12.3.1.5　禁区施工管理措施

1）制定禁区施工制度

指挥部根据中国民用航空总局 97 号令、191 号令和指挥部建设安全管理规定的要求,结合上海机场的具体情况及多年的禁区施工经验制订了完善的禁区施工管理制度。对施工人员、车辆、设备、警戒线巡视应急响应、施工会议等做了明确的规定,规范了禁区施工安全行为。

2）健全管理体系落实责任制

要求并检查各参建单位特别是施工单位建立健全安全责任体系,严格执行安全责任制。明确施工项目负责人为禁区施工安全第一责任人。逐一签订安全生产责任书,明确责任落实到人。

3) 落实方案审批

组织各参建单位编制施工组织管理方案和施工方案,自我完善后报华东民航管理局审批,通过后部署指挥部工程部门、机场空管、运保、施工、监理等单位严格执行,共同维护机场安全。

4) 制度落实监督重点

(1) 建立健全施工会议制度。每日施工前 30 min 召开一次施工安全例会,对前一个工作日的施工情况进行讲评,对于出现的问题提出整改措施,同时明确当天施工的重点、难点,并对作业内容及工程量、须采取的相应措施进行详细交底。各单位心中有数,便于管理。

(2) 加强安全教育制度。

① 严格政治审查,对进场施工的所有人员,由公安部门进行严格的资格审查。

② 提前组织禁区施工人员进行禁区施工安全培训教育,安全培训教育由机场管理部门进行《机场不停航施工管理规定》《机场航空器活动区道路交通管理规则》及应急救援等方面的安全教育。

③ 施工前各施工单位与机场管理部门签订《安全保证责任书》,其在禁区施工时的一切行为将受《责任书》所规定内容限制。

④ 对各施工单位每周进行一次安全教育大会,对前一阶段施工过程中存在的安全隐患问题进行分析、总结,针对施工中发生的不安全因素进行重点教育,不断提高人员的安全意识。

⑤ 禁区内运行保障分公司场务保障部进行施工现场的安全监管,并对施工前的安全教育和人员车辆通行证的管理。

⑥ 做好施工人员和车辆驾驶员的培训。禁区施工前,根据民航总局 191 号令的要求分三级进行安全培训,经考核合格后持证上岗。

5) 信息联络

设立多级、多渠道通信联络方式,确保通信畅通。在禁区施工开始前将施工、监理、建设单位及机场指挥中心、安检、护卫、公安、空防等单位部门联系电话编制成册,分发给各有关单位,保持通信联络始终处于正常畅通状态。

12.3.1.6 紧邻运行区域的扬尘、噪声管理

1) 督查施工单位防扬尘管理措施

对施工单位取喷、洒水措施;土方、砂石料运输车辆上的加盖,防止扬沙;车辆限速;专人在责任区的施工道路全天执勤;专人对责任区的施工道路进行保洁;对施工中易漂浮的物体、堆放的材料加以遮盖等措施落实情况,监理督促情况进行督查。

2) 督查施工单位防噪声管理措施

对施工单位在施工现场人为噪声、机械噪声、车辆噪声、噪声监控等防噪声措施落实情况及监理督促情况进行督查。

12.3.1.7 应急预案演练

要求各参建单位做好应对突发事件准备,提高应对突发事件和抗风险的能力,加强对事故的反应、控制和救援能力,保证施工人员健康安全,减少财产损失。坚持"以人为本、常抓不懈、重在预防"的安全观,结合施工实际,制定应急演练预案制度,并实施演练。教育内容包括:危险源告知、防护措施、逃生方法、报警方法、抢救方法等。演练过程要求尽量真实,调用适宜的应急人员和资源,并开展人员、设备及其他资源的实践性演练,以检验相互协调的应急响应能力。演练结束后,演练组织部门对演练的效果做出评价,提交演练报告,并详细阐述过程中发现的问题,按对应急救援工作及时有效性的影响程度,分别进行纠正、整改、改进,如图 12-5 所示。

图 12-5 应急撤离演练

12.3.2 捷运轨行区安全管理

捷运轨行区安全管理对国内机场建设安全管理来讲尚属首次,无成功经验可借鉴。指挥部领导高度重视,将捷运轨行区单独划出,聘请第三方专业单位进行管控指挥部其他部门配合的管理模式,实现了较好的效果。

浦东机场三期扩建工程捷运系统铺轨、供电及接触网(轨)、通信系统、信号系统安装工程期间,施工空间小、施工单位多、涉及专业广、交叉作业频繁,特别是在动车期间及接触轨通电后,存在很大的工程安全风险。如何保证全线施工作业安全、有序、高效地进行,落实各施工单位安全管理责任,解决各单位、各专业施工作业之间相互干扰、相互制约的矛盾,规范施工管理,加快施工进度,保证全线施工作业安全、有序、高效地进行,是捷运轨行区安全管理的重点和难点。为此,指挥部针对捷运轨行区特点,制定《上海浦东国际机场三期扩散工程捷运系统轨行区施工作业管理办法》以及《上海浦东国际机场三期扩建工程捷运系统轨行区车辆信号联合调试阶段安全管理办法》,以加强捷运轨行区安全管理,降低安全风险。

1) 轨行区施工存在的危险因素

轨行区施工过程存在的主要危险因素包括:

(1) 因人员与正在运行的轨道车抢道或避让措施不让,而产生挤压、轧伤、撞击等危险;

(2) 因人员在轨道上行走、坐卧、休息,而产生碾压危险;

(3) 因施工作业,未设置正确防护措施,而产生挤压、轧伤、撞击等危险;

(4) 因施工用工机具侵入轨道运输界限,使正在运行中的轨道车脱轨、倾翻等危险;

(5) 因运输材料设备超宽超限,与现有构筑物产生碰撞等危险;

（6）车辆运行产生的冲撞或追尾；

（7）因隧道内有接触轨及临时用电设备存在人员触电危险。

2）轨行区施工安全管理组织机构

针对轨行区施工特点，轨行区管理依据"高度集中，统一指挥"的原则，在机场指挥部统筹领导和具体协调下，授权轨道施工单位中铁四局承担轨行区管理全权负责单位职责，具体负责轨行区管理工作，所有须进入轨行区施工作业的单位应服从轨行区总负责单位的协调管理。

成立轨行区现场指挥协调小组，负责轨行区的施工总体协调及管理工作。轨行区现场指挥协调小组由捷运工程部牵头，成员包括：总监理工程师（轨道及四电、土建、设备安装）、施工单位项目经理（捷运工程部、飞行部、卫星厅、浦东配套部、信息设备管理部等单位所辖标段的施工单位）等相关人员组成。

受指挥部委托，中铁四局为轨行区安全管理责任单位，并联合飞行部、卫星厅部、浦东配套部、信息设备管理部等单位所辖总承包单位、监理单位组建联合调度室，联合调度室的日常管理工作由中铁四局具体负责。

3）轨行区施工安全管理职责

在明确轨行区施工安全管理组织架构后，进一步明确各单位、部门安全管理职责，具体包括以下几方面：

（1）指挥部质量安全管理部负责不定期对安全管理执行情况进行抽查，负责对违规单位进行处罚。

（2）指挥部捷运工程部、上海申通轨道交通研究咨询有限公司负责轨行区施工总体协调工作，负责对轨行区的指挥协调小组、联合调度室、日常现场巡查小组的执行情况进行考核。

（3）现场指挥协调小组负责轨行区总体管理、协调工作，负责主持召开施工计划协调会，审核、批准轨行区各单位施工计划作业，负责为违反轨行区施工计划、安全、文明施工等行为的上报处罚。

（4）联合调度室负责轨行区施工与运输的具体管理和调度指挥工作，统筹规划全线施工管理，受理各施工单位提出的轨行区施工计划的申请，依据批准的技术实施调度指挥。

（5）日常巡查小组负责每周不少于4次的不定期作业区域轨行区范围内的施工与运输计划执行情况和安全防护工作的监督检查，负责现场安全文明施工的日常检查和轨行区计划执行情况。

4）轨行区施工安全管理措施

为强化全线施工作业安全、有序、高效地进行，落实各施工单位安全管理责任，解决各单位、各专业施工作业之间相互干扰、相互制约的矛盾，规范施工管理，特制定以下轨行区施工安全管理措施：

（1）各施工单位进入轨行区作业必须携带作业点单方可进入，必须遵守施工现场"谁作业谁防护"的原则，进入轨行区施工作业应按批准的施工方案进行，施工现场必须按要求设置隔离围栏、警示标志及消防器材，并安排专人看守；

（2）各单位必须确保空防安全，严禁擅自从逃生通道、疏散井、中间风井进入

机场禁区;

（3）各施工单位进入轨行区作业人员严禁吸烟,每一施工段须配备两个灭火器。如在轨行区进行动火作业,须提前办理动火证(项目级);

（4）进入轨行区施工,必须安排专人负责防护工作,切实做好各项防护措施;

（5）防护装置应设置在距离施工地点两端各 50 m 处,曲线地段要适当延长防护距离,设置方向有利于机车司机瞭望,不能遮挡;

（6）在封锁行车区间进行施工作业,在线路中心应插设移动停车信号牌(红色灯光)或防护人员手持信号(红光)。

5）轨行区车辆信号联合调试阶段安全管理

（1）轨行区车辆信号联合调试阶段安全管理组织。

① 由申通咨询公司牵头成立联合调度室,在捷运工程部的领导下开展日常工作。根据工作计划节点合理安排轨行区施工调试作业计划,杜绝施工计划上的安全冲突,确保施工阶段轨行区管理的安全有序。

② 参与现场施工的各个单位,制定 2 名具有现场管理经验人员作为现场施工总体责任人。依据轨行区运输和作业"统一调度、合理计划、有序可控、动态监管、安全第一"的原则制定,由各单位负责人负责本单位人员、车辆在轨行区的安全工作。

③ 凡须进入轨行区施工调试的单位,都必须委派本单位固定联系人 1 名,负责轨行区作业的计划、管理、协调等工作。

（2）轨行区施工要求。

① 根据施工作业性质,大致可分为动车施工、人工施工及接触网(接触轨)停送电施工。在施工计划安排中,原则上动车施工计划与人工施工计划及停电施工计划在时空上完全隔离,以确保轨行区的安全。

② 原则上在车辆基地内安排每周日 8:00 至周五 8:00 为动车施工点,主要安排车辆、信号施工方进行现场作业,该时段也是接触网送电作业时间。

③ 工程车、调试电客车在施工计划范围内动车,均按封锁区段进行执行,原则上在车辆基地或正线不同时安排多车辆进行动车施工,以确保行车安全。车辆调试动车进路(道岔操作)由中铁四局负责现场操作,信号调试进路由信号方富欣负责操作。

④ 接触网(轨)的停送电作业由中铁四局指定人员得到施工计划管理员通知后执行操作,操作完毕确认后,进行信息反馈。

⑤ 车辆基地内及正线供电区段不接受单独区段的停送电申请。凡申请施工的所有施工单位在轨行区作业,必须严格管理,加强自身的行车安全管理和人工地段的施工安全防护。

12.3.3 安全风险管理

为加强和规范指挥部机场建设各工程项目的风险管控工作,有效减少在建工程安全事故的发生,保证工程建设和机场运行安全,指挥部依据国家《建设工程项目管理规范》、住房城乡建设部《大型工程技术风险控制要点》《危险性较大分部分项工程安全管理规定》（建设部第 37 号令）、上海市《危险性较大的分部分项工程安全管理规范》《上海市企业安全风险分级管控实施指南（试行）》《上海机场集团安全风险管理能力提升指导意见》以及其他国家、上海市相关法则、标准、政策等要求。修订、完善《上海机场建设指挥部工程项目风险管控管理办法》，明确了管理体系和管理责任，确定了风险等级和风险类别。做到工作有目标、管理有依据、奖罚有标准。

安全风险管理的重点包括：① 施工不影响机场运行；② 涉及飞行区施工采取物理隔离形成陆侧；③ 尽量减少大范围的交叉施工。根据安全风险管理重点，指挥部在施工前期方案策划的合理性、施工过程中安全监管的全面性、安全指令执行的及时性、安全体系运行的有效性结合《上海机场建设指挥部工程项目风险管控管理办法》进行安全风险管理，取得了较好的管理效果。本处选取卫星厅工程、飞行区下穿通道工程、捷运盾构工程、飞行区桥梁工程等 4 个有安全风险管理特点的工程进行简述。

12.3.3.1 卫星厅工程

卫星厅及 T2 捷运车站工程是浦东机场三期扩建工程的主体工程之一。为满足 S1、S2 和 T1、T2 的连接，配套建设了捷运系统；同时为满足服务车辆穿越卫星厅两侧的联络通道，配套修建多条地道，再加上卫星厅周边的专机坪、东机坪和港湾机坪以及能源中心和能源管沟，整个三期扩建工程包含多个项目并行推进，界面管理复杂，再加上卫星厅工程体量大、施工门类众多，安全管控风险极高。

1) 安全风险分析

根据相关安全规范和条例，结合施工环境、机场运营要求，分析本工程风险管控重点包括交叉施工、深基坑工程、模板及支撑体系工程、起重吊装及安装拆卸工程、脚手架工程、钢结构安装工程、卫星厅工程（大吊顶）。

2) 风险管控

按照指挥部《上海机场建设指挥部工程项目风险管控管理办法》要求，参建单位明确管理体系和管理责任，确定了风险等级和风险类别，按照危大工程施工安全管理程序进行安全管理，指挥部对施工、监理等单位的管理行为进行督查，加强风险管控：① 查方案，重点查方案是否按规定评审；② 查施工，重点查是否严格按照施工方案及规范进行；③ 查施工材料和机械设备，重点是材料是否合格，机械设备是否按规定组织检查验收后方投入使用；④ 查监测报警，重点查是否按照经批准的监测方案开展监测工作，监测设施设备是否完好；⑤ 查应急预案和应急措施到位，重点查应急预案是否完备，应急预案中需要的设施设备和应急队伍是否配置到位；⑥ 查人员到岗，危大工程施工，施工单位项目部必须有领导在现场，监理单位必须有专业监理在现场。指挥部所属工程部门每天安排项管人员现场检查。

各类危大工程安全管控程序要点接近，此处主要论述卫星厅工程的交叉施工管理和高支模排架工程的管理经验。

（1）交叉施工。针对多项目的并行推进，机场指挥部建立统一的协调管理机制。在项目策划、进度计划编制时统一考虑,由卫星厅施工单位上海建工牵头进行管理和协调。卫星厅计划编制考虑捷运系统、下穿地道以及能源管沟、港湾机坪等各单位对卫星厅工程施工的影响,提出界面搭接限制条件避免相互干扰产生安全隐患;在施工期间,针对界面管理和施工协调,定期组织各项目施工单位、监理单位召开协调会议通报各项目进展情况,互通消息,提出安全重点,明确搭接节点和移交条件,及时调整交叉有影响项目,确保项目无缝整体推进,安全受控,如图 12-6、图 12-7 所示。

图 12-6 卫星厅屋面交叉施工

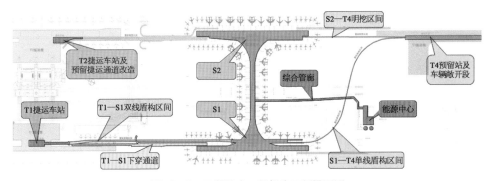

图 12-7 三期扩建工程部分工程界面图

(2) 高支模排架。

① 安全技术准备。

a. 因为本工程较为复杂,有弧形梁板、有楼层缺失。在每个分区施工之前,必须完成本区域高支排架的搭设图。

b. 熟悉施工图纸,了解施工流程,并且要实地勘察施工现场、是否满足搭设条件,基础是否满足承载力的要求,做到脚手架搭设心中有数。

c. 施工人员进入现场之前,必须进行三级安全教育和相应考核。考核合格人员办理进场手续,方可上岗操作,脚手架施工人员每周进行一次安全教育,提高安全意识,防止安全隐患。

d. 各部门管理人员根据施工方案分别对施工人员和使用人员进行两个交底:技术交底和安全交底。

② 材料准备。支架的安装与拆除,均严格按照施工方案进行。进场支架须有高强度、构造合理、承载力大、稳定性好、安全可靠、搭设方便、施工占地小等特点。

本工程模板支架相关材料进场前须进行相关要求部位的检测,各方面性能指标满足要求后予以进场。相关部位检测报告包括插销检测报告、横杆检测报告、扣接头检测报告、立杆检测报告、圆盘检测报告,以及排架搭设过程中涉及其他构件的检测报告。

③ 施工人员要求。

a. 对模板支架施工人员的要求。架体搭设人员要具有良好的安全意识和职业道德,并且要有很好的责任感和团结协作精神,要自觉遵守劳动纪律,讲究文明施工。要有健康的身体和较高的技术素质。

b. 对施工班组长的素质要求。除具有以上人员的素质外,还要精通图纸,理解设计意图,根据现场情况灵活解决搭设过程中出现的问题,熟练掌握盘扣式钢管支架的搭设方法,具有丰富的行业经验。

④ 安全通道设置。综合现场实际施工情况与通车、行人需求,在相关工程部位搭设通车、行人安全通道,通道上部架设支撑横梁,横梁按跨度和荷载确定,通道两侧立杆满设斜拉杆,通道周围的模板支架连成整体。洞口顶部铺设封闭的防护板,两侧满挂密目网,洞口设置安全警示和防撞措施。搭设前对进场的材料严格检查,禁止使用不合格的杆配件。搭设前清扫现场,处理路面的突出及凹陷。搭设必须统一交底后作业,统一指挥,严格按搭设程序进行。

通道两侧内外均采用密目式安全网全封闭,通道口挂置"安全通道"示牌,并悬挂"上面施工危险,请勿在此停留"警示牌。使用中注意保护,任何人严禁随意拆除结构杆件,破坏通道结构;禁止超高、超宽车辆通过;通过拖挂车时,通道四角派人看守,防止刮碰到通道立柱;风雨后,及时组织人员对通道进行检查,若有损坏及时修缮;禁止人员在通道内逗留,通道内严禁堆放任何物品。

⑤ 混凝土浇筑安全事项。结合工程特点,本方案中高支模的混凝土均采用汽车泵车泵送。混凝土泵送出料时,沿同一方向同步推进,出料口的混凝土及时振捣赶平,严禁集中堆载;严格控制大梁混凝土的浇筑速度与液面上升高度。高支模的混凝土施工中,增加看模人员,加强对柱模、大梁及楼板支架的看护,配备对讲机,以便发现下沉、松动和变形情况及时联络解决。

⑥ 模板工程拆除的安全要求。

A. 模板拆除开始时间。模板拆除须根据混凝土强度的发展情况。如无设计规定要求,则满足以下要求:不承重的模板,须在混凝土表面或棱角不因拆模而损坏。承重的模板,须在混凝土达到要求的强度后才能拆除,见表12-2。

表 12 - 2　拆模时间表

构件类型	构件跨度(m)	达到设计的混凝土抗压强度标准值的百分率(%)
板	≤2	≥50
	>2,≤8	≥75
	>8	≥100
梁	≤8	≥75
	>8	≥100
悬臂结构		≥100

B. 拆模要点。

a. 排架拆除前必须全面检查排架,清除排架上留存的垃圾、杂物,设置警戒区,并派专人看护。

b. 拆除时有专人指挥,参与拆除的人员应注意动作的配合和协调,拆除过程中不宜中途换人,不得单人拆除较重杆件等有危险的构配件。

c. 拆除顺序按搭设时的反顺序进行,即后搭设的部件先拆,先搭设的部件后拆。

d. 连墙拉结应在位于其上的全部可拆除杆件拆除之后才能拆除。当拆除至最后一节立杆时,应先设置临时支撑加固后,方可拆除连墙拉结及支撑。

e. 拆除脚手架时要做到一步一清,分段拆除时高差应不大于 2 步,如高差不得已大于 2 步,必须采取临时稳固措施。

f. 拆下的脚手架部件应及时运至地面,严禁从高空抛掷。当日完工后,应仔细检查岗位四周情况,发现遗留隐患,须及时修复处理。

g. 楼板模板拆除:先放低支架,拆除部分楞木,然后逐块拆除模板。

h. 梁模板拆除:先侧模后底模。侧模拆除时先拆下侧模支撑和对拉螺栓,再拆除模板;底模的拆除先降低支架,然后逐块拆除模板。

i. 柱模板拆除:拆模时,依次把加固在模板外面的加固件上的斜铁去除,加固件自行脱落。按照先装后拆、先非承重部分,后承重部分的原则依次拆模。拆模时严禁用工具撬开,若方柱模板没有自动与水泥柱分离,则只须用木条敲击震动一下,模板便可自然脱模。

j. 支架、脚手架拆除作业按先搭后拆,后搭先拆的原则,从顶层开始,逐层向下进行,严禁上下层同时拆除,严禁抛拆。

k. 当有多层混凝土结构,在上层混凝土未浇筑时,除经验证支承面已有足够的承载能力外,严禁拆除下一层的模板支撑系统。

l. 支架拆除时划出安全区,设置警戒标志,派专人看管。

⑦ 要求监理单位、施工单位做好验收程序管理。

a. 排架验收管理。搭设的架体三维尺寸符合设计要求,立杆基础不应有不均匀沉降,立杆可调底座与基础的接触面不应有松动和悬空现象;连墙件与主体结构、架体可靠连接;外侧安全立网、内侧间水平网及防护栏设置齐全、牢固;验收后形成记录。

b. 浇捣令管理。混凝土在浇捣前,施工单位须严格按照相关规定履行"浇捣令"管理。按照一次浇捣混凝土的方量进行分级审批和备案。浇捣令应填写清楚完整,注明工程名称、施工单位、浇捣部位、混凝土设计强度、混凝土浇捣数量、混凝土供应来源、计划浇捣时间、工程概况、隐蔽验收是否合格及验收时间、混凝土浇捣的准备工作(人员、机械、照明、安全措施等)、项目检查人员签字(施工、质量、安全负责人、项目技术负责人)、上级部门签字。

c. 拆模令管理。当混凝土强度满足要求后,施工单位须严格按照相关规定履行"拆模令"管理。拆模令应填写清楚完整,注明工程名称、施工单位、拆除部位、混凝土浇捣日期、设计拆模强度、混凝土实际强度(可参照与结构同条件养护混凝土试件的强度值)、试块报告编号(试块报告附在拆模令后)、拆模日期、监护人及证号、拆模班组、拆模安全技术措施、检查部门及单位负责人签字。

⑧ 高支排架监测。高大模板支撑系统在混凝土浇筑过程中和浇筑后一段时间内,由于受压可能发生一定的沉降和位移,如变化过大可能发生垮塌事故。为及时反映高支模支撑系统的变化情况,预防事故的发生,需要对支撑系统进行沉降和位移监测。浇筑前观测一次;浇筑至一半,观测一次;浇筑完成后观测一次,混凝土终凝后,监测一次,总共监测 4 次。若支护结构因位移、变形过大而出现险情时,现场测量人员应立即撤离危险区域,并及时上报建设单位。

12.3.3.2 飞行区下穿道工程

本期建设下穿通道工程共 3 处,分别是浦东机场飞行区下穿通道及 5 号机坪改造工程及飞行区 S1、S2 下穿通道工程。其中飞行区下穿通道及 5 号机坪改造工程穿越运行中的 T3、T4 滑行联络道,为确保浦东机场两条滑行道正常运行,工程在前期策划阶段采用三阶段施工进行招标,保证了施工中的"四个安全"。

1) 安全风险分析

根据工程的地理位置及周边环境情况、工程性质,以及工程性质所延伸出相应的工程管理要求、工程设计要求及施工要求,该工程在施工中的安全重点如下。

(1) 联络道不停航施工难度大。下穿通道在施工阶段所在位置将穿越两条运行中的滑行道 T3、T4,以及一条规划滑行道 T0,必须保证其中两条联络道正常使用。

(2) 围界区域内施工条件限制多。下穿通道及新建滑行道桥施工区域均位于机场现有围界以内,现场施工条件限制多,施工行为必须满足机场运营安全要求。

(3) 夜间停航施工要求高。部分施工区域位于现有滑行道安全距离以内,该区域施工须夜间停航后作业,夜间停航后的施工时间约为 6.5 h。

(4) 现有管线保护尤为关键。施工区域内已知和未探明的地下管线较多,在围护桩、基坑开挖、地基加固等施工时如何采取积极有效的措施给予及时保护,显得尤为关键。

(5) 基坑支撑体系转换。工程基坑支撑体系采用混凝土和钢支撑两种形式,局部设置有 3 道支撑,各道支撑拆除的时间先后直接关系到整个基坑的安全稳定。

(6) 主体结构施工技术要求高。

① 采用围护桩垂直开挖形式,在主体结构浇筑时无法采用传统的对拉螺杆双面模形式,施工工艺复杂,安全要求高。

② 混凝土顶板最大厚度达到 1.4 m,对于满堂支架的安全性也是不容忽视的关键点。

(7) 大体积混凝土施工安全控制。该工程主体混凝土浇筑体量大,达到了 6 万余立方米,在多条下穿通道合并段结构宽度达到 25 m,最大单次混凝土浇筑量达到了 800 m²,必须采取有效的施工安全措施来确保土施工安全。

(8) 施工期间沉降控制十分关键。地道降水成效直接影响基坑开挖施工,通常基坑开挖必须在基坑内地下水位降至底板以下 2 m 时方可进行,但由于该工程地下结构穿越垂直联络道、南进场路,周边需要保护的结构物较多,一旦发生沉降量过大的情况,后果不堪设想,因此,基坑降水也是地道施工的关键控制项目。

通过分析,下穿通道工程主要安全风险集中在不停航施工、大体积混凝土施工和深基坑三个方面。

2) 风险管控

(1) 须重点管控危险源。根据相关安全规范和条例,结合施工环境、机场运营要求,分析本工程以下危险源须重点管控:

① 穿越滑行道不停航施工和文明施工;

② 管线保护和迁移;

③ 大体积混凝土和脚手架模板(专家评审);

④ 深基坑(专家评审);

⑤ 降排水及施工沉降。

(2) 相应管控措施。

① 穿越正常运行的两条滑行道。在工程前期策划阶段充分考虑机场实际情况,指挥部在设计和招标环节提前策划,要求中标单位针对情况在投标阶段进行施工策划,确保联络道正常运行。

② 不停航施工。要求施工单位在施工前完善施工方案、完善管理体系,编制不停航施工、管线保护迁移等专项施工方案,经各有关部门审核,通过后按方案协调各参建单位实施。施工中严格按照批准的施工方案和指挥部不停航施工制度,做好对施工单位和监理单位的督查。

③ 根据施工内容提前进行危大工程辨识,要求施工单位在开工前编制施工方案和安全保证措施,组织专家论证评审。本工程的危大工程并经专家评审的工程为深基坑、模板脚手架支撑体系、单边模板三项。

④ 增加委托第三方进行沉降变形监测,根据工程施工阶段及时对基坑、滑行道等变形沉降数据收集分析,进行施工预控,保证工程本体安全和周围构筑物安全。

(3) 本工程穿越滑行道施工及深基坑安全管控措施。本工程不停航施工、脚手架等按照国家、地方的法律法规及强制性标准及通过评审的施工方案进行安全生产管控，管理措施具有普遍性。下面主要论述本工程穿越滑行道施工策划实施及深基坑安全实施。

Ⅰ. 穿越滑行道施工策划。

① 现阶段浦东机场运行条件。

a. 保持两条滑行道运营。根据浦东机场运行要求，施工过程中一、二跑道间东西向联络通道必须保证两条联络滑行道双向通行，确保东西侧飞行区联系畅通。通过新建 T0 滑行道并启用以满足施工中必须有两条滑行道通行的要求。

b. 保持现状远机位，并通过建设逐步增加远机位。5 号机坪现有 15 个机位，随着下穿通道的施工，由于施工影响需要停用的机位会逐渐增加。

c. 夜间停航施工及工效。下穿通道施工时滑行道之间分别有 14 m、16 m 区域为禁区不停航施工，须夜间停航后作业。夜间停航后的施工时间约为 6.5 h，施工效率较低。

② 划分原则。施工阶段下穿地道所在位置穿越两条运行中的滑行道 T3、T4，以及一条规划滑行道 T0，根据运行要求，必须保证其中两条联络道正常使用。根据三条滑行道的相互位置关系，地道建设分为三个阶段组织施工，如图 12-8 所示。

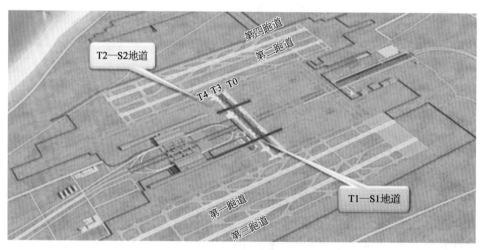

图 12-8　下穿通道布局

③ 施工阶段划分。第一阶段 T3、T4 通行，主要为 T3 滑行道以南区域施工内容；第二阶段 T4、T0（T3 借道 T0）通行，主要为 T3 滑行道区域施工内容；第三阶段 T3、T0 通行，主要为 T4 滑行道及以北区域施工内容，如图 12-9 所示。

A. 第一阶段。

a. T1—S1。滑行道安全距离重叠区域采用禁区夜间停航后施工，该禁区施工区域地道长度为 27.5 m，采用钻孔灌注桩＋止水帷幕的基坑围护方式。其他区域采用 SMW 工法桩的基坑围护方式。禁区临时围挡采用移动式的围挡体系 5

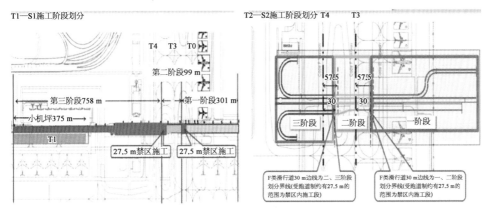

图 12‑9　下穿通道分阶段施工示意图

号机坪东侧 561 号机位距服务车通道侧墙仅为 13 m(C 类飞机机位安全距离为 4.5 m),考虑到施工便道和临时围界的设置,安全距离将无法保证,施工过程中该机位停用,如图 12‑10、图 12‑11 所示。

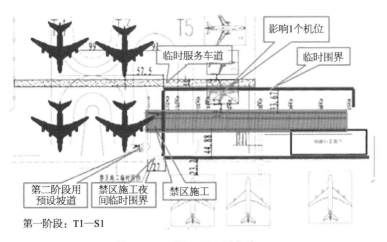

图 12‑10　T1—S1 一阶段施工

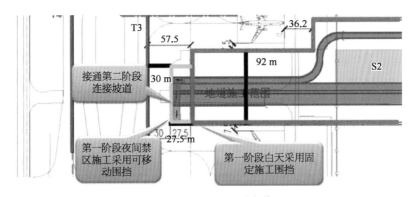

图 12‑11　T2—S2 一阶段施工

b. T2—S2。滑行道安全距离重叠区域采用禁区夜间停航后施工。禁区临时围挡采用移动的围挡体系。

B. 第二阶段。

a. T1—S1。设置临时围界与运行区域隔离,主要施工材料由南侧已建成地道西侧设置汽车坡道经由南侧施工便道进出。T3 以北滑行道安全距离重叠区域采用禁区夜间停航后施工。该禁区施工区域地道长度为 27.5 m,采用钻孔灌注桩＋止水帷幕的基坑围护方式。其他区域采用 SMW 工法桩的基坑围护方式。禁区临时围挡采用移动的围挡体系,如图 12-12 所示。

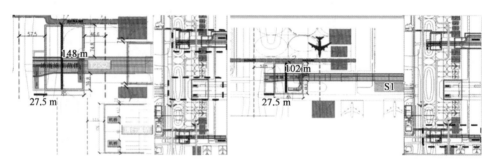

图 12-12　T1—S1 二阶段施工

b. T2—S2。设置临时围界与运行区域隔离,主要施工材料由南侧已建成地道经由南侧施工便道进出。T3 以北滑行道安全距离重叠区域采用禁区夜间停航后施工,禁区临时围挡采用移动式的围挡体系,如图 12-13 所示。

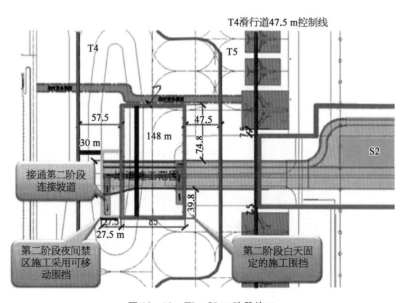

图 12-13　T2—S2 二阶段施工

C. 第三阶段。

a. T1—S1。设置临时围界与空管塔台处禁区围界相接,将施工区域划为非禁区,施工材料可通过 T1 南侧市政道路或已建成地道进出,如图 12-14 所示。

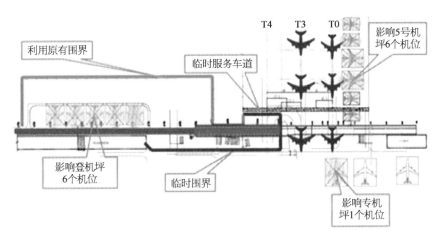

图 12-14　T1—S1 三阶段施工

b. T2—S2。设置临时围界与运行区域隔离,主要施工材料仍由南侧已建成地道经由南侧施工便道进出。北侧施工区域靠近 T2 南侧 D 类机坪通道,部分区域须采取夜间停航后施工方式。禁区临时围挡采用移动式的围挡体系,如图 12-15所示。

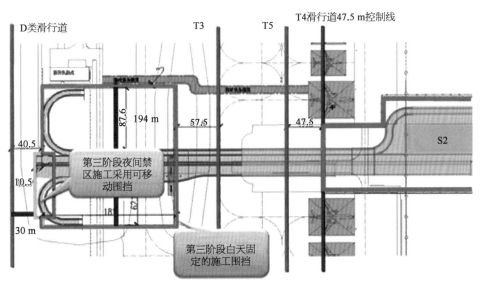

图 12-15　T2—S2 三阶段施工

④ 禁区施工应急预案与适航条件恢复。滑行道滑行安全距离重叠区域须在夜间停航后方可施工,根据目前禁区施工经验,夜间施工时间仅为 6.5 h 左右。

要求各参建单位建立必要的应急预案,包括管线抢修预案和应急撤离预案。在经过各相关部门研究通过后施工单位组织应急预案的演练,并及时总结和改进,以保障机场的正常运行。

应急预案中的各项机械物资均应当专用。要求施工单位现场安排专人和专门的施工机械(如挖机、叉车、装载机、钢板若干、大吨位吊车等)负责适航条件恢复。为保证施工期间工程进展顺利,施工机械应当做到用一备一,防止机械出现故障时影响施工。

⑤ 涉及不停航施工的按照机场不停航管理要求实施。下穿通道工程分阶段横穿 T3、T4 滑行道,第一阶段和第二阶段均涉及禁区内施工,T2—S2 第三阶段也有涉及。为确保不停航施工期间的飞行安全和航班的正常运营,根据民航局第191 号令《民用机场运行安全管理规定》和《上海浦东国际机场不停航施工管理规定》,上海国际机场股份公司、上海机场建设指挥部共同研究制定工程不停航施工组织管理方案。

a. 总体思路。按照"分步实施、集中突破、确保运营、有利施工"的原则组织施工,集中力量打好歼灭战。

b. 分阶段分区域实施。按照下穿道三阶段施工策划实施,每阶段都存在不停航施工和夜间停航施工。不停航施工主要施工量集中在二阶段 T3 区域。二阶段临时围界设置:T4 以南 57.5 m,T0 以北 47.5 m,东西服务车道边线以内 1 m,施工区域划为非禁区施工,在临时坡道形成之前,车辆、机械设备从 5 号门岗进入,人员从一阶段敞开段由临时扶梯进入 T3 区域,在临时坡道形成之后,大部分车辆、机械设备、人员可由临时坡道进入,其余无法从坡道进入的车辆、机械设备仍由 5 号门岗进入。滑行道安全距离重叠区域采用禁区夜间停航后施工。禁区临时围挡采用移动式的围挡体系,不停航施工区域如图 12 - 16 所示。

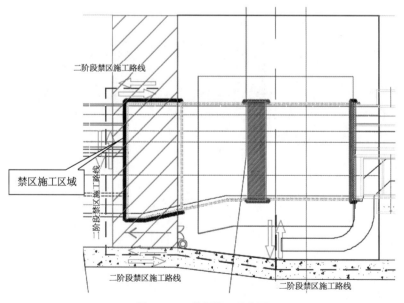

图 12 - 16　禁区施工示意图

Ⅱ. 深基坑工程(专家评审). 该工程基坑开挖深度 0～12.45 m,属于超过一定规模的危大工程,指挥部高度重视,在工程前期策划阶段根据不同开挖深度,与设计单位提前做好项目策划和深化设计,基坑围护采用降水、放坡、水泥搅拌桩挡墙、工法桩、钻孔灌注桩、钢支撑和圈梁支撑等组合方式进行,同时在工程施工阶段要求施工单位对深基坑施工编制专项方案并经专家评审通过,用于指导现场施工。

① 管控重点。

a. 施工单位安全体系运转及监理单位安全管控行为是否到位。

b. 安全责任是否到人。

c. 施工方案执行和监理监督是否到位。

d. 风险源管控的针对措施是否有效。

e. 重大危险源的应急救援预案措施准备情况及演练是否得当。

② 施工安全管理控制重点。

a. 基坑施工危险源辨识。包括:基坑坑底出现流砂;基坑纵向边坡失稳滑坡;坑底隆起;钢支撑体系失稳;基坑围护结构位移过大;围护结构接缝夹泥,导致基坑开挖阶段渗漏水甚至涌土、喷砂。

b. 基坑安全原则。该工程基坑开挖面积较大,且成长条形分布,土方开挖采取分块分层方式,结合围护结构及降水施工先后顺序,分块实施开挖,每块开挖区域采取对称开挖,严格遵守时空效应。同时根据支撑体系布设标高,分三至四层开挖至基坑底标高,每层土方开挖至支撑围檩底标高后立即开展支撑制作及安装施工,待支撑体系能够正常发挥作用后再进行下层土方开挖。

该工程主体为箱涵结构,为加快施工进度,尽量少基坑暴露时间,将整个箱涵结构分为底板、侧墙和顶板三次浇筑,分层拆除钢支撑后,快速对侧墙及顶板进行连续浇筑,减少换撑对结构施工的影响。

c. 支撑拆除。钢支撑卸荷及拆除要在相应结构完成并达到设计强度后拆除,以免发生安全质量事故。

由下而上依次拆除,与地下结构施工交替进行。各项相关准备工作、保护措施到位以后,报项目监理单位审批后即可进行拆除。

d. 雨季施工安全重点。在基坑顶部四周设置截水沟,以便及时排除雨水,防止地表水进入基坑。在雨季来临之前,督查施工单位防雨、防淹、防锈蚀、防漏电、防雷击等措施及监理、施工单位轮流值班制度执行情况。

e. 夜间施工保证措施。充分考虑施工安全问题,施工单位不安排交叉施工的工序同时在夜间进行。

③ 基坑监测。结合施工现场情况,须周期性对周边环境进行观测,及时发现隐患,并根据监测成果相应地及时调整施工速率及采取相应的措施,确保邻近建筑物、地下管线及基坑围护结构的安全。

12.3.3.3 捷运系统工程盾构施工

捷运系统由捷运盾构施工和捷运轨道施工两大部分组成,其安全侧重点不同。捷运轨行区施工中施工单位众多，风险主要在交叉施工和带电施工，安全管控侧重点在施工区域管理和施工顺序管理。捷运盾构施工安全管控侧重于施工策划、施工方案、施工技术运用和重大风险管控。本文在捷运轨行区施工前部分已论述，捷运盾构系统施工本节单列出论述。

捷运系统工程盾构施工在浦东机场尚属首次，机场指挥部对盾构施工的管理经验欠缺，在项目招标阶段提前预控，引入代建采取专业化管理。盾构须穿越运行中的飞行滑道等设施，指挥部会同代建单位组织开展安全风险评估，邀请专家研究评估，确定盾构推进工艺及保护措施，取得了良好的效果。

1) 安全风险分析

(1) 督查施工单位风险分析。通过对工程项目的作业分解、详细的风险辨识、风险因素的影响程度、风险防范措施的优化和选定等，对盾构施工的特点，使用系统安全分析方法对施工场地布置、道路及运输、沿线地面建构筑物、工艺过程、生产设备装置、作业环境、安全管理措施进行辨识。

(2) 风险识别及处理措施。根据《中华人民共和国安全生产法》和《城市轨道交通地下工程建设风险管理规范》(GB 50652—2011)，针对该工程水文地质、设计情况，结合风险清单库，借助专家访谈、调查资料，得到施工安全风险清单及对应措施，见表 12-3。

表 12-3　工程自身风险及处理对策、措施

主要风险项目	风险等级	风险因素及对工程潜在影响	设计处理对策
T4—S1 区间			
盾构始发到达施工	Ⅱ级	洞口有渗漏水迹象；盾构到达时管片环缝张开；盾构始发、到达难以确保开挖面土体稳定；盾构顶覆土厚度小，地面沉降及隧道轴线控制有一定难度	设置良好的密封止水装置；在洞圈上采用帘布橡胶板和注浆管方式止水；严格控制洞门土体加固的施工质量，通过垂直与水平钻芯取样的方式，检测土体加固强度和均匀性，如未达标，可采用补充注浆等方式进行补救；隧道洞门混凝土凿除前，在洞圈范围内钻水平观测孔，观察是否出现渗漏水；如有，则根据周边环境情况，采用水平注浆或降水等处理措施
盾构施工轴线控制	Ⅲ级	轴线偏差大，贯通测量精度有限，影响隧道建筑限界及盾构接收；管片出尾盾后可能出现明显上浮、管片间出现错台现象	施工期间严格控制隧道轴线，每环均匀纠偏，减少对土体的扰动；采用高精度的测量仪及长距离推进的测量技术进行贯通测量控制，确保顺利接受；采用比重较大(密度大于 1.8 g/cm³)的同步注浆浆液，防止管片脱出尾盾后上浮；管片脱出尾盾前复紧全部环、纵向螺栓
尾盾密封失效	Ⅲ级	尾盾密封不满足要求，导致泥水、流沙涌入隧道，后果严重	在尾盾设置 3 道尾盾密封钢丝刷，并配备紧急止水密封装置；保持尾盾油脂压力，防止尾盾漏浆；采用优选尾盾油脂

主要风险项目	风险等级	风险因素及对工程潜在影响	设计处理对策
T4—S1 区间			
联络通道施工	Ⅱ级	开挖面涌水；隧道塌方及结构受损；地面发生较大沉降	加强施工管理，请冻结发专业单位进行施工，保证冰冻质量； 拆卸钢管片前须打设探孔，观察是否出现渗漏水；如有，则继续进行冻结或采用注浆等处理措施，确保无水环境下作业； 采取短进尺、早封闭、强支护、勤量测的施工原则； 确保应急防护门正常启用，实施应急抢险方案实施
粉土或砂性土中盾构施工	Ⅲ级	盾构推进切削面的稳定及强度要求有影响增加盾构掘进技术难度；开挖面不稳定、开挖面硬土引起的开挖难、切削刀盘受到特别大的阻力	对盾构选型进行充分的论证，选择针对性的刀具，具备刀具磨损检测装置； 盾构机设置防喷装置
盾构穿越原随唐河	Ⅱ级	土质不均匀，增加盾构掘进技术参数，易引起隧道不均匀沉降	盾构施工前须进一步查明古河道详细分布区域及层位； 盾构应连续施工，避免长时间故障停机； 控制盾构姿态，减少盾构机纠偏量，控制地层损失率≤5‰； 盾构推进结束后，根据变形沉降资料，打开增设注浆孔对较大的区段进行二次注浆加固
T1—S1 区间			
盾构始发到达施工	Ⅱ级	洞口有渗漏水迹象；盾构到达时管片环缝张开；盾构始发、到达难以确保开挖面土体稳定；盾构顶覆土厚度小，地面沉降及隧道轴线控制有一定难度	设置良好的密封止水装置； 在洞圈上采用帘布橡胶板和注浆管方式止水； 严格控制洞门土体加固的施工质量，通过垂直与水平钻芯取样的方式，检测土体加固强度和均匀性，如未达标，可采用补充注浆等方式进行补救； 隧道洞门混凝土凿除前，在洞圈范围内钻水平观测孔，观察是否出现渗漏水； 如有，则根据周边环境情况，采用水平注浆或降水等处理措施
盾构施工轴线控制	Ⅲ级	轴线偏差大，贯通测量精度有限，影响隧道建筑限界及盾构接收；管片出尾盾后可能出现明显上浮、管片间出现错台现象	施工期间严格控制隧道轴线，每环均匀纠偏，减少对土体的扰动； 采用高精度的测量仪及长距离推进的测量技术进行贯通测量控制，确保顺利接受； 采用比重较大（密度大于 $1.8\ g/cm^3$）的同步注浆浆液，防止管片脱出尾盾后上浮； 管片脱出尾盾前复紧全部环、纵向螺栓
尾盾密封失效	Ⅲ级	尾盾密封不满足要求，导致泥水、流沙涌入隧道，后果严重	在尾盾设置3道尾盾密封钢丝刷，并配备紧急止水密封装置； 保持尾盾油脂压力，防止尾盾漏浆； 采用优选尾盾油脂

主要风险项目	风险等级	风险因素及对工程潜在影响	设计处理对策
T1—S1 区间			
联络通道施工	Ⅱ级	开挖面涌水；隧道塌方及结构受损；地面发生较大沉降	加强施工管理，请冻结发专业单位进行施工，保证冰冻质量； 拆卸钢管片前须打设探孔，观察是否出现渗漏水；如有，则继续进行冻结或采用注浆等处理措施，确保无水环境下作业； 采取短进尺、早封闭、强支护、勤量测的施工原则； 确保应急防护门正常启用，实施应急抢险方案实施
粉土或砂性土中盾构施工	Ⅲ级	盾构推进的切削面的稳定及强度要求有影响增加盾构掘进技术难度；开挖面不稳定、开挖面硬土引起的开挖难、切削刀盘受到特别大的阻力	对盾构选型进行充分的论证、选择针对性的刀具具备刀具磨损检测装置；盾构机设置防喷装置
盾构穿越原随唐河	Ⅱ级	土质不均匀，增加盾构掘进技术参数，易引起隧道不均匀沉降	盾构施工前须进一步查明古河道详细分布区域及层位； 盾构应连续施工，避免长时间故障停机； 控制盾构姿态，减少盾构机纠偏量，控制地层损失率≤5‰； 盾构推进结束后，根据变形沉降资料，打开增设注浆孔对较大的区段进行二次注浆加固
原拟建民航空管中心拔桩后桩孔回填	Ⅲ级	原桩底位于承压层，回填未密实，形成承压水透水通道	拔桩后回填要密实、具有良好的均匀性和低渗透性，形成透水通道，回填材料可采用7%的水泥土； 隧道施工前对回填情况进行复检，必要时重采取注浆封堵
2 号疏散井围护			
工程特征（A）	Ⅱ级	2 号疏散井地下三层，主体基坑 8.2 m×9 m，深17 m。第一阶段施工疏散井围护，施工期间莲花南路向东西两侧翻交；第二阶段进行风道围护，基坑开挖及内部结构施工，施工期间莲花南路恢复交通	2 号疏散井主体围护结构形式为 1000 厚地下墙，地墙长 39 m，锁口管接头入土比 0.79；附属围护结构形式采用 ϕ650@500工法桩，入土比 1.07；支撑布置形式：疏散井六道支撑（六道角撑），附属两道支撑（一道混凝土支撑一道钢支撑）；地基加固形式：疏散井基坑内对坑底下 3 m 的土体进行旋喷桩施工
工程地质与水文地质	Ⅱ级	本场区分布有厚度较大的④淤泥质黏土⑤1 黏土，围护墙底位于⑦2 砂质粉土中；对本工程有影响的承压水分布于⑦1、⑦1 层中，层压水水位埋深为 3～12 m	疏散井围护墙插入⑦2 层 6.6 m，对控制位移有利；经计算底板以下土层自重抵抗承压水不足，因此采用了旋喷桩坑底加固，设置降压井

主要风险项目	风险等级	风险因素及对工程潜在影响	设计处理对策
1号疏散井围护			
工程特征（A）	Ⅱ级	1号疏散井地下三层，主体基坑 8.2 m×9 m，深17 m。第一阶段施工疏散井围护，施工期间莲花南路向东西两侧翻交；第二阶段进行风道围护，基坑开挖及内部结构施工，施工期间莲花南路恢复交通	1号疏散井主体围护结构形式为 800 厚地下墙，地墙长 30 m，锁口管接头入土比 0.79；附属围护结构形式采用 φ650@500 工法桩，入土比 1.07；支撑布置形式：疏散井四道支撑（四道钢筋混凝土角撑）；附属两道支撑（一道混凝土支撑一道钢支撑）；地基加固形式：疏散井基坑内对坑底下 3 m 的土体进行 4 m 旋喷桩施工
工程地质与水文地质	Ⅱ级	本场区分布有厚度较大的④淤泥质黏土⑤1黏土，围护墙底位于⑦2砂质粉土中；对本工程有影响的承压水分布于⑦1、⑦1层中，层压水水位埋深为 3~12 m	疏散井围护墙插入⑦1层 2 m，对控制位移有利；经计算底板以下土层自重抗抗承压水不足，因此采用了旋喷桩坑底加固；为了安全起见，设置观测井兼降压井

2）安全管控

（1）安全管理组织。工程项目开工前聘请第三方代建专业管理整个施工过程。督查施工单位安全组织机构的完整性和运行的有效性，确定分管安全生产的负责人，规定职责和权限，项目经理、项目工程师、项目组专职安全人员及相关人员直至班组，建立安全生产责任制，进行自下而上的层层签约，明确各自的职责和权限。

（2）辨识安全风险管控重点。盾构施工的安全控制要点主要涉及盾构机组装、调试、解体与吊装、盾构始发与接收、隧道施工控制、联络通道及泵站施工安全控制、隧道内轨道运输等都有成熟的安全管控经验和做法借鉴实施，盾构穿越运行中的滑行道在浦东建设中尚属首次，如何保证滑行道安全无经验借鉴，是指挥部安全管控的重中之重。

（3）盾构穿越滑行道安全控制。T1站至S1站区间为双线盾构区间，总长约1 321 m，盾构施工过程中须穿越众多重要构建筑物，其中包含 T0、T3、T4 三条滑行道。盾构机在滑行道区域覆土埋深范围为 12.47~13.64 m，穿越段隧道的平面曲线为直线，纵断面为－4‰下坡。

其中右线（西线）盾构机率先进行穿越三条滑行道施工，左线（东线）盾构机相隔约一个月时间再次进行穿越施工。

① 与施工、设计优化盾构推进参数和施工措施，并要求施工单位在施工过程中严格执行，指挥部对施工、监理进行督查。主要控制重点包括切口水压控制和调整、正面土压力控制、推进速度控制、杜绝出现超挖和欠挖、优选泥水体系、同步注浆和二次注浆控制、防止尾盾渗漏、盾构机的维修和保养、减少盾构机纠偏和隧道内进行跟踪注浆。

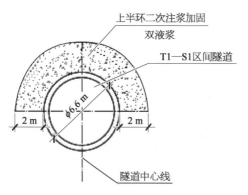

图 12-17　上半环二次注浆加固示意图

② 穿越后保护措施。考虑盾构通过滑行道后，后期地面可能存在不均匀沉降，为保障滑行道后期运行安全，对滑行道下方隧道上半环管片进行二次注浆加固，如图 12-17 所示。

③ 信息化施工管理措施。

a. 地面沉降监测。穿越过程中监测频率在原有监测频率的基础上进行加密。穿越过程中每环管片推进结束后对地面相应区域位置进行监测，并将最新沉降监测数据在下一环管片推进前各参建单位都必获悉，发现问题及时组织各单位解决，杜绝安全隐患，如图 12-18 所示。

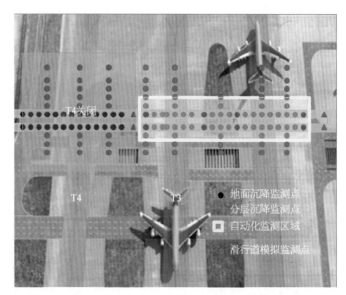

图 12-18　盾构穿越滑行道监测布点示意图

b. 施工过程信息化管理。设置中央控制室，盾构施工过程中的各项施工参数以数据形式输送至中央控制室处的计算机内，各单位及时沟通信息。高效和信息化施工管理确保盾构机安全顺利地穿越绕行滑行道。

④ 应急保障。该工程施工期间，建设指挥部组织施工、监理等相关单位立安全控制小组，与机场运行部门密切联系，同时建立应急通信联系网络。

要求施工单位编制应急预案，对可能出现的问题进行预判并采取有效措施。指挥部组织协调机场运营单位和施工单位，发现安全隐患，立即协调运营单位采取措施保证航空器安全运行，并及时安排施工单位按照应急预案进行抢修，保证机场运营。

12.3.3.4 滑行道桥工程

考虑在现有南进场路地道上方新建滑行道桥,为了对使用中的南进场路影响降到最低,飞行区滑行道桥工程主要考虑采用桥梁预制方式,最大限度减少现场工作量,保证施工安全和构件质量,并对行走路线进行详细策划。

1) 安全风险分析

(1) 周边建(构)筑物保护。本工程周边构筑物的保护对象主要为南进场路东、西两线地道。保护的目的主要有两点:一是确保地道的运营安全;二是确保地道的结构安全。同时施工中须拆除部分地道的 U 形槽结构,如何在施工中做好对周边地道原有结构的保护,且保证地下通道的交通安全,也是该工程施工安全的重点。

(2) 周边管线保护要求高。该工程为正在运营的机场扩建工程,施工区域内地下管线较多。任何微小的管线破坏都可能造成严重安全后果,给机场带来无法挽回的损失。

(3) 交通组织是本工程的重点。根据机场公安管理要求,不得因桥梁施工而影响南进场东线、西线的通行。如何抓好交通组织,是确保工程顺利实施及工程安全的又一个关键点。

2) 风险管控

根据机场现场情况,结合工程特点,指挥部将预制梁的运输、起重设备的安装与拆卸、预制梁起重吊装等列为重点安全风险管控,组织各参建单位按照程序进行施工管控。其中起重设备的安装与拆卸、预制梁起重吊装等管控程序和管控要求参照相关法规执行,涉及机场现场特点,预制梁的运输和预制梁安装安全防护为此次管控重点。

(1) 预制梁运输管理。该工程新建桥梁工程跨越南进场路,在东、西两线分别各有 6 座桥梁,桥梁宽度为 10~157 m,施工影响段总长约为 970 m。

受浦东机场三期扩建工程其他工程交叉施工影响,提前安全规划,该工程分区段、分阶段进行施工。为减少翻交次数,尽可能地先完成一侧桥梁施工,再翻交进行另一侧桥梁施工。每次翻交前,提前将现场交通设施布置示意图报给交警部门,并在施工前及时通知交警部门。

超限设备运输需要对运载车辆通过的道路条件、道路的净空高度、通过宽度、平竖曲半径及沿途的交通流量、地理情况、气候条件等进行周密的调查研究并提出解决影响超限设备运输所通过的公路改造,桥梁的加固,障碍排除和交通控制疏导等具体措施,以确保货物、车辆、道路、桥梁的安全及运输的顺利进行。

由于预制梁的结构特殊,外形超长、超宽、超重,运输难度较大;为保障此项目安全、及时、高效地完成,对参与运输的车辆、工具在满足使用性能、强度、稳定性的条件下,使用前还必须进行严格检查,计算验证,以确保安全使用。

根据桥梁发运安排车辆,在保量运输的情况下另安排一台车辆备用。

(2) 预制梁安装的安全防护。预制梁吊装前,在光栅梁上搭设 U 形防护板,以防止预制梁吊装及湿接缝浇筑时细渣或泥浆坠落进入地道行车道上,影响车辆通行安全。同时预制梁吊装期间，U形防护板还可以遮挡驾驶员的视线，避免给驾驶员造成心理恐慌而减速或刹车，确保车辆行驶畅通，如图12-19～图12-21所示。

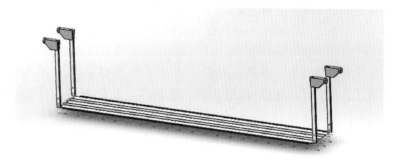

图 12‑19　U形防护板示意图

图 12‑20　U形防护板实物图

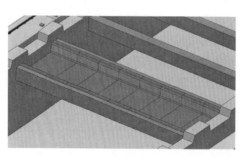

图 12‑21　吊梁期间防护示意图

U形防护板具有一定承载力，允许少量人员能够在其上表面行走。

U形防护板安装完成后，及时联系机场保障部协助开启地道内临时照明系统，保证地道内行车安全。

地道内封闭车道交通安全设施按照高速公路规范标准进行布置，所有设施布置必须满足规范要求。为及时了解现场相关情况，每次在封闭施工区域设置录像监控系统，两端各设置一台摄像机，其中一台监控车行道与安全隔离设施的相关情况，一台监控施工区域内施工情况。如果发生情况有可追溯性，为事后评价以及执法部门执法提供依据，如图12-22所示。

施工期间夜间临时占用一根车道时，现场采用LED导流标志且要逐级进行变道，确保现场车道通行安全。施工期间每天临时占用车道恢复交通前，及时通知场区保障部到现场进行验收，确保地道车辆通行安全。

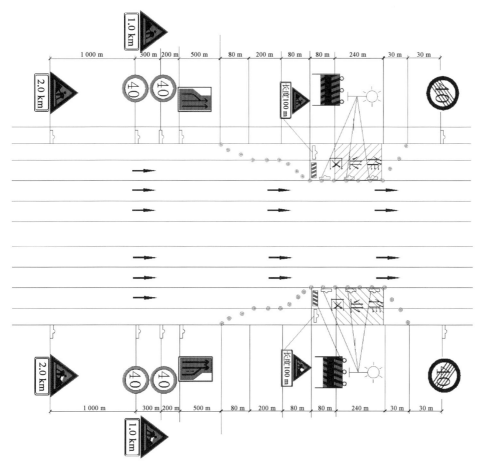

图 12‑22　吊梁期间交通围护示意图

12.3.4　隐患整改管理

指挥部依据《中华人民共和国安全生产法》《国务院安委办关于建立安全隐患事故排查治理体系的通知》《生产安全事故报告和调查处理条例》《安全生产事故隐患排查治理暂行规定》《上海市安全生产条例》《上海市危险性较大的分部分项工程安全管理规范》及其他国家、上海市相关法规规章、规范标准等要求,以指挥部安全管理提升计划为基础,修订、完善指挥部安全生产事故隐患管理办法,建立指挥部安全生产事故隐患排查整改工作长效机制,以零容忍态度全面排查整改事故隐患,要求各单位应遵守法律、法规及规章有关事故隐患整改的规定,将事故隐患排查整改工作从表现形式整改向过程管理整改转变,制订事故隐患整改制度,做好检查发现的事故隐患整改闭环,建立台账,根据事故隐患整改的"五定"原则(定人员、定时间、定责任、定标准、定措施),逐条整改事故隐患。办法的执行提高对事故隐患整改力度和有效性,减少各类事故隐患重复出现的频次,确保机场建设工程安全平稳可控。

1) 管理目的

为建立指挥部安全生产事故隐患排查整改工作长效机制,以零容忍态度全面排查整改事故隐患,提高对事故隐患整改力度和有效性,减少各类事故隐患重复出现的频次,确保机场建设工程安全平稳可控。

2) 管理主体

指挥部各部门、各参建的安全生产责任主体单位。

3) 管理责任

(1) 施工单位(包括分包单位)。施工单位是施工现场事故隐患排查、整改和防控的责任主体,项目经理为项目隐患整改总责任人。

应依法依规建立健全事故隐患排查整改制度,明确安全、生产、技术、设备、消防、材料、财务等部门事故隐患排查整改工作的职责,明确事故隐患的排查、整改、登记、报告、监控、整改、验收各环节和资金保障等事项。

实行施工总承包的单位对施工现场事故隐患排查整改工作负总责,总承包项目经理应统一协调管理分包单位及工程建设其他参与各方的事故隐患排查整改工作。

(2) 监理单位。监理单位是督促所监施工单位开展隐患整改并开展复查的责任主体,项目总监为项目隐患整改总负责人。

应当协助施工单位建立事故隐患整改长效机制,并跟踪监查施工单位事故隐患排查整改情况。形成完善的检查整改制度,每日开展安全巡视,制定每月安全检查计划及每周的检查侧重点。

发现重大事故隐患及时开具《停工令》,总监参与或组织整改后的复查验收,并签署意见。

(3) 指挥部工程部。指挥部工程部为组织所辖项目隐患检查、整改、复查及闭环工作的责任主体,各工程部部长为隐患整改总负责人,并明确本部门及所辖项目隐患整改责任人。

每月至少组织两次隐患督查。针对隐患督查中发现的事故隐患,责成施工单位立即进行隐患消除。重大事故隐患或一般事故隐患重复发现 3 次,组织约谈相关责任各方。

积极配合政府行政主管部门及上级单位开展的不定期安全检查,及时落实响应安全检查中发现的各类事故隐患整改工作。

根据隐患整改情况,向质量安全部提出对相关责任单位的处理意见。

(4) 指挥部质量安全部。负责本办法的编制和修订;对重大事故隐患整改情况进行跟踪、监督,视情向指挥部领导报告重大隐患及整改情况;根据重大隐患发生的严重性,牵头约谈责任方项目群或法人公司领导;根据《上海机场建设指挥部工程项目施工安全考核办法》和工程部意见,对隐患整改责任方实施奖惩。

4) 管理方法及手段

各单位应遵守法律、法规及规章有关事故隐患整改的规定,将事故隐患排查整改工作从表象形式整改向过程管理整改转变,制订事故隐患整改制度,做好检查发现的事故隐患整改闭环,建立台账,根据事故隐患整改的"五定"原则(定人员、定时间、定责任、定标准、定措施),逐条整改事故隐患。

(1) 整改要求。一般事故隐患发生后,应立即组织整改,闭环销项。

重大事故隐患发生后,应当立即局部或全部停工,待隐患消除后方可复工。责任单位应立即组织制定并实施整改方案,经项目群或上级法人公司审核并提出意见后,及时报备指挥部工程部、质量安全部。项目群或上级法人公司应对项目开展督导,对责任单位安全管理不落实、不履职、不到位的责任人,要严肃问责。整改完成后,应及时形成隐患整改报告,经项目群或上级法人公司审核并提出意见后,报指挥部工程部、质量安全部。指挥部工程部门应组织监理及相关单位进行验收、签署意见、闭环存档。指挥部视情组织抽查并在安全例会或项目群会上进行通报。

一般事故隐患重复发生 2 次后,责任单位应组织对此类隐患进行分析预警,制定整改措施,并举一反三查找系统性风险加以防范,编制整改方案报备指挥部工程部。

一般事故隐患重复发生 3 次以上(含)按照重大事故隐患整改要求执行。

重大事故隐患重复发生的按生产安全事故处置,按照《上海机场建设指挥部工程项目施工安全考核办法》相关规定执行。

(2)整改方案及报告内容。整改方案应包括隐患的现状及其产生原因、整改的目标和任务、采取的方法和措施、经费和物资的落实、负责整改的人员、整改的时限和要求、安全措施和应急预案。

整改报告应包括整改方案、整改完成情况、问责及处理结果。

(3)奖惩。按照《上海机场建设指挥部工程项目施工安全考核办法》相关规定执行。

5)管理成效

按照安全生产事故隐患管理办法,机场指挥部定期、不定期组织开展各类安全检查排查各类隐患,采取现场整改、监理复查、工程部门确认逐条闭环。针对不安全事件,通过分析原因、总结经验,不断完善相关措施和要求,同时对肇事单位及责任单位、人员严格按规处置,以儆效尤,做到发生一起、调查一起、处罚一起、总结一起,举一反三,防微杜渐,取得了较好的管控成效。

以浦东机场三期扩建工程卫星厅钢结构脚手架隐患整改为例,整改前后的对比如图 12-23~图 12-26 所示。

图 12-23　整改前

图 12-24　整改后

图 12‑25　现场移动平台搭设整改前　　　　　图 12‑26　现场移动平台搭设整改后

（1）现场部分零星脚手架未及时拆除，后已落实拆除。

（2）现场移动平台搭设不符合要求，后已落实整改，及时拆除。

（3）施工单位对于现场脚手架搭设不规范的区域采取了限期整改、立即拆除、责令罚款等措施，后现场搭设的脚手架相比前期有了较大的改观，如图 12‑27 所示。

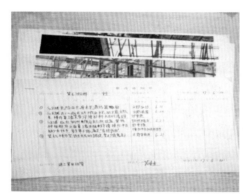

图 12‑27　脚手架搭设不规范处罚措施

12.3.5　安全考核管理

为了落实安全管理制度，做好安全管理工作，指挥部针对安全管理制定考核措施，从而督促各参建单位做好安全管理工作。如对施工单位的安全管理，每月由监理单位组织，针对每月出现的安全隐患进行汇总，并对各施工单位进行打分排名。

委托第三方机构开展安全、施工、监理监督检查及环保验收咨询等工作，利用第三方机构的专业性、公正性，加强指挥部管理力度和深度，保持管理高压态势。指挥部定期开展施工安全、施工质量、监理工作和试验检测等各方面督查，及时掌控各参建单位体系运转情况和现场问题，从行为和实体上督促整改，落实各方责任。检查效果形成"五个一"模式：一次检查、一次讲评、一份纪要、一份报纸和一份通报。通过这些平台，讲评、处罚和表彰信息能让各工程部、项目部、监理部和项目群公司及时知晓，资源共享，放大检查效应，如图 12‑28 所示。

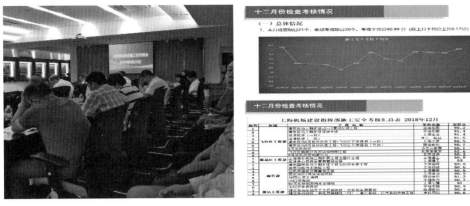

图 12‑28　定期例会及讲评

1) 考核目的

为了强化指挥部工程建设项目施工安全管理,贯彻落实"安全第一、预防为主、综合治理"的方针,进一步健全激励约束机制,夯实安全工作基础,建立安全生产长效机制,不断提升指挥部工程建设安全管理水平,促使工程建设参建人员更好地落实安全责任,履行安全职责,规范施工作业,有效防范安全事故。

2) 考核对象

指挥部管理的在建工程项目的施工总承包单位、工程类专业分包单位。

3) 考核主体及责任

(1) 监理项目部。依据其对工程项目施工安全承担的监理管理责任,自行开展对施工单位的日常检查、考核。

(2) 指挥部工程管理部门。依据对项目工程承担的安全监管责任,结合工程实际对所管辖项目进行动态安全生产日常检查、督促。

(3) 指挥部安全管理部门。依据对施工安全承担的督查管理责任,组织开展检查、考核。

4) 考核办法及手段

(1) 以《上海机场建设指挥部工程项目施工安全动态考核评分项目表》(以下简称"评分表")作为基础实施,以在建工程项目的总承包、各分包单位为动态考核单元。总承包单位对本项目施工现场的安全生产负总责,并对分包工程项目的安全生产承担连带责任。

(2) 考核采取"每月动态考核,每半年综合考核"相结合的方式进行。

(3) 动态考核的组织。指挥部每月由安全管理部门、工程管理部门、监理单位、组织社会第三方组成联合督查组,对在建工程项目进行动态安全生产督查,对督查时发现的问题采取《现场检查记录表》及多媒体的形式记录在案,在指挥部安全月例会上讲评。

联合督查组根据每月动态督查情况,参照评分表进行考核评分。监理单位可依据所辖施工单位当月安全管理情况向工程部提出评分意见,工程部确认后向安全管理部门提出最终意见。

(4) 综合考核的组织。指挥部安全管理部门每半年组织一次综合考核(评分汇总）。

（5）奖惩办法。根据考核办法执行。

（6）考核内容。包括策划管理、技术管理、制度管理、人员管理、分包管理、安措费及安全物资管理、检查和整改管理、应急救援管理、现场作业安全、现场设施、设备、临时用电、专项工程、消防保卫与季节性施工、文明施工与劳动保护、机场专项。

5）管理成效

指挥部推动安全考核管理办法，在三期建设过程中取得了良好的成效，促进各工程项目安全质量管理目标全面受控，安全质量管理水平整体提升。提高了指挥部及各参建单位的工作水平和业务能力，促进了三期扩建工程的整体进步。

12.3.6　专项整治推动现场管理

开展各种专项活动，如安全生产月活动、防台防汛专项演练、机械设备专项整治暨培训考核、核心区管理、大临设施消防专项整治、临时用电专项整治、高处作业专项整治等，推动现场管理、隐患整改等安全重点工作。

1）消防动火管控

针对卫星厅、能源中心、捷运车站等现场动火作业点多面广状况，组织消防安全（动火审批）培训，召开动火管理专题会，明确能源中心等密闭空间动火管理要求，对总包和设备带安装单位区域动火管理界面进行界定，推进卫星厅永临结合消防设施建设。

2）核心区、轨行区管理

组织工程部门及机场公安、安保公司等核心区相关单位研究确定核心区、轨行区治安管理专项措施，明确卫星厅总包建工、保安公司和各驻场施工单位责任区域划分和职责；安装卡口（预留卡口）和机坪视频监控等。

3）防汛防台

按《上海机场建设指挥部防汛防预案（修订稿）》相关规定，组织落实工作体系、责任分区、应急响应等相关工作。对南进场路地下车道、卫星厅地下室、捷运轨行区和核心区排水系统等重要部位和重点环节进行布控，厘清防汛责任界面划分，落实排水管道疏通、防汛防台物资及预案到位。

4）环境整治

颁发《关于开展浦东机场建设工程环境整治相关工作的通知》（沪机建指质〔2018〕36号），对在用的5家搅拌站进行重点整治。

5）典型专项活动效果

（1）落实指挥部开展高处作业专项整治活动。2018年12月4日下午，根据指挥部《关于印发上海机场建设指挥部开展高处作业专项整治活动的通知》要求落实传达上海建工卫星厅参建各项目，如图12-29、图12-30所示。

图12-29　专项整治活动通知及学习宣贯

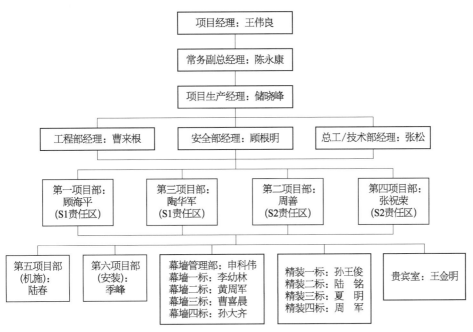

图 12-30　浦东机场三期扩建卫星厅及捷运车站工程高处作业专项整治安全管理网络

（2）高处作业的管理。卫星厅装饰安装期涉及登高作业设备共计约 501 个，高空车约 53 辆、剪刀作业车约 169 辆、吊篮 5 台、移动操作平台约 158 个等，主要用于机电安装、幕墙施工及精装修施工。

现场登高设备在使用过程中，指派专门的维修保养人员，对现场移动式脚手架、剪刀车、曲臂车进行定期维修保养，符合规范的移动式脚手架、剪刀车、曲臂车才可用于施工作业。进一步提高使用单位对高空车的管理力度，强化操作人员培训、持证上岗、进场验收、安全交底、动态监控的工作质量，确保施工现场高空车的安全使用，各项目部落实一名高处作业专项管理人员，见表 12-4。

表 12-4　高处作业设施统计

设备设施	数量	使用区域	使用时间（计划）	退场时间（计划）
剪刀作业车 （169 台）	89 辆	卫星厅 S1	2018 年 11 月 22 日至 2019 年 1 月 20 日	2019 年 1 月 20 日
	80 辆	卫星厅 S2	2018 年 11 月 22 日至 2019 年 1 月 20 日	2019 年 1 月 20 日
高空车 （53 台）	23 辆	卫星厅 S1	2018 年 11 月 22 日至 2019 年 1 月 20 日	2019 年 1 月 20 日
	30 辆	卫星厅 S2	2018 年 11 月 22 日至 2019 年 1 月 20 日	2019 年 1 月 20 日
吊篮	5 台	T2 捷运车站	2018 年 11 月 22 日至 2019 年 1 月 20 日	2019 年 1 月 20 日
人字梯	89 个	卫星厅	2018 年 11 月 22 日至 2019 年 1 月 20 日	2019 年 1 月 20 日

总包安全部、区域主任管理项目部会同总包安保巡查队伍每日两次对现场使

用非标准、未按方案搭设的登高设施、移动平台、木扶梯，未挂牌验收的登高设施进行巡查，发现违反上述规定的登高设施一律执行禁止使用和取缔、销毁的制度，见表12-5。

表 12-5　高处作业设备统计

设备设施	数量	使用区域	使用时间(计划)	退场时间(计划)
脚手架 (24处)	15处	卫星厅 S1	2018年11月22日至2019年1月20日	2019年1月20日
	8处	卫星厅 S2	2018年11月22日至2019年1月20日	2019年1月20日
	1处	T2捷运车站	2018年11月22日至2019年1月20日	2019年1月20日
移动操作平台(158个)	88个	卫星厅 S1	2018年11月22日至2019年1月20日	2019年1月20日
	70个	卫星厅 S2	2018年11月22日至2019年1月20日	2019年1月20日
汽车吊	3台	卫星厅	2018年11月22日至2019年1月20日	2019年1月20日

（3）高处作业整治的情况。

① 高空车。共53辆，其中47辆已验收挂牌，另外6辆故障车辆已停止使用并出场。

② 剪刀作业车。共169辆，其中148辆已验收挂牌、另外21辆故障车辆已停止使用并出场。

③ 卫星厅 T2 捷运车站。有吊篮5台，已验收挂牌，其余吊篮已经拆除。

④ 卫星厅脚手架。24处，其中18处已验收挂牌。另外6处脚手架不符合要求待拆除，已贴上禁止使用标志。

整治情况如图 12-31～图 12-36 所示。

图 12-31　登高车、剪刀车验收挂牌

图 12 - 32 登高车、剪刀车维保及岗前教育

图 12 - 33 卫星厅 T2 捷运车站吊篮

图 12 - 34 卫星厅脚手架

图 12-35　移动操作平台

图 12-36　木扶梯收缴销毁

卫星厅累计查获违章：收缴木扶梯 121 个,拆除不符合标准的零星脚手架 17处,移动平台 56 个。

卫星厅高处作业专项整治建工集集团内部处罚情况：第六项目部 S2 区域 B05 登高作业架子走道板未满铺处罚 3 000 元;精装三标 A10 区域 12 m 层作业登高架缺少首层围护处罚 2 000 元;精装二标 S2 区域 51 号登机桥登高架缺少围护无验收牌处罚 4 000 元;幕墙一标北港湾雨棚处违章使用非标登高措施处罚 4 000 元。

(4) 整治效果。在指挥部的大力推进下,各参建单位积极响应指挥部的要求,对高空作业专项整治高度重视,制定方案、现场组织专项检查、进行专项整改,整治行动达到预期成效。

第13章
环 境 管 理

近年来，随着我国机场建设规模和数量的持续快速增长，机场建设面临着日益明显的资源环境约束，绿色机场建设已成为全球机场发展的共同选择。大力推进绿色机场建设是民航业应对节能减排压力、提升服务水平、贯彻落实国家生态文明建设战略部署与适应新常态的必由之路，也是促进行业可持续发展和实现中国民航强国战略的重大举措。

本章主要介绍浦东机场三期扩建工程中的生态环境理论与实践，并对上海机场集团在未来机场建设过程管理的发展进行展望。

13.1　机场建设生态环境理念与要求

13.1.1　机场建设的理念及特点

1）绿色机场内涵

绿色机场最早由美国机场"清洁合作组织（CAP）"在"绿色机场行动（GAI）"中提出，随后逐渐被国际社会所熟悉。2007年9月民航局在《关于开展建设绿色昆明新机场研究工作的意见》中提出的，之后这一概念开始在国内航空业盛行。

目前，中国民航局对"绿色机场"的正式定义为：在全寿命期内，实现"资源节约、环境友好、运行高效、以人为本"，为公众提供健康、便捷、舒适的使用空间，为飞机提供安全、高效运行的环境，与区域协同发展的机场。

为积极响应绿色机场建设，浦东机场三期扩建工程始终高度围绕节约、环保、科技、人性化这四个方面，这正是绿色机场提倡的核心理念。

2）可持续发展战略目标

在绿色机场建设的实践与探索中，上海机场集团提出了机场可持续发展的概念，即在机场规划、设计、施工、运行、发展的一系列阶段，可以对资源进行节约，并且建设舒适的环境,使其能够为旅游提供高质量、人性化的服务,按照需求实现自身的可持续发展。

上海机场集团始终站在全局高度,按照"创新驱动,转型发展"的要求,坚持"可持续发展理念",秉承"战略规划引领企业发展"的发展思路,实现了可持续发展和跨越式发展,并在实践中总结出了上海机场独具特色的实施战略,即恒久性战略、系统性战略、重点性战略和合理性战略。这一战略目标在浦东机场三期扩建工程的工作中,始终处于领先地位。

机场作为民用航空运输的重要基础设施,在机场建设和运营发展过程中涉及大量环境影响、资源消耗和如何才能持续发展的问题。其中,机场建设与机场运营密切相关,机场建设过程中的选址、规划设计、施工等任一环节出现问题都将对后续的运行和发展产生深刻影响,甚至是不可逆转的影响。

如前所述,在浦东机场三期扩建工程的建设过程中,通过对绿色机场与可持续发展战略目标的深刻理解和认识,上海机场集团坚持秉承"可持续发展"的核心理念,制定了科学合理的发展战略。为实现绿色机场建设,始终将"绿色""可持续"这两个理念贯彻于浦东机场三期扩建工程的全寿命周期的各个环节中。始终坚持走"边建设、边改革、边发展"之路,针对机场建设采取了一系列行之有效的实际行动。不断从实际建设过程中总结经验,加强完善机场建设管理体系,使浦东机场三期扩建工程走向可持续发展的绿色之路。

13.1.2　生态环境政策要求及落实

上海作为一个国际化大都市,在我国的政治、经济和文化发展中占有重要地位。因此,上海机场的发展战略不仅关系到上海能否跻身国际航运中心的问题,更直接关乎国家战略。基于对机场所在地战略地位的认识,上海机场集团本着对国家负责、对社会负责、对环境负责的高度责任感,始终致力于最小化污染环境的机场建设方针。

目前,我国运输机场的建设程序主要实行核准制。基本审批程序包括:新建或迁建机场的选址、项目核准申请(预可行性研究或可行性研究)、总体规划、初步设计、施工图设计、建设实施、验收,以及竣工财务决算等。改建、扩建的民用机场工程须在总体规划批复后,方可进行项目前期工作。

从浦东机场三期扩建工程建设至今,上海机场集团始终严格遵守国家和上海市环保法规、机场制定的环保制度及其他相关环保政策规定。

1) 机场环境影响评价制度

环境影响评价是民用机场建设项目必须履行的程序。在浦东机场三期扩建工程正式施工建设之前,上海机场集团依照《中华人民共和国环境保护法》《中华人民共和国环境影响评价法》《环境影响评价技术导则—民用机场建设工程》(HJ/T 87—2002)等法律法规,委托具有资质的第三方环评单位进行了环境影响评价工作,对浦东机场三期扩建工程项目实施后可能造成的环境影响进行了分析、预测以及评估,并提出了预防或者减小不良环境影响的对策和措施,进行跟踪监测的方法与制度。编制过程中,上海机场集团为环评单位提供了机场规划、周边区域环境概况、周边人口信息等准确详尽的基础数据与资料,为报告的顺利编制奠定了重要基础。

经相关审批部门审查,拿到正式的行政环评批复后,浦东机场三期扩建工程方才正式开工建设:

(1)2014年7月,委托上海市环境科学研究院编制《上海浦东国际机场三期扩建工程环境影响报告书》,于2015年5月获上海市环境保护局批复(沪环保许评〔2015〕285号)。

(2)2017年5月,根据《上海市建设项目变更重新报批环境影响评价文件工作指南(2016年版)》(沪环保评〔2016〕349号)文中非重大变动的环境影响分析报告要求,委托陕西中圣环境科技发展有限公司编制了《上海浦东机场三期扩建工程非重大变动环境影响分析报告》,针对项目发生的变化情况进行了进一步的环境影响分析。

2)机场建设"三同时"制度

根据《建设项目环境保护管理条例》有关规定,建设项目需要配套建设的环保设施,必须与主体工程同时设计、同时施工、同时投产使用。防治污染的设施应当符合经批准的环境影响评价文件的要求,不得擅自拆除或者闲置。

浦东机场三期扩建工程全过程中,上海机场集团积极致力于落实各项环保措施,确保环保工程"三同时"的落实,保证有效地控制建设过程中产生的污染:

(1)同时设计。在施工设计阶段,严格贯彻落实环境影响报告书中提出并经国家环保总局正式批复核准的各项环境保护措施,并将这些环保措施列入投资概算、在施工设计中得到全面的反映,以实现环保工程"同时设计"要求。

(2)同时施工。在施工发包过程中,始终将环保工程摆在与主体工程同等重要地位,按环境影响报告书的有关要求对施工单位的施工组织方案提出环境保护要求,并优先选用环保意识强、环保工程业绩好、能力强的施工单位和队伍,为文明施工、各环保要求能高质量地"同时施工"奠定基础。

(3)同时投产使用。在施工即将结束前,对各个施工单位均提出了严格要求:必须确保各自本段工程的环境保护措施与主体工程均能顺利投入使用后,方可撤离施工现场,以满足环保工程"同时投产使用"要求。

13.1.3 规划设计及环境相容性

1)机场规划和发展

机场规划是机场建设中的顶层设计阶段,对于机场的设计、施工、运行和发展影响深远。科学的规划是浦东机场三期建设工程实现绿色可持续建设的重要基础,主要体现在以下几个方面。

(1)筹谋全局,有序发展。秉持着不做无序扩建、尽可能降低对环境负面影响的可持续发展理念,浦东机场三期扩建工程以中国民用航空局与上海市人民政府拟定的《关于调整上海浦东机场总体规划的批复》(中国民用航空局、上海市人民政府,民航函〔2011〕86号,2011.8.9)文件为依据进行规划,整体符合浦东机场的总体规划。

（2）相容发展，实现共赢。浦东机场三期扩建工程位于浦东机场范围内，工程范围远离周边环境敏感目标，单体项目距离最近的村庄远至 1.1 km。其中，四个村庄所在区域为规划浦东空港物流园区范围内。根据《上海市城市近期建设规划（2003—2007）》，浦东空港物流园区作为上海致力培育的四大物流基地之一，将建设成为亚太地区一流的国际空港物流核心枢纽，形成国际快递、国际中转、物流增值服务、国际贸易及展示、国际商务等五大功能。浦东空港物流园区规划范围西至远东大道，北至迎宾大道，南至机场高速公路，东至围场河、施镇河、西货运区东侧道路及延伸线，总用地面积 16.8 km²。

上述规划范围内现有的工业与民用建筑及相关设施正逐步进行拆迁工程。由此可见，浦东机场周边地区政府相关部门进行了详细的规划和开发，浦东机场三期扩建工程与浦东机场周边规划相辅相成。

（3）节能减排，绿色先行。上海机场集团提出的建设绿色机场"十二五"规划目标为：2020 年建立完善的集团节能减排管理体系，节能减排科技应用与研究取得新进展，能源节约和噪声监测实施取得明显成效，节能减排文化深入人心。具体提出了以下指标：

① 节能目标。2015 年与 2010 年相比，综合能耗净增量控制在 20 000 t 标准煤，单位客货运综合能耗下降 10%；2020 年与 2015 年相比，综合能耗净增量力争控制在 22 000 t 标准煤，单位客货运综合能耗下降 4%～10%（暂不考虑浦东机场南卫星厅项目影响）。

② 污水治理目标。完成虹桥东区雨污水分流改造，外排污水水质全面达到国家和上海市纳管标准。

③ 噪声治理目标。做好两场噪声的防治，通过与政府部门的土地相容性规划控制等方式，有效控制机场的噪声影响。

2）机场选址和环境相容性

机场选址是一项极其专业的系统工程，不仅要考虑天空、地形、地貌、气候环境等自然条件，还应综合测评当地的社会经济水平，考虑其与周边区域的协同发展效应、经济带动效应等。

浦东机场距上海市中心约 30 km，距虹桥机场约 40 km，场址位于上海市原浦东新区江镇乡、施湾乡和原南汇县祝桥乡、东海乡的濒海地带，场区南北长约 8 km，东西宽 5 km。浦东机场建设之初，即选址浦东，最大限度减少了机场建设对周边的影响。上海机场集团对各种因素进行综合，科学性的推理、规划，完成了伟大的"场址东移，围海造地"伟大工程，妥善处理了自然环境与社会环境的复杂关系。浦东机场的建设不仅体现了人与自然的和谐，更有效节地达 8 km²，成为国内机场建设节地的典范。

浦东机场三期扩建工程的主要单体工程卫星厅拟建场地位于浦东机场 T1 及 T2 南部，一跑道与二跑道之间，为河口、砂嘴、砂岛相地貌类型。南进场路地下通道以东，地势起伏较大，该区域在 2004 年曾经进行过吹填补砂，故有吹填土分布，南进场路地下通道以西，地势起伏相对较小。场内分布有较多的明浜（塘）、沟、菜田、简易道路等，场地标高在 3.24～7.04 m。周边主要水体为机场范围内及边界处的排水河道、拟建湖区(南侧)等,主要包括:随塘河、新建圩随塘河、北横河、南随塘河、胜利塘围场河、薛家泓港、南机场河、机场河、中心河、北围场河、江镇河等。

浦东机场三期扩建工程涉及的各工程范围内现以既有机场建设用地为主,涉及少量现状为绿化的预留建设用地,这部分现状为绿化的预留用地与周边预留规划用地结合在一起后具备一定的生态系统服务工程价值;工程建设过程中,对土层的改变将致使土壤供给能力下降,间接破坏植被,使植物生产能力下降,生物多样性降低,从而影响生态环境功能。然而,预留用地位于浦东机场内部,为其他机场建设用地所包围,且正处于逐步实施建设过程中,如飞行区内在建的四五跑道、东机坪、南机坪、5号机坪改造及航站区内的 T1 改造等,本身的生态服务功能价值定位不高。

另一方面,三期扩建工程与机场内其他项目的共同建设,可能会使部分动物的活动区域、迁移途径、栖息区域、觅食范围等受到限制。工程范围内野生动物以鸟类为主,南汇东滩(南侧 1.8 km 外)及九段沙湿地保护区(东北侧 9 km 外)的鸟类有可能飞经此地。机场及邻近区域的飞机行驶速度低,对鸟类飞行的影响较小。1997 年起开始实施的九段沙(中沙)种青促淤引鸟生态工程也在短短几年内形成沙洲湿地,为减轻迁徙鸟群对新建机场飞行安全的威胁起到了有效的作用。南汇边滩(南侧)的断淤涨和东海大桥的建设在为南汇边滩增加新的鸟类栖息地的同时,也可能提供了一个可有效降低机场鸟击隐患的引鸟区。此外,机坪灯光将使喜光的昆虫(如蛾类)数量有所增加。

浦东机场三期扩建工程的建设对生态环境没有构成明显影响,最大程度实现了人与自然的平衡。

13.2 机场施工环境管理体系建设

13.2.1 施工环境管理组织架构

1) 总体思路

以上海机场集团为核心,协同环评单位、监理单位、施工单位、设计单位等各参建单位,在充分借鉴现有绿色施工导则与标准规范的基础上,认真总结近年来机场施工实践的问题与经验,紧密围绕"资源节约、环境友好、运行高效、以人为本"提炼出机场项目各工程的绿色施工重点,并针对性提出具体策略或措施,建设绿色施工环境管理体系,用于指导机场浦东机场三期扩建工程的绿色施工,如图 13-1 所示。

2) 成立环保领导小组

指挥部始终高度重视浦东机场三期建设的关键管理工作,并获得了高层管理人员的资源和战略支持。为全力打好环境污染防治攻坚战,加强污染防治工作统筹协调,着力建设绿色机场,指挥部成立了环保工作专项领导小组。这不仅为创建机场施工环境管理体系提供了组织保障,更全面保障了浦东机场三期扩建工程绿色施工的有序推进。

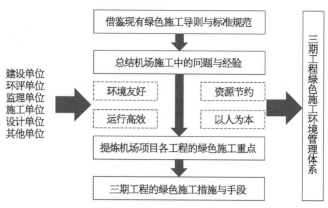

图 13-1　绿色施工环境管理体系构架总体思路

环保领导小组负责统筹安排和综合协调指挥部环境管理工作,组织推进环境管理体系建设,研究和解决环境管理工作中所遇到的重大问题,审定相关重大决策,其主要职责如下:

（1）积极贯彻落实机场环境污染防治工作决策部署,统筹协调污染防治工作,研究环境污染防治重大政策措施,协调解决工作中的重大问题;

（2）负责召集和准备领导小组会议,联系协调有关单位,推动落实领导小组各项决定;

（3）承担机场环保设施工程规划、建设,对设施进行维护、管理,保障设施正常运行;

（4）负责各类环保设施的运营管理,编制环境整治情况质量安全专刊、运行台账等生产运营相关资料;

（5）宣传报道环境污染防治工作动态并及时准确地向社会公众发布环境污染防治有关事件。

3）第三方环保咨询服务

浦东机场三期扩建工程是一个设计方面广、单体工程多、工期长、施工复杂的庞大工程,由于机场施工的环境管理涉及很多专业性、技术性问题,仅仅依靠机场本身的力量远远不够。因此,指挥部从专业经验和项目业绩、服务方案、服务人员专业素质及经验等多个方面比选出在业内具有权威的第三方咨询单位,请其提供专业的环保咨询服务,针对机场三期建设的环境影响评价、环境监理、环保验收等过程中国遇到的具体的环保管理问题、具体的环境污染、具体的污染治理方式,提供解决方案,采取行之有效的控制措施,把环境污染风险降到最低。这不仅大大提高了机场整体的环保管理水平,并有效地规范了浦东机场三期扩建工程施工的环境管理方式,实现了对所辖工程项目的有效环境管理。

13.2.2　环境管理体系建设工作方案

环境管理体系建设参考 ISO 14001：2015 标准,并密切结合指挥部在特大型工程建设中的实际工作需求进行构建。

1) 环境管理策划流程

在环境管理流程中指挥部特别关注各建设项目全过程的环境管理,覆盖浦东、虹桥两场区域范围,对建设项目的前期(立项、初设、详设等)、招投标(供应商选择、合同控制、预算控制等)、建设(原料采购、土建施工、监理等)、验收(工程验收、结算)等流程全面实现环境控制和管理。在策划的过程中,结合并细化各部门的职责分工,协助精准确定内部控制环节和岗位,以实现指挥部的环境绩效。

2) 制度及管理办法的制定

(1)各建设项目全过程的环境管理将包括建设项目本身的合规性和建设项目实施过程的合规性两个方面的内容。

(2)通过相关管理制度和管理办法的制定来实现对建设项目全过程的环境控制,针对建设项目本身的合规性,主要体现在以下几个方面:

① 项目前期环境影响评价工作的落实;

② 项目设计过程中对环评所提环保措施的落实和细化;

③ 项目预算中对环评所提环保措施的资金保障;

④ 项目材料、设备采购过程中对环评所提环保措施的落实和细化;

⑤ 项目建设过程中对环评所提环保措施的落实和及时监控;

⑥ 项目竣工验收过程中对环评所提环保措施的效果验收。

(3)针对建设项目实施过程的合规性,各项环境管理制度和管理办法主要体现在以下几个方面:

① 供应商选择中对供应商环境表现的审核(可考虑通过检索供应商之前实施项目的环境表现或供应商环境表现合规承诺书等不同形式);

② 合同条款中对供应商环境表现的规范要求(如环境保护协议等形式);

③ 项目预算中对施工现场环境保护要求的资金保障;

④ 施工期施工现场文明施工各项措施的落实;

⑤ 施工期环境监理的职责落实;

⑥ 施工期各项环境监测(包括扬尘、噪声在线监测及废水等定期不定期采样监测)的实施计划及达标情况。

根据上述环境管理的控制要点,制定的管理程序和标准化作业流程将包括《建设项目环保措施"三同时"管理程序》《建设施工过程环境保护和污染防治标准要求和控制规范》《建设施工过程环境保护工作指导手册》《供应商环境表现调查表/施工单位环境表现自查表》《施工单位施工现场环境管理承诺书》《施工现场环境保护检查表》《施工现场环境保护监测计划》《环保措施落实情况自查表》《纠正预防措施及落实情况检查表》等。

3) 绩效考核

环境管理考核体系是环境管理体系能否真正发挥功效的制度保障,第三方咨询机构结合各种流程和管理办法,设置合理有效的监视、测量方法和控制措施,对机场指挥部的环境绩效进行评价,并纳入考核体系。

此外,还将根据机场指挥部环境管理体系的实施情况,逐步推进内审及管理评审制度的建立,协助机场指挥部对环境管理体系策划的合理性、充分性及运行的稳定性和有效性定期进行回顾和评估,并及时进行调整,以实现长期环境绩效的提高。

13.2.3　环保专项行动方案

1) 空气质量保障工作专项方案

2018 年 11 月,首届中国国际进口博览会(以下简称"进博会")在上海国家会展中心举行。为做好进口博览会举办期间空气质量保障工作,落实市住建委、市交通委关于建设工程安全生产和空气质量保障工作要求,指挥部结合机场工程实际,特别制定了进博会期间的《空气质量保障工作专项方案》,主要涵盖以下方面:

(1) 指挥部各工程部门对施工扬尘防治负管理职责。工程部门定期或不定期开展工地巡查,记录防治不力单位行为并计入信用评价。进博会期间扬尘控制情况纳入每日报告制。

(2) 各施工总承包单位对现场扬尘防治工作负总责。应当建立施工扬尘污染防治责任制,制定具体施工扬尘污染防治实施方案,明确各分包单位扬尘防治工作内容和职责。

(3) 监理单位要将施工现场扬尘污染防治工作纳入工程监理范围,确定监理人员,编制相应监理细则,对施工单位在扬尘治理工作中存在的问题提出整改意见并督促整改,严重的责令停工,拒不整改的及时向建设行政主管部门报告。

(4) 特别针对搅拌站、施工区域道路、裸土区、卸载区、泥浆堆场等空气污染可能比较严重的地点实行了严格的空气污染防治措施,包括对场区场地、设施设备、运输车辆等多方面均提出了详细要求,以保证进博会期间机场施工现场的空气质量。

2) 环境保护三年行动计划(2018—2020)

为构建环境管理体系,加大力度推进生态文明建设、解决生态环境问题,坚决打好污染防治攻坚战,建设部根据机场集团下发的相关要求,认真组织制定了《上海机场建设指挥部环境保护 3 年行动计划任务清单(2018—2020)》。

13.3　机场施工污染防治

13.3.1　施工期污染防治手段与措施

绿色施工,是指通过科学的施工规划,合理的施工工艺,高效的施工管理和先进适宜的新技术、新材料、新设备、新工艺的应用,实现资源消耗低、环境影响小和以人为本的施工活动。相较于普通的建设工程,机场工程建设具有许多独特的工程特点,如占地面积大、土石方量巨大、功能分区多、系统复杂、专业性强、影响范围广、社会关注度高、具有不停航施工要求等。

上海机场集团在融入绿色施工理念的前提下,结合机场自身的特点,在浦东机场三期扩建工程施工过程中采取了一系列防控手段与措施。

1) 施工期扬尘污染防治

浦东机场三期扩建工程施工中耗用了大量石子、黄砂、水泥、粉煤灰等建筑材料。为减少在建材装卸、堆放、搅拌过程中产生的扬尘污染，指挥部在施工期采取了大量扬尘污染控制措施：

针对施工现场，采用设围挡措施，以减少扬尘的扩散和污染，料堆、土堆等也均加设防起尘的措施；针对施工运输车辆，加强管理，文明装卸，注意运输车辆的清洗和维修保养；针对施工器械，一律使用烟气量少的内燃机施工机械和车辆，同时加强对施工机械的维修、保养，禁止使用柴油的机械超负荷运行，减少烟度和颗粒物的排放；针对施工人员，加强环保教育，提高其保护环境意识，坚持文明施工、科学施工。

2）施工期水污染防治

浦东机场三期扩建工程施工过程中不涉及涉水施工，高压燃气站管线采用顶管工艺直接下穿围场河，因此水污染影响主要来自施工废水、用水泵外排淤水、雨水径流以及施工人员的生活污水。

为避免影响周边环境，导致周边水质变差，指挥部主要采取了诸多行之有效的管理措施。例如，生活污水、施工机械冲洗废水均在排水部门、环保部门指导下安排了合适的排水去向做集中处理，同时加强了对施工人员简易宿舍生活污水的管理，全面收集外运。在临时管网布置时，将施工废水与生活污水管网分开布置，施工泥浆水根据不同发生量设有不同规模的简易沉淀池，泥浆水经沉淀分离后上清液作为一般废水排放入附近污水管网，同时要求各施工单位减少施工废水的产生，采用成品商品混凝土，尽量做到不产生施工废水。

3）施工期噪声污染防治

虽然，浦东机场三期扩建工程的施工噪声是短期污染行为，周边也无敏感目标，但指挥部始终高度重视噪声污染问题，在施工过程中采取了大量噪声控制措施，确保施工期间场界噪声达标，尽可能降低施工噪声对环境的影响。

机场始终严格执行《建筑施工场界环境噪声排放标准》（GB 12523—2011）、《上海市建设工程夜间施工许可和备案审查管理办法》等标准规范与管理办法，严格管控施工现场的加工车间、搅拌机（车）和料场等固定噪声源以及施工车辆；并在保证施工进度的前提下，合理安排作业时间，在环境噪声背景值高的时段内进行高噪声作业，限制夜间进行有强噪声污染的施工作业。教育工人文明施工，尤其是夜间施工时，不大声喧哗，尽量减小机具和材料的撞击，以降低人为噪声的影响。另外，机场对各施工单位也提出了严格的要求：必须根据施工要求制定完善的施工组织设计方案和质量保证体系；在施工过程中使用的材料、半成品、部件必须符合相关标准要求，严禁使用不合格产品。

4）施工期固体废弃物污染防治

浦东机场三期扩建工程施工过程中，产生的固体废物主要是生活垃圾和工程渣土。

（1）生活垃圾。由于三期扩建工程施工时被分成多段同时进行，工程承包单位须在临时工作区域内为工人提供临时的膳宿，因此施工期会产生大量生活垃圾。面对这一情况，指挥部在施工现场增设垃圾筒和临时垃圾堆放点，并与浦东新区环卫部门联系，委托其定期清运。其中，临时垃圾堆放点设有沟道相通，以防浸出液浸流。

此外,指挥部在平时就十分注重加强对施工人员的教育,要求施工产生的各类垃圾堆置在规定的地点,不得倒入河道和居民生活垃圾容器;施工中不得随意抛弃建筑材料、残土、旧料和其他杂物。

(2) 工程渣土。加强对渣土的管理是文明施工的重要标志。针对施工产生弃土渣的处置问题,指挥部严格按照《上海市建筑垃圾和工程渣土处置管理规定》(2010 年 11 月 8 日上海市人民政府令第 50 号)的要求,在开工前 5 d 向相关部门申报建筑垃圾、工程渣土排放处置计划,并与渣土管理部门签订环境卫生责任书,不随意排放处置。渣土运输车辆在外运渣土时,要求加盖慢行,防止渣土洒落堵塞排水明沟,影响雨季机场运营。

5) 施工期光污染防治

对于浦东机场三期扩建工程施工过程中产生的光污染,指挥部要求在施工中,灯具的选择以日光型为主,尽量减少射灯及石英灯的使用,夜间室外照明灯加设灯罩。在塔式起重机等设备上,安装罩式灯盒碘钨灯,并对所安装灯罩的角度加以调节,透光方向集中在施工区域内。现场焊接集中加工区域也均设置遮光棚,并将加工地点设置在远离居民区位置。夜间现场作业区,焊接作业时采取遮光措施,以消除和减少焊接作业弧光外泄而产生的光污染。

6) 施工期生态环境保护措施

(1) 占用土地的影响缓解措施。为减缓机场工程对于占用土地的影响,指挥部严格控制临时用地数量,并与机场内其他在建或规划建设项目统一考虑,共用施工临时用地。为保护周边林地及周围河流水质免遭进一步破坏,不允许在浦东机场场外取土、堆材料,不允许在机场外区域及河流周边建临时营地。

施工结束后,机场对施工场地进行地表清理,清除硬化混凝土,堆放于指定弃渣场,同时做好水土保持,进行土壤改良后,尽快恢复。对于施工临时用地,工程竣工后及时清理,尽快恢复;使因工程建设对周边生态系统的影响降低到了最小程度。

(2) 取弃土影响减缓及水土保持措施。机场对于工程产生弃土的处置方式严格遵循《上海市建筑垃圾和工程渣土处置管理规定》(2010 年 11 月 8 日上海市人民政府令第 50 号,2011 年 1 月 1 日起施行)的相关要求,在工程开工前 5 日向上海市浦东新区环境保护和市容卫生管理局进行申报建筑垃圾、工程渣土排放处置计划,并与渣土管理部门签订环境卫生责任书,不得随意排放处置。

施工均采用商品混凝土。所购砂石料均来自合法的砂石料场,料场的设立均经过当地矿产、林业等部门的批准,同时要求料场在服役期满后必须进行生态恢复。在易发生水土流失的外运土临时堆放区附近挖设土沉淀池、设置挡土墙,待施工结束后将沉淀池填平绿化。此外,指挥部还建立了防治水土流失的预案,并加强了水土保持的日常监督管理,认真检查《中华人民共和国水土保持法》等相关法律、法规的落实情况。

(3) 对自然生态环境影响的缓解措施。结合机场范围内其他项目,尽可能增加绿化,以对被永久性占用的土地进行补偿,同时达到水土保持、改善区域环境和改善景观的目的。

指挥部对于施工营地、建材堆场等临时工程都合理选址，避免对现有植被造成破坏；施工结束后，对临时用地及时清理、平整，恢复原有植被。除此之外，指挥部在整个施工过程中严格执行施工操作规程，以最大程度地减少施工过程中扬尘、噪声以及污废水对于周边生态环境的影响。

13.3.2 施工环境管理办法

1）施工临建设施管理办法

为了加强对临建房屋的安全管理，预防触电、食物中毒、电气火灾等事故的发生，确保施工现场临建房屋和职工人身安全，建设部制定了《临建设施管理办法》，明确了机场临建设施管理的制度和临建设施建设的总体要求，对消防、电气、防雷、临设卫生间等各方面也均提出了具体的要求。《临建设施管理办法》除了针对临建设施的安全管理要求外，更纳入了绿色施工的需求，并做出了以下规定。

（1）场地借用手续办理要求：参建单位（施工、监理等）取得中标通知书后即可向所属工程部提出书面申请；质量安全部收到工程部申请后以工作联系单向股份公司场区管理部提出申请；场区管理部征询集团规技部同意后书面回复并与指挥部质安部签订《预留发展用地移交备忘录》；场区管理部与参建单位（施工、监理等）签订《临时用地安全管理协议》：一年一签，到期续签；参建单位（施工、监理等）根据与指挥部签订的工程合同标的向场区管理部缴纳土地使用保障金。

（2）严禁总包单位对临设进行与规定项目之施工作业无关的用途，包括但不限于转租、转让、出售及交换等，一经发现，总包单位将被扣全额土地使用保障金，总包单位必须无条件恢复场地原貌归还，由此产生的一切费用和损失由总包单位自行承担。

（3）总包单位在工程竣工后 3 个月内按要求完成临设清退（无水电设施、无搭建、无硬地坪、无种植人员和种植物等）。

2）全面安装在线监测装置

过去几年里，上海市陆续颁布了《上海市环境保护局关于进一步规范建筑施工等扬尘在线监测工作的通知》（沪环保总〔2016〕147 号）《上海市建筑施工颗粒物与噪声在线监测技术规范（试行）》等法律法规，强调了在线监测装置对建设施工过程中的环保管理和污染控制起到的积极作用。然而，目前指挥部在该方面的工作落实尚有欠缺，大部分施工工地尚未安装在线监测装置。

因此，为持续深化强化机场施工工地的扬尘和噪声污染防治措施，完善施工现场的监测监管工作，指挥部今后将全面推进施工工地扬尘、噪声在线监测装置的安装。根据推进计划，指挥部将三期后期新开工工程项目上切实加强对在线监测系统安装工作的跟踪督查，及时协调安装过程中存在的问题，并加强对供应商的把关，指导施工单位选择合格的设备供应商。同时，依托施工工地的在线监测设备、监测数据，加强机场建设的绿色文明施工管理。

13.3.3 施工环境整治工作

为贯彻执行国家和上海市市政府环境治理总体要求,参照《预拌混凝土绿色生产及管理技术规程》(JGJ/T 328—2014)《上海市建设工程文明施工管理规定》《关于加强本市混凝土搅拌站长绿色环保管理工作的通知》(沪建交联〔2013〕630号)等文件精神,并结合浦东机场建设工程实际情况,对三期建设工程开展了全面环境整治相关工作,如图 13-2 所示,主要包括以下三大方面。

图 13-2　在建工程环境整治工作现场

13.3.3.1　建设工地扬尘污染防治

1) 搅拌站

(1) 场区场地要求。拌和站外维护使用砖砌围墙或彩钢板围墙,高度大于 2 m,确保牢固和整洁;场区内道路、材料堆场地坪硬化,场地排水通畅,无明显积水;材料堆场与搅拌加工区分离,如图 13-3 所示;场内道路设专人保洁、洒水,保持道路清洁湿润。

图 13-3　搅拌站场地硬化,料场隔离

（2）设施设备要求。骨料堆场采用封闭式（或加盖防尘罩），宜安装喷淋抑尘装置；搅拌主机采用全封或半封闭式，如图13-4所示，配料地仓和皮带输送机侧面封闭且上部加盖；筒仓安装除尘装置，除尘装置建议设置在筒仓下部，便于及时清理。

图13-4 料仓和皮带输送机均实现半封闭

2）施工区域道路

按照工程施工道路责任分工要求，由各工程部门落实责任单位，落实日常保洁管理工作，如图13-5所示。原则上每天清扫、洒水不少于两次，晴好高温天气、土方运输阶段和路面尘土污染明显时根据实际情况增加次数。

图13-5 施工区域，道理道路清扫和洒水降尘

3）裸土区、卸载区、泥浆堆场

（1）对暂时无法清运出建设工地的土方，必须采取集中堆放、压实、绿网覆盖等有效措施，减少泥土裸露的时间和裸露面积，防止泥土粉尘污染；对闲置6个月以上的现场空地，必须进行简单绿化处置。

（2）土方卸载区和泥浆堆场必须采取必要的防扬尘措施，满足运行和环保要求。

4）运输车辆

（1）在施工工地内（包括拌和站），设置车辆清洗设施以及配套的排水、泥浆沉淀设施。运输车辆在除泥、冲洗干净后，方可驶出施工工地。

（2）车辆保持车况良好、保证标志齐全，车牌号及标志清晰、无明显污渍，距车辆 15 m 处能清晰分辨车牌上的字迹。

（3）车厢厢体外表面无明显凹陷和变形；车厢顶部安装密闭装置，装置关闭到位，确保无"跑、冒、滴、漏"现象。

（4）运输过程中做到不超载，严格按核准的路线和时间行驶。

13.3.3.2 废水、污水排放

（1）生产废水和废浆处置：生产废水未经处理不得外排。拌和站、各工地配置生产废水回收处置系统，如多级沉淀池系统。当生产废水经过处理达到雨水标准可外排至场外水系；当生产废水经过处理，循环利用于搅拌混凝土时，须满足《混凝土用水标准》。

（2）新建大临设施污水必须严格按照就近纳管接入市政污水管网。

（3）已建成大临设施无法纳管接入市政污水管网的必须设置多级沉淀池，增加滤网设施，处理后水质须满足相关要求，定期对沉淀物做抽取清运处理，如图13-6 所示。

图 13-6 施工现场污水处理设施

13.3.3.3 周边环境整治

（1）工地（包括拌和站）围墙四周、生活区、办公区内未硬化的裸土空地设置绿化。

（2）落实"门前三包"责任制。"一包"门前市容整洁，无乱设摊点、乱搭建、乱张贴、乱涂写、乱刻画、乱吊挂、乱堆放等行为；"二包"门前环境卫生整洁，无裸露垃圾、粪便、污水，无污迹，无渣土，无蚊蝇草生地；"三包"门前责任区内的设施、设备和绿地等须保持整洁。

根据上述环境整治计划，指挥部通过多次召开专题会及现场检查，并在其他相关单位的共同努力下，整治工作有条不紊地进行。然而，由于浦东机场三期扩建工程整体施工工程量多、环境整改难度大、标准高，指挥部将持续督促各施工单

位在后续的施工中持续改善责任区内的环境整治。做到安排专职人员负责,严格控制施工扬尘,加大处罚力度。管控施工车辆文明运输,确保施工主干道整洁。积极落实浦东机场三期扩建工程绿色施工的各项任务目标。

13.4 环保工程竣工验收

13.4.1 环保竣工验收新要求

自 2017 年 10 月 1 日起,根据《建设项目环境保护管理条例》和《建设项目竣工环境保护验收暂行办法》(国环规环评〔2017〕4 号),取消了建设项目竣工环境保护验收行政许可,改为建设单位自主验收,进一步强化了建设单位的环境保护"三同时"主体责任。此前,建设项目环保验收由环保部门主导,属于行政审批事项,流程烦琐。而建设单位自主验收以后,更加强调了建设方的责任主体,具体流程和验收要求也出现一些变动,主要体现在以下几个方面。

(1) 对建设单位提出了更加明确的要求;

(2) 将组织建设项目环境保护设施验收的责任回归到建设单位;

(3) 更加突出了环境保护部门的监管责任;

(4) 强化了信息公开和诚信管理的要求;

(5) 规定了开展环境影响后评价的要求。

新形势下竣工环保验收的新要求为浦东机场三期扩建工程的建设工作带来了全新的挑战。是否能够顺利完成环保工程自主验收对机场集团践行绿色可持续发展理念、预防环境污染问题具有重要意义。这就要求指挥部应该更加重视对机场建设项目的环评,把握好环评与竣工环保验收之间的协调关系,重视自主验收工作的有效性与全面性,从而有效地提高竣工环保验收工作的质量,保证机场三期建设项目的生态性和环保性。

13.4.2 自主验收组织开展

实施环保工程自主验收制度后,针对机场自身情况,机场集团、设计单位、环评单位、验收报告编制单位等多个主体共同参与浦东机场三期扩建工程的验收工作,为三期扩建工程自主验收的规范性与全面性全力护航。

在三期扩建工程的规划设计阶段,指挥部就通过第三方环评单位提前介入进行指导服务,全面分析浦东机场三期扩建工程施工建设可能产生的环境影响,及时反馈到设计中予以优化调整,并委托第三方技术单位编制竣工验收报告,提高验收的专业性和全面性。

制定验收计划,确保环保设施建设、验收、投运"三同时"。浦东机场三期扩建工程项目共涉及飞行区工程、航站区工程、生产辅助设施工程、市政配套工程四大方面的内容,涉及 20 余个单体项目。根据项目特点,按各单体的建设进度和投产计划,分批次开展环保竣工验收。北港湾机坪工程、飞行区桥梁工程部分工程于 2018 年 10 月前完成环保竣工验收,提前投入使用;飞行区单体工程、飞行区下穿通道及五号机坪部分工程于 2019 年 3 月完成环保验收投入运行;浦东三期工程总体于 2019 年 6 月完成环保验收,9 月投运。所有项目在正式投入使用前均按期完成环保竣工验收。

上海机场集团始终对环保验收工作极为重视,严格按照国家和上海市的有关法律法规、建设项目竣工环境保护验收技术规范、建设项目环境影响报告和审批决定等要求,如实进行查验、监测、记载环保设施的建设和调试情况、环保对策措施"三同时"落实情况等,对发现的问题及时整改,编制竣工环境保护验收报告,组织召开竣工验收会议,并按规定公开验收相关信息。

1)虹桥机场扩建工程环保验收

虹桥机场扩建工程(机场部分)(以下简称"虹桥扩建工程")环保验收工作自 2018 年 6 月正式启动,机场集团成立了四个专项工作组,对接航空噪声治理涉及的验收、维稳、法律和资金落实等工作。

验收工作主要包括验收监测工作和后续工作,其中验收监测工作可分为启动、自查、编制验收监测方案、实施监测与检查、编制验收监测报告五个阶段。

本次虹桥扩建工程环保验收重点工作是监测,监测涉及水、大气和噪声,其中噪声是监测工作中的难点。在经多次讨论及专家论证后,与 5 个区、12 个街镇,开展了 100 余次沟通,选定了 55 个噪声监测点,进行了长达 1 个多月的现场 24 h 不间断监测,顺利完成监测工作。

虹桥扩建工程由于周边环境敏感,涉及面广,环保验收工作社会关注度极高。在验收流程、工作程序、技术要求、规范性等各方面,不得有任何马虎和疏漏,因此对机场集团是一项挑战。在集团领导、各级部门和单位的大力支持下,经 3 个多月的连续作战和共同努力,验收工作按计划节点有条不紊地推进,相继完成了现场监测、《验收报告》的编制、验收评审会、相关信息上海信息平台公示、国家信息平台登记公示、市环保局噪声和固废的专项验收、专项验收技术评估等各阶段工作,顺利通过了自主验收及上海市环保局的固废和噪声专项验收。

2)浦东机场三期扩建工程环保验收

针对浦东机场三期扩建工程单体工程量大且建设和分批次投运的特点,根据国家及上海市相关政策法规的要求,制定了分批次开展环保验收工作计划。

为保障各单体工程环保验收工作的顺利开展,指挥部于 2018 年 6 月成立自主验收小组,积极开展验收工作,并委托第三方验收咨询单位,协助完成开展自查、验收监测、相关报告编制等工作。继 2018 年底前完成虹桥机场 T1 等 6 个单体工程的环保验收后,2019 年将分 3 批次完成浦东三期主体工程的环保验收。

上海机场集团始终对自主环保竣工验收工作极为重视,在第三方咨询单位的配合下,对各项目配套建设的各项废水、废气、噪声和固废等污染防治设施进行严格核实,对发现的问题及时进行整改,组织召开竣工验收会议,确保验收工作的合规有效。

总结虹桥扩建工程环保验收工作经验,浦东机场三期扩建工程的环保验收工作将严格按照国家、行业的相关规定,提前部署,有序推进,确保环保设施建设到位、环保措施落实到位、环保程序执行到位,合法合规完成环保要求,全面提升机场建设工程环境质量。

党 建 篇

第14章
"虚功" 实做

上海是中国改革开放的桥头堡,是对接"一带一路"国家战略的重要支点,也是引领长江经济带和长三角发展的龙头。进入新时代,在党的十九大精神指引下,上海正在朝着建设"卓越的全球城市,国际经济、金融、贸易、航运、科技创新中心和文化大都市"的美好愿景阔步奋进。

如果说上海是飞向中国特色社会主义新时代的一只"金凤凰",那么,浦东国际机场(以下简称"浦东机场")和虹桥国际机场(以下简称"虹桥机场")就如她高飞远行的双翅。如果说浦东机场三期扩建工程和虹桥机场 T1 改造工程是为了使这只"金凤凰"的双翼更加健壮有力,那么上海机场建设指挥部(以下简称"指挥部")各级党组织、全体员工所付出的心血、汗水和智慧,目的只有一个,就是为这副翅膀强筋健骨,让它更好地展翅高飞。

5 年来,指挥部党组坚持以党的十八大、十九大精神为统领,以落实习近平总书记考察北京新机场建设时提出的打造"精品工程、样板工程、平安工程、廉洁工程"为主线,紧紧围绕工程优质、干部优秀"双优"总目标,在浦东机场三期扩建过程中,多角度、宽领域、创造性地开展党建工作,充分发挥党组织的理论优势、政治优势、组织优势和群众优势,以党建成效助推中心任务的完成,取得了累累硕果,涌现出了一批叫得响、立得住、推得出的基层党建示范点、企业文化示范区、先进党支部和优秀共产党员。

14.1 用理论夯实党建根基

理论是行动先导。5 年来,指挥部党组始终坚持思想建党、理论强党,把习近平新时代中国特色社会主义思想作为根本遵循,采取灵活多样方式,对党的创新理论认真、系统、全面学,重点在"学懂、弄通、悟透、求实"上花气力、下功夫,学深悟透,党员干部理论思维、理论修养、理论水平得到进一步提升。

1) 抓好中心组理论学习,打牢"学习型班子"的政治基础

"火车跑得快不快,全靠车头带;学习效果好不好,关键看领导。"2014年,指挥部恢复实体运作之后,党组"一班人"就形成了一个共识:不做事务型"班子",要做学习型"班子",切实发挥党组理论学习中心组"学理论、议大事、转观念、出思路、促发展"作用。

(1)制订计划,逐一落实。每年年初,指挥部党组根据形势任务和上级要求,结合年度工程建设重点、难点,研究制订《指挥部党组中心组学习计划》;班子成员结合分管领域业务、个人知识结构,制定个人年度学习计划,将党组要求与个人需求有机统一。年底,党组开展领导干部述职述学述廉活动,对全年中心组学习情况进行总结回顾,做到集中学习有计划、个人自学有目标、专项学习有主题、全年成效有考评,将学习融入日常成为领导干部一种工作生活习惯。

(2)突出主题,学懂弄通。为了防止学习内容"撒胡椒面"、学习形式走过场,每次中心组学习,党组提前确定一个主题,划定重点内容,提出具体要求,切实保证学习效果。2017年,指挥部党组以学习贯彻习总书记考察北京新机场建设时重要指示为主题,组织学习研讨,引导党员干部结合上海机场新一轮大规模建设,深入领会精神实质,进一步增强推进"精品工程、样板工程、平安工程、廉洁工程"建设的荣誉感、责任感和使命感。2018年,党组中心组以学习党的十九大报告、习总书记在进博会开幕式上主旨演讲、考察上海时重要讲话等为主要内容,采取联组学习、专题辅导、讨论交流、党课教育等形式组织学习研讨,推动习近平新时代中国特色社会主义思想在指挥部的落地生根。

(3)领导带头,形式多样。集中学习与个人自学、专家辅导与领导跟进、走出去与请进来等灵活多样的组织形式,是搞好党组中心组学习、增强学习效果的重要保证。每年,党组主要领导带头作理论辅导,2018年七一期间,机场集团副总裁、指挥部总指挥、党组书记戴晓坚和党组副书记徐萍分别以《学好新思想、担当新使命、展现新作为》和《重温党的历史、牢记使命责任》为主旨,为中心组成员和全体党员干部上党课,分享研读十九大精神心得体会,帮助党员干部提高政治站位,奋力推进浦东机场三期扩建工程。五年来,指挥部党组先后邀请党建专家解读全国国企党建工作会议精神、邀请上海市社科院专家做党的十八届五中全会精神和国家"十三五"规划讲座、邀请地方法院领导做"学习《关于新形势下党内政治生活的若干准则》与新修订《党纪处分条例》"专题辅导报告等,提高班子分析问题、解决问题能力,收效明显。

(4)协作协同,凝聚合力。学习的过程,不仅是提高理论水平的过程,也是统一思想、增强团结、形成合力、推动工作的过程。浦东机场三期扩建工程施工区域重叠、操作工序交叉、作业空间受限等难题,对党建工作如何融入中心、服务中心提出了新的挑战,对基层党建成效也是一次新检验。对此,党组中心组充分利用党的政治优势、组织优势,联合相关单位党组织,搭建联组学习平台,围绕工程建设安全管理难题,组织专题研讨,查找薄弱环节,制定管控措施,携手破解痛点难题;2015年,针对浦东机场飞行区下穿通道不停航施工,指挥部党组织联合浦东塔台管制室党委和浦东飞行区管理部党委,以"加强党建联建、增强协同协作、确

保浦东机场不停航施工运行安全"为主题,开展三方联组学习研讨,围绕问题协作协同,较好地解决了有效施工时间不足等瓶颈难题,确保浦东机场最繁忙联络滑行道下穿通道不停行施工按期竣工。

2) 抓好骨干培训,打牢基层建设的理论基础

支部书记处于承上启下的关键位置,党支部的战斗堡垒作用强不强,与支部书记水平高不高、作风实不实有直接关系。由于机场工程建设的特殊性,多数支部书记都由业务干部兼任,他们管理能力、业务水平较高,而党建理论和党务能力相对薄弱。为尽快帮助他们补上"短板",胜任"一岗双责",党组将党支部带头人队伍建设作为抓基层工作重点,每年结合党建工作新要求和工程建设新任务,精选课题,合理安排,通过邀请党建专家系统解读党的十九大报告、基层党支部工作条例和基层党支部工作实务,不断提高基层党支部书记理论素养和工作能力。同时,选派支部书记参加集团党支部书记能力素质提升班和市委党校干部综合能力培训班学习,在上海市国资委系统"万名书记进党校"培训活动中,11 名参训的支部书记均取得了《结业证书》。

党的十九大胜利召开以后,指挥部党组在全体党员干部中,深入开展学习贯彻落实党十九大精神,将集中学习与个人自学、通读原文与研讨交流、分层培训与主题活动相结合,组织中层管理人员参加集团公司举办的专题研讨班,组织基层党支部书记参加各类"学习宣传贯彻党的十九大精神"专题培训班,不断强化党员干部对新时代中国特色社会主义思想的政治认同、思想认同、理论认同、情感认同;各党支部也相继开展"七个一"学习宣传活动,即精读一遍原文、举办一次辅导报告、撰写一篇学习体会、召开一次专题组织生活会、开展一次学习研讨、讲授一次专题党课、建立一个学习宣传专栏,把党的十九大精神转化为凝聚共识、深化改革、推动工程建设的强大动力和实际行动。

3) 抓好"主题教育",打牢党员"不忘初心"的思想基础

指挥部现有干部、员工 130 余人,其中党员 110 人,占员工总数 80% 以上。党员比例大,这是完成各项工作的有力保证。但是,也要看到党员多了,少数党员的角色意识就容易淡化。如何激发党员先锋意识,发挥示范带头作用?指挥部党组认为:思想是行动的先导,认识是行动的指南。只有通过理论学习灌输,培根固本,才能让每个党员不忘初心,牢记使命,在执行各种任务中自觉、自愿地当好"排头兵"。

5 年来,为了确保教育实效,党组根据形势发展需要,每年确定一个主题,开展教育活动,集中解决党员队伍中突出存在的各种认识问题,夯实思想根基,凝聚前行共识。

2014 年围绕"争当表率,争创一流"这一主题,开展了党员权利、义务专项教育活动,将《党章》中关于党员权利和义务的规定、党的十八届三中全会和上海市促进国资改革主要精神、指挥部年度工作会议精神等汇编成册,下发到基层党支部,组织党员研读。为方便在外出差的同志跟进学习,将汇编材料上传内网,供党员随时随地下载,确保党员教育全覆盖。专项教育中,党员同志对照中央有关上海自贸区建设、工程建设项目审批等政策法规,自觉进行"五查五看":查党的意

识强不强,看是否有坚定的理想信念;查纪律意识强不强,看是否严格执行规章制度;查表率意识强不强,看是否立足岗位创一流;查担当意识强不强,看是否主动作为、迎难而上;查改革创新意识强不强,看是否与集团改革要求保持一致,并逐项列出差距、不足及具体表现,明确改进内容、目标、时间节点。通过教育、整改,广大党员充分认识企业对党员的要求和群众对党员的期盼,充分认清自己第一身份是党员、忠诚履职是第一职责,使命感和责任感得到了增强,党性修养得到了锻炼,做到了标准高于群众、要求严于群众、业绩优于群众。在亚信峰会举办期间,综合工程部党支部与浦东 T1 候机楼改造工程施工单位携手组建了一支 25 人的党员志愿者队伍,在党支部书记杨申贤带领下,连续 8 天 24 小时不间断进行禁区施工区域围挡安全巡检,确保了空防安全。

根据中央、市委统一部署,2015 年,全党组织开展了"三严三实"专题教育。指挥部党组把活动作为提升党员干部政治素养、巩固党的群众路线教育实践成果、培育优秀企业文化的一项重要工作来抓,科学统筹,认真实施,积极探索党内集中教育融入经常性教育的新方法新路径。指挥部党组研究制定了《关于机场建设指挥部开展"三严三实"专题教育的实施方案》《指挥部开展"三严三实"专题教育活动计划表》和指挥部党组成员"三严三实"专题研讨(党课)制度,确保规定动作有保证、不走样,创新活动有特色、切实际。

在 2016 年"两学一做"活动中,指挥部党组通过学习《党章》和系列讲话,引导党员自觉对标,规范言行;通过开展党组织关系排查和加强党费收缴工作,进一步规范党员队伍的管理,落实"从严治党"的要求;通过完善基层组织建设,选优配强支部书记,进一步增强基层工作活力。在此基础上,各基层党支部开展了"六个一"活动:每月开展一次组织生活,每季度开展一次交流讨论,组织一次红色教育基地参观,支部书记结合部门实际上一次党课,召开一次专题组织生活会,开展一次民主评议党员,各基层党支部学习教育主体作用得到了进一步增强,广大党员在重大工程建设中敢于担当、勇于作为,精神面貌焕然一新。

2017 年,以贯彻落实习总书记全力打造"四个工程"指示要求为主线,结合工程建设实际,从思想建党、组织建党、制度治党和开展建功行动四个方面入手,在全体党员干部中开展"强堡垒作用,做合格党员"专题教育活动。党组精心设计制作菜单式"学、做"项目,供基层党支部组织教育活动时作为遵循;各党支部积极发挥主体作用,制定了"两学一做"年度工作方案,明确"学、做"内容,逐条推进落实。通过组织学习党内最新法规制度,"习近平在上海"系列报道和黄大年、廖俊波等先进事迹,观看电影党课,参观党的一大、二大、四大会址,传承红色基因,增强党性修养,激励党员立足岗位创先争优,在攻坚克难中发挥先锋模范作用。

为深入学习贯彻习近平新时代中国特色社会主义思想和党的十九大精神,深入推进"两学一做"学习教育常态化、制度化,2018 年,指挥部党组以"我是党员、我尽责任、我做模范"为主题开展教育实践活动,围绕首届中国国际进口博览会保障、虹桥机场 T1 改造工程竣工投运、浦东机场三期建设冲刺等重大任务,充分调动广大党员的工作热情,牢固树立"一盘棋"思想,咬住节点不松懈,向全体党员发出了"为党旗增辉,为进博会添彩"倡议,要求他们身体力行,埋头苦干,进一步展现"平常时候看得出、关键时刻站得出、危急关头豁得出"的党员风采,切实履职担当。

14.2 用制度推进党建前行

邓小平同志早已指出:"制度问题更带有根本性、全局性、稳定性和长期性。""制度好可以使坏人无法任意横行,制度不好可以使好人无法充分做好事,甚至会走向反面。"实践证明,在科学合理的组织体系和权力结构下,党内生活的种种关系,一旦形成制度,就会成为维护党内正常生活的规矩,进而成为推进党的建设健康发展的"轨道"。

1) 健全集体决策制度,充分发挥政治核心和领导核心作用

认真落实"三重一大"决策机制和党委决策前置程序,厘清党组班子与行政班子权责边界,制定出台了《指挥部会议管理办法》,对指挥部党组会、办公会、专题会、行政办公会以及机关党委会五类会议议事决策范围做出界定,对举办会议的组织程序、管理主体和遵循原则进行规范,形成了科学、民主、高效的领导决策机制,使得需要决策的事项依据重要程度,通过不同会议加以研究解决。梳理"三重一大"事项的范围和标准,修订完善《指挥部党组议事决策规则》,明确了需要党组讨论决定的 9 类事项和需要党组前置讨论的 8 类事项,依据"把方向、管大局、保落实"的职责定位,落实党组织研究讨论是企业决策重大问题前置程序的要求,每月召开一次党组会,凡涉及党建重要工作部署、干部选拔任用、党风廉政建设、意识形态建设等重要事项,都经过党组集体研究决策;凡涉及企业发展规划、重大工程变更、合同变更等均经党组会集体讨论后提交行政班子研究决定,党组织政治核心和领导核心作用得到了充分发挥,形成了一套较为系统的决策配套制度和管理程序。

2) 动态维护制度规定,党建工作紧贴时代脉搏

根据党建工作相关要求和中央、市委新出台的有关制度规定,指挥部对现有的制度规范进行动态梳理,并列出立、改、废清单,并纳入企业内控管理体系,有计划推进落实。5 年来,结合自身实际,制定出台了《关于指挥部在深化国有企业改革中坚持党的领导加强党的建设的实施方案》《工程建设管理人员廉洁从业管理规定》《指挥部党组领导人员落实党建工作责任制责任清单》等新的管理规定、制度 12 项,推动党建工作常做常新;修订完善《党费收缴、使用和管理规定》《党建活动经费使用管理办法》《指挥部党员教育培训规划》等制度措施 17 项,对 1 项过时的管理制度废除,使党建工作在与时俱进中体现时代性。通过几年的实践探索,基本形成了与上级要求精神相衔接、与自身工作实际相吻合的、系统的党建工作管理制度体系,党建工作标准化、科学化水平有了进一步提升。

3) 深化细化制度规定,高质量推进党建工作

树立"党的一切工作到支部"鲜明导向,研究制定《指挥部在改革发展中坚持党的领导、加强党的建设的实施方案》,将中央、市委有关加强国企党的建设工作要求,细化为 21 项具体工作抓手,在实践中加以推进;注重增强党支部政治功能

和组织功能,针对个别支部组织生活虚化弱化的现象,把提升质量作为基层党建工作主攻方向,积极探索党日活动多样性和有效性,通过开设党课,强化党性修养;实地参观,领略革命历史;举拳宣誓,共忆入党初心;座谈交流,凝聚党员共识;佩戴党徽,亮明身份,增强责任担当,不断提高党内组织生活的吸引力、凝聚力。

14.3 用督查巩固党建成果

5年来,指挥部党组以问题为导向,通过党建工作指标的量化与长效的督查机制相配套,建立健全科学、高效的考核体系,定期组织检查、总结、讲评,尽早发现问题、尽快解决问题,不断提升党建工作的效能,化"虚"为"实",将无形变有形,把党建工作融入工程建设之中,让党建工作的成效通过物化变得"说得出、看得见、摸得着",真正落到实处,发挥实际效能。

(1)"管党治党,重在基础"。围绕新时代党的建设总要求,指挥部党组通过建立健全基层党建常态化督查制度,对基层党组织落实党建责任、开展党建工作情况进行过程监管、动态监控、明责传压,倒逼各基层党组织严格落实党建责任,持续夯实基层党建工作基础,全面提升基层党组织的组织力、号召力和执行力,使基层党建督查成为抓党建促发展、提水平增效能的有力抓手和坚强保障。

(2)分解细化指标。按照"定量与定性、过程与年终、规定与特色有机结合"原则,将党组年度工作任务分解细化到各支部、部门,明确年度目标任务,并纳入部门综合绩效考评,变软指标为硬约束,在传递责任压力中,建立"一级做给一级看、上级带着下级干"的工作推进机制,形成闭环管理。结合年度重点工作,抓好每季度支部任务清单推送,明确针对性督查项目,量化考评标准,切实把清单作为开展党建督查的"指挥棒"和"施工图"。

(3)注重过程督查。严格按照时间表和督查清单要求,采取定期督查和随机抽查相结合、台账检查和现场交流相结合的方式,对10个基层党支部的党建工作进行全程跟踪、全程指导,逐个对标、逐项检查;利用月度工作专题会、季度书记例会,总结回顾前期党建工作开展情况,研究部署阶段性工作重点,通过明任务、压责任、抓督查、促落实,传递党支部书记抓党建工作主责理念,牢固树立起抓党建是第一政绩的思想,确保在繁重的工程建设面前,党建工作"标准不降、要求不松"。

(4)科学检查考评。对基层党建工作考评是否公平公正、科学合理,将直接影响基层党组织工作积极性和创造性。指挥部积极探索创新基层党建工作考评机制,将季度阶段性考核与年终综合性考核有机结合,在重视年终考核的同时,更加强调基层日常党建推进落实情况,将季度考评成绩的权重提高到年度考核总成绩的60%,以考核为导向,推动党建工作做在平常、落在经常,以日常工作的落实确保年度目标任务的完成,推动基层党支部工作不断迈上新台阶,涌现出卫星厅工程部人才培养党建示范点、飞行区工程部科技攻关党建示范点等一批基层党建先进单位。

14.4 用防控体系确保实现"廉洁工程"

党的十八大以来,以习近平同志为核心的党中央坚持从严治党,多次对构建"不敢腐、不能腐、不想腐"机制做出重大部署,提出明确要求,全党形成了一个动态发展的反腐败目标体系,"老虎""苍蝇"一起打,党风和社会风气为之一变。其间,指挥部党组纪检组按照党中央、上海市委和集团党委、纪委的工作要求,结合机场工程建设中消极腐败现象易发、多发的实际,始终将党风廉政建设作为一项重要工作来抓,以"工程优质,干部优秀"总要求为目标,紧紧围绕着"不敢腐、不能腐、不想腐"做文章、下工夫、花气力,着力建立健全全方位、全员化、全时空、全过程的案件防控体系。到目前为止,实现了"零案发率"目标。

1) 不忘初心,打牢"不想腐"的思想基础

(1) 结合主题教育强基固本。5 年来,先后组织开展了党的群众路线教育实践活动、"三严三实"专题教育、"两学一做"学习教育等主题教育活动,指挥部党组都将世界观、价值观、人生观列为重要内容,经常讲,反复讲,讲深讲透,使党内教育从"关键少数"向全体党员干部拓展,从集中性教育向经常性教育延伸,不断夯实廉洁从政的思想基础,筑牢"不想腐"的坚实防线。

(2) 抓好廉政教育。分别邀请长宁区、浦东新区检察院领导作反腐倡廉专题报告,安排法律顾问就招投标中的合法合规及法律风险作专题讲座,召开"践行廉洁准则、严守纪律规矩、推进文化修身"专题组织生活会,开展学习党章、党纪法规文件和指挥部《工程管理人员廉洁从业规定》,组织观看《贪腐警示录系列》警示教育片,召开廉政专题月总结大会等,增强了党员领导干部廉洁从业、依法合规意识。坚持开展党风廉政专题教育活动和"9·9"廉政日教育活动,重点加强中层以上党员干部和重点领域、关键岗位人员的廉政教育,从源头上做好预防职务犯罪工作。2017 年 9 月 8 日,党组召开"9·9"廉政教育日经验交流会,指挥部廉政工作内部三级网络组织人员及在建工程的施工、监理等单位党组织负责人、项目经理共 60 余人参会。指挥部计划财务部、信息设备部、浦东卫星厅工程部以及建工总包、宝冶港湾机坪项目部、上海建设工程监理的负责人相继登台,从不同角度介绍了各自单位抓好廉政工作的经验体会。

(3) 有的放矢地做好谈话、交心工作。制定《关于进一步完善廉政谈话制度的实施办法(试行)》,督导党政领导班子成员和部门负责人开展廉政谈话工作,加强对党员干部的日常教育和监督管理。在不同时期、节点,根据党员干部的思想状况、工作表现和群众反映,指挥部领导对中层干部进行廉政提醒谈话和任前廉政谈话,各部室负责人或支部书记对项目负责人和关键岗位人员就廉政风险点进行交流谈心,对发现有倾向性、苗头性问题的人员及时扯袖子,咬耳朵,拍拍背,批评教育,让他们红红脸、出出汗,防微杜渐,及时消除隐患。2018 年,党组纪检组长先后对指挥部中层干部进行廉政提醒谈话 17 人次,对 8 名提任或交流任职干部开展了任前廉政谈话,深入浅出,语重心长,给党员干部打预防针、敲警示钟,增强了党员干部的荣辱感和拒腐防变的免疫力。

2) 未雨绸缪,着力构建"不能腐"风险防控体系

(1) 建立纪检组扩大会议制度,形成"大监督"格局。在原有的纪检组纪检工作专题会的基础上,又根据形势发展和工作需要,建立健全指挥部纪检组扩大会议制度,搞好相关职能部室的工作联动,发挥纪检监察室与法务审计室合署办公的优势,将纪检监督与法务、审计和内控有机融合,增强监管力度,实现优势互补,对审计中发现的问题线索主动介入,协同监督,强化廉洁风险防控联合研判机制,从而形成"大监督"工作格局,有力地推动了指挥部纪检监察工作全面、深入地开展。

(2) 建立健全预防职务犯罪和廉洁从业保障机制。进一步推动廉洁从业保障工作机制建设,依托相关预防职务犯罪职能部门,共同开展预防职务犯罪宣传教育、共同推进反腐倡廉制度建设、共同建立完善监督制约机制。以问题为导向,积极推动职能部室健全指挥部规章制度,补好制度短板。2018 年,指挥部新增制度 4 项,其中行政管理方面制度 1 项,工程建设方面制度 3 项;修订制度 4 项,其中行政管理方面制度 1 项,工程建设方面制度 3 项。

(3) 认真构建廉洁风险防控机制。在深入调研的基础上,制定出《关于开展廉洁风险排查和防控工作的实施方案》,针对部门廉政风险和个人岗位廉洁风险,在指挥部全面开展了廉洁风险排查和防控工作。针对查找出的 53 个风险点进行梳理和评估,从优化权力结构、规范权力运行、加强惩防体系建设等方面制定相应的防范措施。

(4) 积极推进"制度 + 科技"风险防控体系建设。2017 年 2 月 23 日,在中共中央政治局常委会上,习近平总书记就北京新机场建设总结发言中强调指出:"要加强管理,把北京新机场建成廉政工程。要确保工程建设的廉洁。不能建一个工程就倒一批干部。要严格招投标,严格财经纪律。"为了把习总书记的重要指示精神落到实处,指挥部党组纪检组聚焦采购招标管理,推动各项管理制度的修订完善,形成职能部室对制度建设及执行成效的评价机制;切实发挥《反商业贿赂公约》的作用,将制度的约束力延展到设计、施工、监理等单位,不断健全内控防范体系;对重点部室、关键岗位加强监管,运用"制度 + 科技"手段,对风险最大、最容易发生违法违纪问题的主要环节和流程以及可能影响采购公平公正的主要环节和流程加强监控和检查,形成有效并行的动态管理机制和防控机制;督促职能部室进一步落实"一评估、四报告"制度,切实做好党风廉政风险评估和履职待遇标准执行、业务支出、领导人员兼职取酬、因公出国(境)四个方面报告工作;利用指挥部工程建设管理廉政监督专家组、党支部书记、廉政监督员队伍内部三级网络体系,有效发挥三级网络体系监督作用;严格执行集团公司采购招标管理制度,认真落实集团专项巡察整改工作,组织相关部室针对 24 项非公开招标项目合同逐个分析原因,逐项提出整改措施,完善供应商和专家库管理机制,确保采购招标管理活动公开、透明、公正。

(5) 进一步规范党员干部从业行为。贯彻落实好《上海机场(集团)有限公司领导干部廉洁从业防止利益冲突管理办法》,严格规范企业领导人员从业行为,防止经营管理活动中发生利益冲突,促进企业领导人员正确履行职权,保证职务行

为清正廉洁。

（6）认真做好干部廉政档案建设工作。2018年，积极落实市纪委驻国资委党委纪检组《关于开展廉政档案建设工作的通知》精神，按照干部管理权限，认真开展廉政档案建设工作，从基本情况、问题线索、个人重大事项和防止利益冲突有关情况、任期考核等方面，对指挥部29名中层干部进行廉政建档工作，为全面掌握干部履职尽责和廉洁自律情况，强化对干部的规范管理和严格监督打好基础。

（7）加强效能监察和职能监督。将效能监察和职能监督作为党风廉政建设的重要内容，紧紧围绕集团公司集约化发展和"强功能、补短板、提品质"的内在管理需求，强化监督制约机制，提高管理效能，完善规章制度，促进企业管理人员廉洁从业，确保年度重点工作和目标任务实现。持续整合监督资源，发挥综合监督联席会议制度作用，积极构建"大监督"工作格局，把监督工作全方位、全过程覆盖到工程建设管理各个环节。

（8）抓细做实监督执纪"四种形态"。适应深化国家监察体制改革新要求，不断提升查信办案的工作水平和能力。创新理念方式，完善制度机制，不断深化监督执纪"四种形态"的实践运用，严明党的纪律，推动全面从严治党向纵深发展。

3）考核问责，形成"不敢腐"的高压态势

（1）强化责任落实。积极构建党组主体责任、纪检组监督责任、党组书记第一责任、班子成员"一岗双责"的四责协同、合力运行的责任体系，党组书记履行"第一责任人"职责，明确领导班子成员党风廉政责任分工，深入推进党政领导班子成员和"三部二室"负责人全面从严治党"一岗双责"工作，抓好落实"一岗双责"情况的考核问责。制定指挥部党组落实"两个责任制"行动方案和党风廉政责任公开承诺书，班子成员分别制定落实"两个责任制"行动方案和"一岗双责"工作方案，按时间节点对照检查落实情况，开展个人述责、述廉活动。

（2）严格清单管理。制定党组主体责任制清单，推动党组落实党风廉政建设主体责任，一级抓一级，层层传导压力；对照集团纪委制定下发的《落实党风廉政建设责任制纪委监督责任清单》和《责任分解表》，结合指挥部的工作实际，研究、制定了《指挥部廉洁风险防控清单》，实行监督责任"清单式管理"，强化落实党风廉政建设监督责任。按党风廉政责任制要求，党组纪检组长与各党支部书记分别签订《党风廉政责任书》，将党风廉政建设责任层层细化分解，纳入各部室年度绩效考核；党员向所在支部做出廉政承诺，确保党风廉政责任制落到实处，不走过场。

第15章

开 拓 创 新

创新是推动党的建设不断向前发展的不竭动力。党的十八大以来，以习近平同志为核心的党中央坚定推进全面从严治党，党的建设新的伟大工程进入到一个新阶段。指挥部党组面对新时代、新特点、新任务、新要求，顺势而为，迎难而上，针对大规模、集中式工程建设带来的压力和挑战，继承发展我党优良传统和作风，适应新形势、探索新方法、创建新载体，走出了一条符合自身实际的党建工作新路子。

15.1 构筑党建联建平台，形成"命运共同体"

指挥部党组坚持目标导向、问题导向、需求导向，积极探索新形势下重大工程建设中的党建联建新思路、新方法。通过凝聚共识、搭建平台、固化机制，将党的资源、行政资源和社会资源有效整合，以联建促进联动，以协作推进共治，初步构建了组织互联、优势互补、资源互享的建设共同体。

1）强化"赛区是一家"意识，努力推动建设共同体的形成

浦东机场三期扩建工程参建单位近 50 家，尽管职责分工不同，互不隶属，但"工程优质、干部优秀"的大目标一致。指挥部充分利用党的组织优势、宣传优势，充分发挥党建协调和资源整合作用，把不同隶属关系的参建单位党组织用共同的目标凝聚起来，不断增强利益共同体意识。一是加强思想交流，凝聚各方共识。为积极探索和创新党组织服务保障重大工程建设的新方法、新途径，推动工地"党建联建，文明共治"创新发展，2017 年"七一"前夕，指挥部联合建工集团、隧道股份、宝冶集团、市安质监总站以及机场股份公司、虹桥机场公司等 20 余家参建单位党组织，举行了纪念建党 96 周年党建工作交流会，6 家单位党组织分别做了主题发言，就如何在工程建设中发挥党组织作用，交流了党建联建的经验做法，在思想上、行动上强化了建设共同体的意识。二是健全工地党组织网络。支部建在连

上,是"三湾改编"的重大举措,也是我党不断发展壮大的重要基石。根据多年来工程建设管理的实践经验,一个基本共识就是大规模工程建设同样需要"支部建在项目上",确保党的工作全覆盖。浦东机场三期扩建工程全面铺开后,参建单位陆续进驻,指挥部及时对各参建单位党组织设置情况进行了梳理排摸,主动与参建单位沟通,要求符合条件的项目部建立临时党组织,为党建联建向一线延伸提供保证。三是实现资源共享、先进共学。指挥部组织参建单位项目部党组织负责人到上海市示范工程观摩,借鉴文明施工管理经验做法,研讨文明施工思路举措;还聚焦市文明示范工程创建目标,与建工总包联合党委,共同研究卫星厅文明示范工地创建方案,共同开展施工现场文明创建工作,共同推动农民工生活区规范化管理。

2)建立多层次联建机制,为工程建设保驾护航

指挥部始终将党建联建作为党建工作落地生根的一项重要载体,与政府、社区、设计、施工、监理等单位,着力构建多层次、多领域党建联建机制,集各方优势资源,共同破解难题瓶颈,为工程建设顺利推进保驾护航。2016年,指挥部机关党委与浦东机场空管塔台、浦东机场飞行区管理部党委建立三方党建联建机制,围绕机场运行和禁区施工等突出问题,积极协商协调,有力缓解了不停航施工与运行的矛盾;2017年,又分别与市安质监总站和市交通工程安质监站党组织,围绕工程安全质量、验收管理开展党建联建,通过结对"共建、共学、共创、共进",共同推动重大工程质量安全管理水平的提升。指挥部工程部门党支部也纷纷与相关单位党组织开展党建联建,浦东卫星厅工程部党支部与浦东机场消防急救保障部党委开展党建联建,合力推进卫星厅工程消防安全管控及保障工作,双方协同开展工地现场消防桌面推演和实操训练,建立微信群书面反馈机制,每月对临时消防栓、道路、水源、简图进行排摸、调整,并印制180余份宣传册,发放至救援车辆,确保险情发生后能在第一时间予以排除;信息设备部与机场进出口公司、华东设计院第三党支部聚焦廉政建设三方联建,共同规范设备采购管理,筑牢廉洁从业防线,确保"双优"目标实现;浦东综合配套工程部与浦东机场场区派出所围绕渣土消纳、施工项目部责任区管理、新增土地管理开展党建联建,共同破解施工现场管理难题。

3)树标准、建机制,为建设共同体提供保障

(1)建立统一的管理标准。先后制定颁发了《工程项目质量督查办法》《工程质量检测管理办法》《工程项目施工质量考核办法》和《工程项目监理管理办法》,统一工作标准,规范日常考核,完善质量体系;与各施工、监理单位签订安全责任书,层层传递安全管理责任,建立安全考核工作机制,把明责、督责、问责有机结合。并坚持统一组织考核、统一组织讲评、统一开展表彰,使各参建单位始终感受到建设共同体的存在。

(2)创新建立项目群管理机制。为加强对工程项目的管理和指导,指挥部要求承担多个项目的参建单位,实行项目群管理,建立联合党委,上级单位指定一名分管领导挂帅,加强对项目群的统一管理与协调。指挥部领导带队,还专门走访上海建工集团、上海宝冶集团、上海隧道股份,就加强对项目群的管理进行沟通交

流,帮扶弥补项目群中短板,提升所辖项目整体管理水平。并提出加强项目群党建联建的工作要求,将党建联建向施工现场延伸,在一线发现问题、解决问题,当好工程建设的标杆。

(3) 以党建联建带动团建联建。指挥部机关团委与政府主管部门、行业相关部门、设计方、施工方、监理方、运行方等9家单位团组织携手,以"团聚在机场、青春不停航"为主题,建立工程牵动型团建联盟,共同聚焦项目建设,交任务、给课题,积极推动跨单位协商协作和联建联动,进一步发挥团组织凝聚青年、服务青年、助力工程的突击队作用。

15.2 推行党建服务项目,助推重点任务完成

在继承中创新、在创新中发展是指挥部一直秉持的工作理念。针对基层党建工作中存在的不系统、不实在、不经常等问题,党组"扬弃"不合时宜的党建工作模式,探索新的党建工作机制,将工程建设项目化管理理念、思路、举措植入党建管理,以谋划项目的思维谋划党建工作、以推进项目落实的手段推进党建工作、以项目是否落地的结果来考量党建工作,对基层党建热点、难点、重点实行"项目化管理、过程化控制、标准化考评",有内容、有载体、有效果、有评价,使党建工作由"软指标"变成"硬指标",由务虚变成务实。

1) 聚焦重点,科学立项

每年年初,各基层党支部聚焦年度"急、难、新、重"工作,确定一个富有自身特色的党建服务项目,通过"定目标、定措施、定节点、定责任人",以团队行动学习和项目化运作的方式,集中党组织优势资源,组织党员群众攻坚克难,以难点瓶颈突破助推年度各项任务全面完成。在浦东机场飞行区下穿通道工程建设中,针对管线错综复杂,禁区不停航施工要求高难点,飞行区工程部党支部连续2年将该项目列入年度党建服务项目,通过激发党员群众内生动力,与相关运行、管理部门党组织党建联建,协同细化《飞行区下穿通道分阶段实施策划方案》,研究制定《飞行区下穿通道禁区不停航施工专项管理方案》,共同解决工程建设中与运行管理相关的各种难题,为禁区不停航施工创造了良好条件。设计管理部党支部针对缺乏旅客捷运系统设计管理经验,将"强学习,补短板,提升浦东三期扩建设计管理能力"作为党建服务项目,明确任务目标,通过组织读书交流会,组织部门员工认真学习专业书籍,探讨捷运系统工程特点,不断加深设计管理人员对轨道交通的理解;此外,党支部与市政院城市交通与地下空间院党支部紧密协作,建立起设计管理例会、专业讲座、现场调研三位一体工作机制,在互学互帮互进中拓宽视野,丰富知识,提升专业管理能力。

2) 精细管理,责任到人

党建服务项目面对的是年度工作重点、难点,离不开全员化参与和系统化推进。在项目立项后,按精细化管理要求,各党支部进一步深化细化方案,将任务落实到"最小单元",明确项目及每个子项目的实现目标、主要内容、时间节点、具体责任人;各党支部书记作为党建工作第一责任人,履行推进党建服务项目主要职

责,确保党建项目有部署、有落实、有问责;每个子项目牵头人是具体责任人,负责每个子项的实施推进。为进一步加大党建服务项目推进力度,党组实行全程跟踪管理,根据项目推进节点,定期组织检查,对照实施方案,分析评估成效,持续改进优化措施,对每个子项目实行"逐项销号"。通过组织实施目标清晰、责任明确、措施具体的一项项党建项目,凝聚党员在推动工程前期报批、不停航施工等年度重点任务中,勇于担当,敢啃硬骨头、勇解"挠头事",将党建项目推进过程变成履行党员义务、展现先锋形象的过程。

3) 完善机制,严格考评

着眼提升党建服务项目服务中心的成效,指挥部建立起研讨交流和联述、联评机制,项目负责人定期汇报工作开展情况,对工作推进有力、按时或提前完成的,及时提出表扬,并总结好经验、推广好做法;对不能按时完成或完成质量不高的,认真分析原因,提出整改意见,确保目标实现。每年年底,党组从促进中心工作、党员群众满意和体现综合效益等三个维度,以成果评审交流和群众满意度测评的方式,对党建项目进行验收考评,形成成果报告。考评结果作为年度党支部考核、评先评优重要依据,最大限度激发基层党建工作动力和活力,推动了中心任务的完成。如针对近年来招投标外部监管环境愈发严格的实际,计划财务部党支部将提升招投标管理的规范化、高效化水平作为党建服务项目,借助建行投资监理的专业技术优势,修编《建设项目招投标工作管理办法和实施细则》,形成符合新版评标办法和新版清单编制办法,适用于上海市和民航监管项目的格式招标文件,党建服务项目在推进工程建设、提高内部管理中,发挥了重要的服务保障作用。

15.3 "让党旗在工地上飘扬",开展立功竞赛活动

深入开展"让党旗在工地上飘扬"立功竞赛活动是指挥部党组织融入中心、推动工作的一个重要载体和抓手。围绕上海机场重大工程建设,指挥部党组坚持以"鼓舞人、激励人、凝聚人"为出发点,以"建一流工程,育一流人才,出一流思想"为宗旨,形成了由党组主导、参建单位党组织挂帅、纪检部门保驾、工团组织参与、相关职能部门配合的立功竞赛格局,通过赛精神、赛作风、赛成果、赛协作,将立功竞赛活动贯穿工程建设始终,有力助推了浦东机场三期扩建工程和虹桥机场 T1 改造工程的顺利完成,涌现出了一批上海市五一劳动奖章获得者、上海市立功竞赛建设功臣等先进群体。

1) 建立完善工作推进机制

机场立功竞赛是上海市重大实事工程立功竞赛的一个独立赛区,参赛单位近50 家,尽管各单位职责分工不同,互不隶属,但"工程优质、干部优秀"的大目标是一致的。多年来,指挥部以"让党旗在工地上飘扬"为主题,充分发挥党建协调和资源整合作用,携手施工、监理、设计、咨询等参建单位党组织,扎实开展以"比进度管理、比质量管理、比安全管理、比文明施工、比科技创新、比组织作用"为主要内容立功竞赛活动,形成了年初动员部署、每月专项检查、双月监理考评、半年综

合检查、年底总结表彰的活动机制，以赛促建、以赛创优。根据上海市立功竞赛要求和上海机场航空枢纽建设发展规划，结合新一轮工程建设总体安排，编制《上海机场工程建设立功竞赛活动五年规划（2016—2020 年）》（以下简称"《五年规划》"），前瞻性谋划竞赛措施，明确 5 年总体目标和各阶段工作目标、竞赛内容和举措以及保障措施，全力以赴抓安全、提质量、保进度，为打造品质领先的世界级航空枢纽做贡献。每年党组在深入施工单位调研的基层上，依据《五年规划》研究制定年度工作计划，集中力量组织大家能看得见、摸得着、有作用的活动；年初，召开赛区立功竞赛动员大会，部署年度工作，并通过发倡议、挑应战、向青年突击队授队旗等形式，激发竞赛热情，掀起活动热潮。

2）丰富活动形式内容

根据工程阶段性重点，联合施工单位先后组织开展"飞行区道面拉毛""钢结构电焊作业""精装修施工""钢结构电焊作业"等同专业不同标段系列技能比武活动，以赛提质、以赛促建，确保施工安全、质量、进度"三达标"。举办"安全知识竞赛"，增强参建人员文明施工、安全生产的责任意识；认真落实新版《上海市建设工程文明施工标准》，组织参建单位参观市文明示范工地，分享借鉴文明施工管理经验。开展"建设之星"评选，在现场发现先进，在一线树立典型，营造"比学赶超"氛围，提高广大建设者的荣誉感、成就感；充分依托《立功竞赛简报》、宣传栏、内网等载体，及时宣传活动中涌现出的先进典型，以先进带动、典型促动、榜样推动，引导参建人员以一流精神，建一流工程，在赛区形成学先进、赶先进、当先进的浓厚氛围。

3）组织开展科技攻关

充分利用专业技术人才资源优势，组织赛区参建单位开展小革新、小发明等科技攻关活动，建立年初课题申报立项、年中辅导推进、年底评审交流长效工作机制。5 年来，围绕工程建设技术难题，各参建单位申报科技攻关课题达 80 余项，通过技术研究人员查阅资料、反复研讨、现场试验，最终形成技术成果近 70 余项。经评审，《LEC 评价法在爆破撤除安全管理中的应用》《机场飞行区安全距离内下穿通道基坑明挖施工实践》等 5 项成果获赛区科技攻关一等奖，《自动化检测技术在盾构穿越浦东机场滑行道中的应用》等 11 项成果获赛区科技攻关二等奖，有力地推动了技术难题的解决。科技攻关还催生出一批科技创新产品，其中，《浦东机场 T1 改造工程不停航施工管理手册》荣获著作权，"工具式自平移单侧大模板施工工法"评为市级施工工法，"一种排水出户管连接头"等两项新工艺获得国家专利。注重科技攻关成果转化，汇编年度课题成果报告，分发各参建单位学习交流，推动创新成果在实际工作中的转化应用。

4）关心关爱农民工生活

浦东三期扩建、虹桥机场 T1 改造两大项目群工程，建设高峰阶段农民工达10 000 余人。指挥部党组牢固树立以人民为中心工作理念，与施工单位党组织密切合作，积极创造条件改善农民工学习、生活环境，满足农民工精神文化生活需求。举办中秋工地慰问演出，放映露天纳凉电影，开展"我眼中的机场建设"摄影比赛和拔河、自行车慢骑等群众喜闻乐见的系列文体活动，送文化、送快乐到现场、到工棚,让农民工在繁重的体力劳动之余,放松身心,提升幸福感、归属感。在人员较为集中的建工总包生活区,与建工总包联合党委先后建立农民工业余学校和农民工俱乐部,为提升农民工职业素质、丰富工余文化生活创造条件;开展食堂厨艺大比拼,丰富餐饮花色,改善餐饮质量;对生活区公共食堂、浴室和宿舍进行改造,购置计时电磁炉和投币洗衣机,使生活配套设施进一步完善。

15.4　创新干部人事管理机制,为重大工程建设保驾护航

按照忠诚干净担当的新时代好干部标准,坚持德才兼备、以德为先,坚持五湖四海、任人唯贤,坚持问题导向、目标导向,着眼上海机场重大工程建设任务对指挥部干部人才队伍的要求,大力推进干部人事制度改革,积极探索人力资源管理新方法、新渠道,为专业技术人员成长发展创造条件,努力建设一支专业化、复合型、富有生机活力的干部人才队伍,为上海机场重大工程建设保驾护航。

1) 拓宽思路,加快干部人才队伍建设步伐

不断优化干部队伍结构。为了适应上海机场工程建设任务需要,积极加快培养一支专业化、年轻化、梯队化干部队伍。在选人用人上,注重选拔政治品德优秀、专业能力突出、管理经验丰富、业绩群众认可的优秀干部,加强干部多岗位交流力度,促进干部向专业复合型管理人才发展。破除论资排辈的习惯思维,着力将业务精、作风硬、敢担当的年轻干部选拔到中层管理岗位。2017 年以来提任的中层干部平均年龄 44 岁,产生了 1 名 80 后中层干部,中层干部队伍平均年龄下降了 2 岁。坚持内部培养和外部引进相结合的方法渠道,引进土木工程建设、捷运系统工程建设、工程质量管理等方面紧缺专业的优秀管理人才委以重任,切实优化和完善了干部人才队伍专业结构。

拓宽专业技术人员岗位发展通道。2017 年 12 月印发实施《上海机场建设指挥部项目总监、项目副总监聘任管理暂行办法》,优化完善专业技术人员岗位发展通道。项目总监、项目副总监岗位属非领导职务岗位,在指挥部承担工程建设期间设置。项目总监、项目副总监实行聘任制,必须符合一定的任职资格要求,在聘任期间享受相应干部级别的薪酬福利待遇,职务能上能下、薪酬能高能低。目前已聘有项目总监 4 人,副总监 2 人,既很好地调动了资深专业技术人员的积极性和技术专长,也较好地缓解了人才晋升通道单一的"独木桥"问题,营造了崇尚人才、崇尚能人的氛围。

加大后备干部选拔培养使用力度。根据干部队伍梯队建设要求,从专业技术类、经营管理类和党群管理类三个方面做好后备干部储备工作,大力选拔和精心培养年轻干部。2017 年,通过调研分析、民主推荐、组织遴选、考察等相结合的方式,选拔产生中层正职后备干部 6 名、中层副职后备干部人选 9 名。在后备干部培养上按照"缺什么、补什么"原则,注重有针对性、体现个性化的培养,明确了"本部门培养""跨部门轮岗""跨单位交流""个性化培训"等多种培养途径,有计划地给年轻干部搭平台、压担子,帮助后备干部拓宽视野、丰富经历、提升能力。同时加大后备干部使用力度,有多名后备干部得到提拔使用,占后备干部数的 40%。

在组建西藏日喀则定日指挥部队伍过程中，有意识地将想做事、能干事、可以独当一面开展工作的年轻干部安排到重要岗位，多名后备干部主动报名参加了援藏援建工作，经受艰苦环境下的工作考验和锻炼。

动态调整机构设置、优化配置建设资源。适应上海机场重大建设任务的阶段性需要，坚持需求导向、动态配置资源和优势互补、增强管理功能的原则，及时调整工程管理部门设置，理顺专业条线管理关系，厘清各部门管理职责和责任边界。根据浦东机场三期扩建工程建设重点，先后组建了浦东卫星厅工程部、捷运工程部，调整浦东综合配套工程部部分建设职能。充分整合虹桥机场工程项目管理资源，将虹桥综合配套工程部相关建设职能并入虹桥航站区工程部，进一步增强虹桥机场区域重大工程项目和市政配套工程项目的综合协调管理功能。成立质量安全管理部，进一步强化和突出工程安全管理、质量管理、文明工地管理。将法律事务、内控管理、经济审计等工作职能从计划财务部剥离出来，组建法务审计室，与纪检监察室合署办公，整合监督力量，落实监督责任，形成"大监督"工作格局。依据工程项目各阶段的建设进度和重点需求，对工程部门专业技术人才实施动态管理、优化配置，以增强相关部门的管理功能和专业优势，使专业技术人才的作用发挥最大化，同时也有效缓解了部分专业技术人才不足的结构性矛盾。

2) 精准激励，努力激发干部员工工作活力、动力

完善绩效管理，激励约束并举。制定实施了员工绩效管理办法，进一步建立健全激励约束机制，确保指挥部组织绩效目标的有效落实，全面实现上海机场工程建设目标。各部门根据各自的年度组织绩效合约，采取自上而下方式制订全体员工的年度绩效合约，确定个人年度绩效指标。员工年度绩效评估结果分为"卓越""优秀""良好""一般"和"亟待改进"5个等第，绩效考核结果各等第对应分值作为员工工资晋档或降档、岗位聘任或降级的重要依据。在组织实施干部选拔、人才培养、推优评先等工作时，在绩效评估为"卓越""优秀"的员工中优先选择。通过几年来的绩效考核，切实运用绩效评估结果，促进了干部员工绩效水平持续提升，有效激发干部员工的使命意识、担当意识。

打破平均主义，倾斜工程一线。为进一步体现指挥部建设管理单位的特性，激励工程一线部门和员工的工作积极性，鼓励多劳多得，坚持奖勤罚懒，对工程奖励、奖金实施差异化分配，工程部门高于保障部门，阶段性重点实施部门高于其他工程部门，安全高风险部门高于低风险部门，并对工作业绩突出、取得卓越成效的部门、团队和干部员工予以专项奖励。设立专项协作奖，对通过多部门密切协作出色完成重大任务的工作团队实施专项奖励，激励和促进跨部门之间的团结协作。员工奖金发放按照核定额度、提供指导标准实施部门总额包干，全额授权部门根据员工业绩表现和贡献度进行二次分配，各部门内员工奖金实发水平差距明显，年度薪酬分配的浮动部分较之前扩大了5％，员工个人收入的浮动已成常态。特别是淡化了岗级概念，不仅同岗级人员奖励水平不一样，不少低岗级人员的奖励水平超过了高岗级，进一步强化了干部员工"干多干少不一样、干好干差不一样、室内室外不一样"的思想理念，进而为工程建设营造出一个"心齐、气顺、劲足"的干事环境与氛围。

强化业绩导向,完善岗位管理。按照工程建设管理特点和管理要求,调整部门人员岗位设置,完善指挥部岗位管理体系,努力解决机关化、行政化问题。在工程部门设置高级项目经理、项目经理、项目副经理、项目助理岗位级别通道,在非工程部门设置高级主管、主管、主办、专员岗位级别通道,明确各级别的任职资格,并特别强调了重大项目管理工作经历、业绩考核情况等。员工岗位聘任、岗级晋升在指挥部层面统一考评、统筹衡量、择优聘任、末尾缓调,提高工作业绩与岗位晋级、薪酬晋档的关联度,一定程度破除了三年必调、熬年资的惯性思维,进一步强化了绩效导向。

3) 打破常规,用足用活各方面资源

(1) 借用外力。在指挥部相关专业技术力量比较紧缺的工程建设领域,如飞行区捷运盾构工程项目、两场联络线车站工程项目和浦东机场 3# 围区渣土消纳工程项目,采用代甲方管理模式,通过公开招投标确定专业管理单位,负责对相关工程项目施工现场及安全质量进行管理,其公司总部相关技术平台提供技术支持;捷运系统工程项目采用委托代建模式,由上海申凯公共交通运营管理公司实施全流程建设管理,工程管理人员全部由申凯公司派驻。充分利用第三方专业力量,每月对项目承包单位进行质量安全检查考核,形成了常态化、专业化质量安全管理体系。通过借用外力,突破了一系列工程技术瓶颈、建设难题,较好地解决了指挥部一些专业技术力量不足问题,有效提升了上海机场建设管理专业化水平。

(2) 依托两场。根据工程进度和项目需要,有针对地阶段性借用或商调两场运行单位的一些专业技术骨干参与工程建设、设施设备的安装调试等。2016 年,指挥部与股份公司针对浦东机场三期工程建设和未来运行管理专业人才储备需要,共同启动了应届毕业生"联合招录、定向培养"工作,到 2018 年联合培养三届26 名应届毕业生。指挥部安排经验丰富的工程部门负责人和资深工程管理骨干对这些新员工实施师徒带教,在专业知识、项目管理、工作方法、课题研究等多方面实施传帮带,既缓解了建设期间指挥部人员不足的矛盾,也为浦东机场三期工程投运培养储备了一批专业技术骨干,实现了机场建设、运行管理双促进。

15.5 从点滴做起,为企业文化注入新的"基因"

细微之处见精神。大的事业都是由一件件小事积累而成的,好的修养也是一天天修炼而成的。5 年来,以培育践行社会主义核心价值观为主线,不断推进企业文化建设,指挥部党组针对干部员工队伍中存在的"拖、等、推、粗"等陋习,对照"严实、精细、协作、担当"企业核心价值理念,先后组织开展"核心价值观践行季活动"和"文化修身行动",通过查找管理上不适应的短板和个人不符合现代工程建设要求的陋习,制定整改措施,完善岗位行为标准和职业规范,员工风貌和企业风气为之一变。

1) 舆论宣传与建章立制同步

上海机场集团"严实、精细、协作、担当"核心价值观是全体干部员工的共同价值追求和行为遵循,围绕集团核心价值理念、机场建设者"5 种精神",5 年来共设计制作宣传海报、展板和视频 50 幅（段），在指挥部主要公共区域悬挂、张贴和循环播放，在潜移默化中推动企业核心价值理念入脑入心；以视频和情景剧形式，宣传推广各个年度的企业文化"双十佳"事迹，发挥先进典型的模范带头作用；成立企业文化建设骨干队伍，分层分类组织培训，做到员工受训率、知晓率 100%，将集团核心价值理念宣传延伸到部室、覆盖到全员。在加强舆论宣传、氛围营造的同时，注重将企业文化外化于制，先后出台《工程人员廉洁从业规定》等 13 项新制度，规范工程建设管理行为；修订《员工守则》，按照合法性、合理性、适用性，规范员工日常行为，推动企业核心价值理念向工程建设管理各环节渗透。

2）陋习查找与典型引领同步

从管理体制入手，对照集团核心价值理念，逐一扫描，找准找实与大规模工程建设要求不适应、不符合的管理短板和陋习，先后对部门设置进行了优化，按飞行区、航站区、综合配套工程区域范围厘清管理界面，形成业务上下衔接、职能相互支撑的组织构架。针对大规模工程建设安全压力大，组织工程管理部门、施工监理单位，从动火、易燃易爆危险品、机械设备作业等重大风险源管控，应急预案及演练、安全和质量技术交底以及设计施工工艺等落实情况全面自查，梳理出 12 个方面管理陋习和短板；针对查找出的问题，建立完善安全管理网络，研究制定现场施工人员实时管控及门禁系统管理、动火管理、易燃易爆危险品管理和消防安全巡查等制度。同时，加强正面引导，注重挖掘培育先进典型，5 年来共评选表彰"优秀案例" 28 个、"优秀践行者" 30 名，树导向、扬正气，通过明确倡导什么、反对什么，大力培育积极进取、敢于负责、勇于担当的良好风尚。

3）面上推进与集中整治同步

企业核心价值观只有为全体员工所接受，才能做到上下同欲。为了加深员工对"严实、精细、协作、担当"核心价值观的理解，指挥部大力开展"我学习、我承诺、我践行"核心价值观践行季活动，以学习实践方式，增强员工对企业核心价值理念的理解和认同，在学习过程中，统一思想、形成共识；结合工程建设和员工岗位要求，组织全员研讨，形成《践行核心价值观行为规范》，为干部员工由理念学习到实际行动提供有力支撑，起到了传递理念、砥砺品质、强化规矩、提升素质的多重效果。同时，针对员工队伍存在的"拖、等、推、粗"行为陋习，开展"文化修身行动"和"摒弃行为陋习"活动，从工作状态、精神面貌、行为习惯三个方面，查找"不适应"短板和"不符合"陋习，梳理员工行为正负清单，制定陋习整改措施，完善岗位行为标准和职业规范，推动员工良好行为习惯的养成，努力营造"心齐、气顺、劲足"的文化氛围。

第16章
党 旗 飘 飘

    工程建设离不开钢筋、混凝土,产品要么是笔直的跑道、平坦的停机坪,要么就是高大的航站楼、敞亮的卫星厅,都是看得见、摸得着的。有些人认为党的建设与工程建设相比,是虚的、无形的,党建工作做得好不好,也是难以衡量的。

    其实,这是一个认识的误区。这是因为,钢筋、混凝土的质量再高,如果没有水的聚合,也是"一盘散沙",根本无法塑造定型。工程竣工,虽然水汽蒸发,水的聚合力了无踪影,但它却作为建筑物的"魂",永存于停机坪、航站楼之中。工程建设是人建造的,优秀工程只能是由优秀的建设大军建造而成的。在数十年里,要想把数以百计个单位、数以万计的参建者聚合成一个坚强的战斗整体,这里面倾注了指挥部党组、党务工作者和广大党员的无数心血和汗水。党建工作打造的是建设大军之魂。从这个角度考量,可以自豪地说,5年来的工程建设成就,就是指挥部党组抓好党建工作的真实写照,就是党务工作者默默贡献的具体投影,就是"一个党员一面旗"的生动呈现!从这个意义上看,5年来,指挥部在努力实现"工程优质、干部优秀"这一目标的过程中所涌现出的先进党支部、优秀共产党员,以及集体奋斗所获得的各项荣誉,都将会载入史册,化作无穷的精神力量,像鲜红的旗帜那样,永远高高地飘扬在天地之间!

16.1 先进基层党支部事迹

16.1.1 合力攻坚克难,建造优质工程

    虹桥航站区工程部和虹桥配套工程部共有干部员工 17 名,具有高级职称的专业技术人员 8 名,共同负责虹桥机场 T1(含空侧机坪)改造、新建 T1 交通中心、东片区市政道路及配套设施综合改造等建设任务,兼管武警营房和贵宾室的建设任务。

    按照指挥部党组的统一部署,两个工程部成立了联合党支部,其中党员 12

名。在虹桥机场东片区建设过程中,联合党支部始终以党建工作作为纽带,全力推进工程建设,创造了许多个业内"第一",确保了所承担的各项工程保质保量、如期交付。

1) 积极推进项目开工

2014年,虹桥机场东区综合改造工程全面启动,为了保证市委、市政府要求的"年内1号航站楼(以下简称'T1')正式开工"节点目标的实现,联合党支部向全体党员发出"保目标节点,党员冲锋在前"动员令。虹港大酒店拆除工程是T1能否按时开工的关键所在。面对国有资产处置和建筑物移交滞后状况,大家发挥主观能动性,在充分进行常规机械拆除和定向爆破拆除成本、安全可控性利弊分析比较的基础上,党员干部自我加压,在国内首创运营中的民用机场爆破拆除建筑物实例。审批流程、时间节点、成本预算、施工安全等全面掌控,于2014年11月1日凌晨完成爆破工程,而后马不停蹄,在一周之内办理《施工许可证》,顺利实现"年内T1合法开工"目标,并总结形成了"不停航爆破拆除机场内建筑物"规范流程,为今后开展爆破拆除建筑物提供借鉴。

2015年,上海市政府进行机构改革,原建交委撤分为住建委和交通委两个部门。虹桥机场东片区市政配套一期工程全面启动。在新成立的交通委"施工许可证管理办法"出台后,配套工程部的同志经过不懈努力,几经反复,终于在2015年12月21日取得了《施工许可证》,成为交通委当年在市政项目类中第一个达到合法受监标准的工程。虹桥配套工程部还开创了指挥部自1995年成立以来,二十多年间从未有过的先例:即由一个工程部的7名同志(其中有6名党员)来负责一个11.9亿元工程项目的前期立项、方案规划、初步设计、动拆迁、翻交方案论证、办理各类专项证明等诸多事项,在政府监管日益严格的大背景下,确实不易,这也为今后的项目管理部制度先行一步做了有益探索。

2) 努力破解各种难题

虹桥T1所在的东片区具有90多年的历史,经年累月积淀下来的各类地下管线情况错综复杂,成为虹桥市政一期工程顺利推进的"瓶颈"。党支部"一班人"统一思想认识,将管线探摸搬迁列为年度党建重点服务项目,整合综合管线单位的党建资源,组织精兵强将,制定目标、措施、节点,落实责任人,真正体现"哪里有困难、哪里就有党组织!"

针对航油管道横贯市政一期工程多条路段,且保护要求极高的特点,党支部发动党员群众建言献策,与航油公司、设计、施工、科研机构、监测等单位一起探索,制定出"箱涵保护""防腐涂层""阳极排流""布点监测"等一系列的施工方案和工艺,累计搬迁和保护航油管道长度达600余米,完成交叉施工20余处,形成了一套行之有效、富有创造性的工程管理方法,其中,张智毅的论文《深基坑施工时的航油管线保护》研究课题,荣获指挥部科技攻关二等奖。

作为历史悠久的老机场,通往T1的迎宾一路、虹桥路沿线有香樟树100余株,枝繁叶茂,多为树龄几十年的大型景观树木,其中胸径超过50 cm、蓬径6 m以上的特大树木占了一半,大多数是老机场人亲手种植,保留至今,已经成为机场人的共同记忆。为最大限度保留迎宾一路现有景观风貌,2014年下半年,工程部会同市政设计院和园林设计院对迎宾一路高架方案进行多次调整,将最初方案中所有大型香樟树全部搬迁,优化为保留20%的景观香樟树,作为虹桥机场的"活化石"。

虽然部分景观香樟得以保留,但一次性搬迁如此多的超大规格树木,在上海的各类建设工程中仍属首次。根据机场集团及指挥部的要求,所有不得不搬迁的景观香樟,将回迁至T1前新建的交通中心大型公共绿地内,作为骨架景观树木。

由于这批香樟树龄长达几十年,历经机场多次改建,迎宾一路标高逐步抬升,所有根部泥球均被2~3层老路面覆盖,还有各类机场运行管线穿插其间,起挖难度极大,而且迎宾一路主体道路施工分段进行,逐段开工的日期导致部分香樟的移植季节完全脱离移植季,跨度由春至冬,其中夏季酷暑及冬季严寒都会影响香樟移植的成活率。面对苛刻的施工条件,工程部门倾尽全力,迎难而上,将迎宾一路沿线的大型香樟全冠移植及全冠回迁作为工作重点之一,列入科技攻关专项课题,与相关施工单位紧密合作,结合现场情况,组织专家反复论证,确定了大树全冠迁移养护及回迁最佳方案,圆满地完成这一艰巨任务,受到社会各界人士的好评。

3)党建联建成效显著

虹桥两个工程部在实际施工过程中交叉重叠较多,联合党支部提出"支部内部是一家"的理念,通过发挥组织优势,搭建平台,统筹资源,按"资源共享,难题共解,协作共赢"原则,强化部门间协作配合,集中优势力量与市区两级政府监管部门以及机场公安、运行管理等单位开展沟通协调,攻坚克难,高效率地取得政府部门的各类批文、许可证达100多份。

T1前原出租车蓄车道因市政工程施工须搬迁,虹桥配套工程部作为工程责任部门,准备借用友乐路上的非机动车道作为蓄车场使用,但与长宁区相关职能部门协商后,方案难以实施。面对困难,党支部召开专题研讨会,群策群力,寻找解决办法。通过现场踏勘,航站区工程部主动协调建工集团公司总包单位,将A楼前的部分外总体工程内容先行施工、腾出场地,开辟出近百个停车位,供出租车临时停靠运营,巧妙地化解了施工、营运之间的矛盾,实现"协作共赢"。

根据上海市委领导的要求,原计划于2017年5月底竣工的T1交通中心,必须在2017年3月底与T1 A楼同步竣工验收并投入使用。为确保交通中心提前投运,航站区工程部积极协调市消防局、交通委、安质监站等职能部门;配套工程部则紧密组织交警对楼前高架和地面道路的分段验收,如期实现上级提出的"交通中心与航站楼同步使用"要求,迈出"脱胎换骨"第一步,极大地改善了虹桥机场东片区的场容场貌。

结合工程建设实际,开展党建联建工作,不断增强服务中心工作的能力。联合党支部在2014年东区改造开工伊始,就与虹桥机场公司总工办党支部结对联建;2016年,又与虹桥机场公司能源水电科党支部聚焦文明工地创建,联合召开组织生活会,参观上海中心工地,观摩市级示范文明工地虹杨500 kV站,借鉴学习创建文明工地的好做法、好经验,从管理制度、环保措施、施工工艺及人性化管理等方面入手,加强文明施工管理。通过参建各方的共同努力,2016年年底,虹桥交通中心工程被评为上海市"明星工地",虹桥配套工程部获得"工人先锋号";

2017 年，联合党支部被评为机场集团"先进基层党支部"。

16.1.2 以党建为引领，打造白金机场

信息设备部党支部克服人手不足、两场工程项目同时进行以及进度紧张等困难，坚持"两手抓、双促进"：一手抓党建，一手抓业务；用党建促进业务建设水平的提升；用业务建设成果促进党建工作"落地"。由于工作成绩突出，该支部多次被上级党组织评为先进党支部。

1）坚持创新，对标"四个机场"抓落实

在党支部的率领下，信息设备部坚持以客户需求为导向，以智慧机场理念为引领，面向世界，面向未来，对标"平安、人文、绿色、智慧"机场建设要求，在确保质量、安全和节俭的前提下，不断采用新技术、新设备，做出了多方面探索，多项工作走在全国机场建设前列。

信息设备部现有 16 名员工，其中党员 10 名，具有高级职称的专业人才 12 名，是一个高知多、党员比例大的单位。在虹桥 T1 改造工程中，信息设备部牵头虹桥公司、航空公司、设计院、厂商等相关单位人员，对值机、行李交运、安检、登机4 大业务实施流程再造，确保了虹桥 T1 B 楼顺利开航。《虹桥机场 T1 改造工程B 楼旅客全自助服务项目》被民航总局列入首批"四型机场"示范项目。

机场站坪调度指挥系统包含有 10 多个空管专业系统及设备，对机场建设者来说，这是一个从未涉足的新领域。在浦东机场 T1、T2 站坪调度中心指挥系统建设过程中，信息设备部面对时间紧、任务重、领域新，为保证站坪调度指挥系统按期投入运行，在项目启动后，多次与民航华东管理局、机场股份公司用户部门召开技术交流会和实地考察，对设备选型、系统方案进行反复考量，最终形成了用户认可、国内领先的站坪调度系统总体方案。

他们着眼于"需求 + 智慧"，对标国际最高标准、最好水平，以进口博览会保障为契机，以全力打响"上海服务"品牌建设为抓手，通过对四大业务流程优化再造，植入智慧元素，率先布局全自助流程建设。广泛应用大数据、云平台、人脸识别、自助设备、安检智能回筐等技术，全面提升旅客出行新体验。2018 年 10 月，虹桥T1 B 楼改造工程正式投入运营后，步入 T1 B 楼候机大厅，展现在旅客面前的是一排呈"V"字形分布的自助值机设备。与传统的呈线性分布的值机柜台相比，自助值机设备以"V"字形分布可以和旅客排队以及行进流向相契合，既方便办票后的旅客直接穿越自助设备区域，前往自助托运或是安检区域，又为其他旅客排队留出充裕的空间。虹桥 T1 B 楼实现了"风格重塑，面貌提升"的设计理念，完成了一座老航站楼向全流程自助的"白金机场"的华丽转身。

在浦东机场卫星厅工程建设中，他们进一步探索创新技术和创新服务在机场建设中的应用：

（1）研究应用包括人脸识别、智能回框、人包对应等在内的新技术，加快建成新一代安检系统；

（2）建设站坪调度中心指挥系统，实现站坪管理下移，提高站坪运行效率；

（3）以机场全局 GIS 地图为基础，采用视频结构化分析等新技术，搭建高效

管理机场安防资源的安防集成管理平台；

（4）以满足候机楼保障服务需求为前提，以科技创新为支撑，在集成所有能耗相关数据的基础上，进行数据分析挖掘，提出能耗管控建议，实现全链条综合能源管理系统；

（5）结合集群化智能显示技术，精细化行李分拣工作，通过集成系统与行李自动分拣系统的联动，感知某一具体转盘的航班和行李情况，实现智能化行李转盘显示系统；

（6）运用多维度自动告警、人工分配优先等方法和原则，构建全自动行李转盘分配系统。

在此基础上，他们开动脑筋，把感性认识上升到理性认识，将实践经验转化为科研成果。2013年，信息设备部申报指挥部科研创新项目，立项研究自助值机后续自助流程。在随后的4年时间里，他们持续跟踪机场相关前沿技术应用研究，精心组织图像处理与机器视觉等新技术应用的相关可行性研究，积极探索机场全流程自助化方案，相关科研成果已在科技核心期刊上发表。

2）无私奉献，加班加点成常态

虹桥T1 B楼建成于1991年，是一幢主体为地上二层、局部三层的T字形建筑物。为了适应民用航空事业高速发展的需要，迎接第一届中国国际进口博览会在上海召开，有关方面决定对其进行全面升级改造。信息设备部承担了全自助流程项目，也是整个B楼改造工程的中枢神经系统。

B楼整体改造工期只有1年多时间，对于全新的自助值机、自主托运、自助安检、自助登机建设项目来说，从设备调研和流程制定到设备安装与系统调试，以及最后的验收投运，只有5个月时间。参照自助设备外国厂商在新加坡机场4号航站楼的施工经验，不包括前期设计及安装，仅调试工作就须耗费8～10个月，在外国厂商看来，5个月根本不可能完成该项目。

任务重、标准高、时间紧，全自助流程国内没有一家机场做过。在困难和挑战面前，信息设备部党支部组织召开战前动员会，认真学习党的十九大精神，对照习总书记视察北京新机场所做的重要指示，统一思想，激发斗志，研究、改进工作方法，决心以实际行动向党和人民交上一份满意的答卷。

为保证B楼能在2018年10月如期开航，打通全自助流程设备联调，涉及包括指挥部、运营单位、航空公司和各中标设备厂商在内的诸多单位，协调难度和工作量相当大。怎么才能在最短时间内打通四个自助流程？项目组群策群力，采取"倒逼"机制，对每个关键的时间节点列表倒排，严格设定到货时间，将调试计划由原来的每周计划改成每日计划，每天召开工程会议，总结当日施工情况、进度，提前做好第二天的工作安排。

科学周密的计划，如果没有人落实，也是废纸一张。在项目施行中，党支部一班人身先士卒，努力发扬上海机场建设者"五种精神"，忘我奋战，真抓实干。2018年7月的上海，比往年都要炎热，酷暑难当，此时正值项目推进关键时期，党员干部和全体员工自觉启动"白＋黑""5＋2"模式，全身心投入工程建设中，舍小家顾大局，加班加点，无怨无悔。有的人忍痛放弃陪护家里生病小孩，也不愿意给项目留下一丝遗憾；有的人不顾腰伤发作，咬紧牙关，坚持奋战在调试现场；有的人脚伤骨折，手术后才3个月，就拄着拐杖，忍受疼痛，在调试现场来回奔波……项目团队人员每天起早贪黑，他们的敬业精神深深地感动了厂家，所有项目厂家开发、安装、测试及管理等人员主动到工地"集中办公"，测试过程中出现的问题要求"分析诊断不隔天，改进验证不隔周"，每天的调试检测工作都持续到晚上9点以后，一直突击到9月中旬，终于做好了4个自助流程的400多个测试项目，6个月完成10个月的工作量，确保虹桥B楼改造工程顺利通过行业验收。

3) 强基固本，严把廉政关口

信息设备部负责的是各工程中概算金额高、技术含量高的系统设备材料的招标采购工作。每年需要经手多个招标工程项目，每个项目少则几百万元，多则上亿元，廉政风险较高。

为了筑牢思想防线，从源头上强基固本，信息设备部党支部将党风廉政建设作为党建工作重中之重，无论工作多忙，决不放松对党的路线、方针、政策的学习，重点结合工作实际，学习习总书记关于反腐倡廉一系列重要讲话精神和招投标法规要求，明辨是非、美丑，提高自身修养，增强拒腐防变的免疫力。

对于新进人员，无论年龄多大，职称多高，支部都要安排专人，给他们上廉政课、法制课，明确工作性质和商业环境，通过典型案例解剖，以案说法，帮助他们树立正确的人生观、世界观、金钱观。

加强风险防控，坚持为每个项目配置两个负责人，实行A、B角制度。在具体工作中，牢固树立"建设为运行服务"理念，严格按照《中华人民共和国招标投标法及其实施条例》和指挥部相关规章制度，组织开展招标工作；从项目前期市场调研到招标文件技术规格的各项指标，做到详尽准确，招标技术方案切合运行的实际需求。

一分耕耘，一分收获。在虹桥T1改造及交通中心工程建设中，信息设备部完成了66个甲供系统设备材料招标项目，签订合同90个，相对概算节约投资约30%；在浦东机场三期扩建工程中，他们完成了93个甲供系统设备材料招标项目，签订合同147个，相对概算节约投资约34%。同期，众多的招标项目有效投诉量为0，廉政案发率为0。

16.1.3　构筑人才高地，建造一流工程

2016年7月，卫星厅党支部作为一个应工程建设需要而生的新支部，担负着浦东机场三期核心卫星厅工程以及T1、T2捷运车站等繁重的建设任务。其中卫星厅工程建筑面积62万 m²，为世界最大单体卫星厅。在没有先例可供借鉴情况下，卫星厅党支部以人才队伍建设为突破口，积极发挥党支部战斗堡垒作用，2016年荣获机场集团先进集体；2017年卫星厅工程荣获上海市文明示范工地称号。

1) 选"留鸟"，不选"候鸟"

组建之初，卫星厅党支部人手不足，招兵买马成为首要工作。由于上海机场集团品牌影响力，国内外著名高校毕业生前来应聘者络绎不绝。

但指挥部选人重学历，更重学力；需要有人来干专业，更需要进的人是留得住、能干事业。卫星厅党支部秉持"建一项工程、树一座丰碑、凝一股精气、育一批人才"

理念,以培养"工程管理高手、科研创新能手、综合协调巧手"为目标,严把进人关,对应聘者的教育背景、专业水平、道德素养和求职动机等全面考察,将哪些抱临时观念的"候鸟"堵在门外,把哪些德才兼备、忠诚度高、事业心强的人才请进来。

相比较而言,工程建设是短期的,机场运营是长期的,卫星厅党支部坚持短安排、长打算,提前做好"顶层设计"。

他们按"3+3+3"模式组建团队,即 1/3 为有经验的工程管理人员、1/3 为有运行管理经验年轻的管理人员、1/3 为新进高校毕业生。机场建设是为机场运营服务的,有运行管理经验的人员提前介入工程建设,可以在工程竣工、交付使用后,作为人才转交机场,为今后机场的正常运营奠定基础;而新招收的工程毕业生,经过 3 年历练,"在游泳中学习游泳",也会羽翼渐丰,成长为以后机场工程建设的行家里手。这种"3+3+3"选才任能模式,既可以缓解工程管理人员紧缺的压力,也面向未来,为建设、运行领域的人才培养提供了实践平台。

人才引进来,15 个人的编制落定了,团队老中青梯次配比合理,呈现出"三高"特点:一是党员比例高,占员工总数 94%。正式党员 14 人,入党积极分子 1 人;二是青年比例高,青年员工占比 54%,年龄涵盖 60 后到 90 后,平均年龄 40 岁以下;三是整体学历高,支部拥有民航中青年技术带头人 1 人,硕博士 8 人,高工 7 人(含教授级高工 2 人)。

为了把卫星厅团队建设好,党支部以"三会一课"和主题党日活动为载体,加强党员干部的党性修养,不断提高团队的凝聚力。通过学习贯彻习总书记考察北京新机场建设时的重要讲话精神、研读十九大报告等,不断强化党员干部的"四个意识";通过组织参观上海红色教育基地、请专家上门讲党史、与设计和施工单位党建联建,打牢"不忘初心、牢记使命"的思想基础;通过培树典型、学习先进,增强大家爱岗敬业、建功立业的责任感。3 年来,卫星厅建设日夜奋战,干部员工加班加点,无私奉献,经常是一身泥浆一身汗,却没有一个人喊累叫苦,没有一个人消极怠工,更没有一个人跳槽做逃兵。

2)能占位,更能补位

卫星厅建筑面积 62 万 m^2,投资 205 亿元,由 20 多个单体组成,内装设备繁复、尖端,仅各类型电梯就有 300 多台,涉及土建、管线、电器、幕墙等多个专业,是一个庞大而复杂的系统工程。

如何把卫星厅按期保质建设好,让各种现代化的设备发挥应有效能,是摆在卫星厅党支部"一班人"面前的一项重要任务,也是对卫星厅党建工作一次严格检验。经过广泛调研、深入讨论,"一班人"形成了如下共识:

(1)巧妙分解、责任到人。改变按专业分组的习惯做法,将作业现场管理划分成东南西北四大区域,每个人的管理范围,小的 10 万 m^2 以内,大的不超过 20 万 m^2,减少管理界面,每个项目经理每半天就能把自己分管的区域全面巡视一遍,将工程进度、质量、安全时刻放在眼皮底下,处于监管之中。

(2)既要求"独立作战",又倡导团结协作。党支部根据工程建设需要和员工特点,以"老中带青、青年带新"的方式组织师徒带教,建立起了"60 后"土建装饰、"70 后"三大件、"80 后"信息弱电与商务师徒带教"三组合"。针对过去存在的做土建的只懂土建、搞暖通的就会暖通，各岗位之间平行无交叉现象，党支部依据"区块化管理、专业化支持"理念，要求大家与时俱进，做到"精一门、懂两门、会三门""一专多能"使员工全方位通晓工程管理的不同领域业务，既能兢兢业业，严防死守，做好自己份内的事，管理好自己的分管责任区，又能分工不分家，发现问题，主动"补位"，将同事工作中的疏漏及时弥补，主动消除隐患。

（3）强化质量意识，坚持"三不准"原则：即监理大纲和监理细则没有编制、审核和交底不准开工；施工组织设计或专项施工方案没有编制、审核和交底不准开工；样板段未实施或未经验收不准大规模开工。通过坚持"三不准"原则，严把开工关，为确保工程质量创造条件。

（4）疏通人才培养通道，发挥骨干的示范效应。卫星厅党支部依托大型工程建设，积极推荐符合条件的优秀专业技术骨干参与指挥部项目总监、副总监的选拔，打通人才上升通道，激发了员工立志成才的工作热情，为后续基建项目和运营管理储备了一批技术力量。他们还依托现有党建联建平台，宣传推广人才培养经验做法，将人才培育机制向参建单位辐射，形成共享效应。人才示范点创建期间，支部先后培养出一名项目总监、一名项目副总监、两名高级工程师，还有一位青年典型获得机场集团第六届"十佳青年"称号。

3）会实干，也会搞科研

机场建设，如火如荼；科技进步，日新月异。在卫星厅建造过程中，党支部对"科学技术是第一生产力"的论断有了更加真切地理解，他们认识到：向国外发达国家学习先进技术，实行"拿来主义"，可以节省研发时间，少花气力，但是，能拿到的都是一些常规技术，而人家的核心技术却是拿不到的；如果想要拿回人家的核心技术，一是要看人家的脸色，二是要花大价钱购买专利。为了变被动为主动，卫星厅党支部从出人才、也要出成果的角度出发，鼓励、支持党员干部参加课题研究，依托工程项目积极开展技术攻关，努力破解工程建设中的各种难点问题。为此，他们专门成立了由党支部书记、教授级高工王晓鸿担任组长的科研小组，向上海市科委申报、立项"捷运系统关键技术研究与应用"与"卫星厅及捷运工程建设成套技术研究与示范"两个课题，依托党建联建平台，联合参建单位党组织，围绕工程技术难点开展技术攻关。

功夫不负有心人。2019年1月，上海市科委组织召开了项目验收会。专家评审后，一致认为：该科研项目依托于浦东机场三期扩建捷运工程，充分考虑了工程周期长、难度大、复杂性高的特征，基于全寿命周期考虑，在国际上首次将钢轮钢轨制式应用于在机场空侧捷运系统中，跨越、融合了民航与城市轨道两个大的交通范畴技术，有效解决机场空侧应用的新环境下的新问题和"先天瓶颈问题"；开创性地提出面向我国机场捷运工程领域的项目管理、安全管理、运维管理、技术标准规范等重大基础性技术模式，对国内其他类似工程规划具有现实的指导意义。

同一时期，由卫星厅党支部牵头组织编制的"三期卫星厅捷运系统建设指南"上升为中国民航行业指南，党员干部累计发表论文17篇，完成了"浦东机场旅客捷运系统运行控制仿真原型软件V1.0"等4项软件著作权及专利的申请。

16.2 优秀共产党员风采

16.2.1 斯碧峰：不停航施工的行家里手

斯碧峰，男，1977 年 11 月出生，中共党员，指挥部飞行区工程部副部长。曾荣获 2010 年上海市立功竞赛记功个人、2012 年上海市重大工程立功竞赛建设功臣、2014 年上海机场十佳形象代表、2015 年上海市重大工程立功竞赛建设功臣、2016 年上海市五一劳动奖章。

2011 年以来，斯碧峰先后参加浦东机场第四跑道、第五跑道工程、东南机坪、飞行区下穿通道以及南航站区飞行区工程建设，承担工程建设项目方案策划、工程管理以及沟通协调工作，参与建设的工程项目总投资达数十亿元。其中浦东机场第四跑道工程获得 2015 年度上海市市政金奖。由于业绩突出，斯碧峰多次立功受奖。

1) 恪尽职守，高效完成建设管理任务

作为项目负责人，在多项重大工程建设项目建设过程中，斯碧峰充分发挥团结协作精神和自身的专业特长，从工程前期的临水临电设置、施工交通组织及招投标，到施工期间的现场质量管理、工期进度管理、安全生产管理以及技术工艺的应用和创新等，认真对待每一个环节，确保高标准完成建设任务。他刻苦钻研业务，不断探索科学合理的工程管理方法，严密制定工程实施计划，深入研究施工图，严格把握工程现场质量和工期进度，积极协调各有关方面的工作。目前，浦东机场四跑道工程已于 2015 年 3 月投运，为上海机场航空枢纽建设增添力量，五跑道工程和南航站区工程正在紧张有序地建设中。

2) 注重难点分析，攻克施工"瓶颈"

浦东机场二、四跑道间联络道施工、南航站区东机坪、南机坪、下穿通道及 5 号机坪改造项目均紧邻繁忙运营的机场运行区域，其中浦东机场飞行区下穿通道工程，它需要横穿运行中的滑行道，大部分施工区域都位于机场控制区内，为了保障机场的正常运营，一、二跑道之间必须保证两条滑行道，项目涉及多达 7 条地道、10 余种涉及机场运行的管线。面对建设与运行相互交织、你中有我、我中有你的复杂局面，斯碧峰举重若轻，他从运行需求、民航规定规范、施工工艺工法等方面，认真分析研究，反复推敲，历时数月时间，最终形成了合理可行、兼顾运行和建设需求的《工程实施策划方案》，详细阐述了不停航施工组织、管线搬迁保护等具体安排。施工过程中，他与参建单位、机场运行单位一起，成立禁区不停航施工管理协调工作组，友好协商延长禁区停航作业时间、加强监管力量配置，逐一解决禁区施工难题。作为项目负责人，斯碧峰需要承担夜间施工值班任务，他发挥"不怕疲劳、连续作战"的战斗作风，经常是前一日夜间值班，第二天他又精神抖擞地出现在工地上……

3) 勤于钻研，善于总结经验

斯碧峰十分重视学习新知识、新技术、新工艺，积极参加上级组织的各类培训，不断拓展知识面，提高业务水平，为机场建设和发展做好知识储备。他还结合本职工作，进行理论总结，先后参加"浦东机场商飞配套五跑道工程围海造地地基沉降控制技术研究""浦东机场东机坪、南机坪涉及运行的工程实施方案研究""浦东机场飞行区下穿通道及 5 号机坪工程实施方案研究"等。他对浦东、虹桥两场飞行区工程建设经验进行了梳理,参与上海机场 16 年建设经验总结《飞行区工程管理》书稿的编写工作,系统总结了建设过程中的管理方法、技术经验和科技创新成果,并列举大量工程实例,为民航机场建设经验的传播起到了积极的推动作用。

斯碧峰时刻按照共产党员的标准严格要求自己,不忘初心,牢记使命,从不计较个人得失,勤思实干,任劳任怨,以自身的实际行动履行了一名普通党员的职责义务,在工作和生活上严格要求自己,较好地发挥了模范带头作用,赢得内外的一致好评。

16.2.2 吕坚伟:老机场的"神经外科名医"

吕坚伟,男,1973 年 9 月出生,中共党员,现任指挥部虹桥配套部高级项目经理。曾荣获 2016 年上海市立功竞赛建设功臣、2016 年机场集团企业文化优秀践行者、2017 年度上海市五一劳动奖章。

作为一个老机场,虹桥机场东片区经年累月,积淀下来的各类地下管线密密麻麻、纵横交错,仿佛人体神经似的,施工中稍有不慎,就会造成不良后果。而且,这些管网涉及 6 个专业、12 家权属单位,协调处理好各种管线的施工,就成为确保机场安全运行和工程有序推进的重中之重。吕坚伟是这项工程的项目经理,他就像一位技艺高超的"神经外科名医",全身心地投入工程建设中,为化解各种矛盾、改造东片区做出了突出贡献。

2015 年,经过深入调研、反复思考,吕坚伟以主人翁的态度,大胆地提出合理化建议:由指挥部配套工程部牵头,组织东航、航油、空管、虹桥能源、市区电力公司、煤气公司等近 10 家单位成立"管线施工现场管理工作小组",构建了对管线的规划设计、施工管理、运行保障的综合协调平台,强化应急处置机制,形成各驻场单位、管线单位协作配合、齐抓共管的良好局面。在 2 年的工程建设期,他以精细化管理为手段,逐条路段、逐个专业地制定施工计划和方案,妥善处理不停航条件下深埋与浅埋管线交叉施工风险大、空管通信保护要求高、作业面小与工期紧等诸多矛盾,有序组织工程建设。针对航油输油管道横贯市政一期工程多条路段且保护要求高的特点,他与有关单位一起研究制定出一系列富有创新性的施工方案和工艺,累计搬迁和保护航油管道长达 500 多米,完成交叉施工 20 余处。

在虹桥市政一期一标段建设中,吕坚伟会同空管局、煤气公司、虹桥能源等单位,在较短时间内研究并组织实施迎宾一路各专业管线搬迁工作,从工程一开始,就跨前一步,主动工作,为迎宾一路高架、地道等主体结构顺利施工扫清障碍、创造条件。在此期间,他经常加班加点,与各家管线单位共同奋战在施工第一线,确保了高架通车节点的如期实现。

针对虹桥市政一期二标段空港三路、八路地下管线特别复杂的现状,吕坚伟不单纯依靠物探资料,而是多方调研、准确掌握信息、反复进行论证,制定了燃气、上水、电力、通信等一系列的管线施工方案,并与设计单位和施工单位一起制作三维模型,指导现场施工,攻克管线密集交叉的施工难题,为 T1 按时通水、通电、通信、通气打下坚实的基础,也确保了空港三路沿线各单位生产和办公的正常进行。

16.2.3 沈保忠:善于创新的"大工匠"

沈保忠,男,1964年1月出生,中共党员,浦东卫星厅工程部项目副总监。曾荣获2007年和2008年上海市立功竞赛记功个人、2009年上海市立功竞赛建设功臣、2012年上海市五一劳动奖章、2016年集团先进工作者。

从1993年到虹桥机场基建管理处上班起算,27年间,沈保忠专心就做一件事:机场建设的工程管理。他干一行、爱一行、钻一行,从一个助工,逐步成长为机场建设工程管理的专家;他领衔、参与的发明,不仅获得多项国家专利,而且在机场建设中发挥了重要作用;他所参与的工程,荣获了国家建筑工程质量最高荣誉——鲁班奖,并两次获得上海市白玉兰奖。

1)爱岗敬业,严把工程质量关

浦东T2登机长廊工程机坑围护及其土方施工的管理,他从基坑降水方案、土方开挖的实施,防护设施的有效设置、监理工作的现场督查等方面入手,严格把好质量关。白天,他深入现场管理、协调;晚上,他挑灯夜战,认真审核施工组织设计及专项施工方案。为确保航站楼结构混凝土浇捣质量,他主动加班,参与隐蔽工程施工验收时,他常常忙到晚上22:00以后才离开工地,不怕辛苦,不讲价钱,受到领导和同事们的好评。

2)技术创新,不断提升建设质量

虹桥机场扩建工程52万 m^2 地下基坑工程建设,规模超大,国内尚无先例,技术难题多、安全风险大、工期特别紧。为确保工程安全、质量和进度,沈保忠积极参与指挥部"改变传统的'先深后浅'为'先浅后深'施工法"课题研究,应用"多级放坡"技术,不断优化施工方案,确保工程项目按计划节点顺利完成。随后,他结合工程实践,进行理论总结、概括,撰写一篇科技论文《基坑工程和混凝土施工新技术研究及其在超大型公联建筑中的应用》,荣获上海市科技进步二等奖。

在浦东机场卫星厅建设过程中,他深入钻研高品质混凝土施工技术,创新使用玻璃钢模板,严格控制相关要素,实现10 m以上立柱没有接缝,误差控制在 ± 1 mm以内,超过了国际标准。

3)关注细节,受到用户"点赞"

担负上海机场青浦培训中心大修、改造过程中,沈保忠把用户需求作为工作的出发点和落脚点,在原设计的基础上,对建筑物外立面门窗大小、形式、高低、开启方向及使用习惯等进行深化,把设计未考虑周全的方面加以细化,力求在原不同立面风格上追求建筑物整体协调。对建筑物内部空间的掌控上,他坚持以人为本,对室内平面布局、信息点布置、灯光位置、家具安排等与有关单位进一步研究,使改造后的使用功能更趋合理。他还利用双休日,到建材市场调研,不断比对、筛选,力求实现设计效果与装饰材料的完美结合,用户向他竖起了大拇指,给予"点赞"。

在长期的机场工程建设管理工作中,沈保忠廉洁自律,秉公办事,始终保持着一名党员的高风亮节,自觉践行"工程优质,干部优秀"的要求,从未发生任何违纪问题。

第17章
党 建 文 萃

党建文案,既是实践经验的理论概括,又是指导工作、开展活动的基本依据。它是指挥部党组领导班子、党务工作者和广大党员干部集体智慧的结晶,也是传承党的优良传统和作风的重要载体。5年来,指挥部党组认真学习贯彻党的十八大、十九大精神,以习总书记打造"精品工程、样板工程、平安工程、廉洁工程"指示精神为指针,紧密联系实际,积极开动脑筋,坚持从群众中来、到群众中去,研究制订一系列文件,总结概括了多篇工作经验,为加强和改进重大工程建设中的党建工作发挥了较好作用。现在优中选优,特选出几篇有代表性的党建文案,以飨读者。

关于建设指挥部开展党建项目的实施意见

以项目管理推进党建工作创新,是适应新形势下党建工作要求,增强基层党建工作创新动力、破解基层党建工作难题的有效举措,也是提高企业党建工作科学化水平的重要方法。为进一步拓展企业党组织围绕中心服务大局开展工作的新思路、新举措,更好地把握重点、凸显亮点、解决难点,全面提升基层党建科学管理水平,现对指挥部开展党建项目管理提出如下意见。

一、指导思想

以创建"学习型、服务型、创新型"党组织为目标,坚持问题导向、需求导向和项目导向,通过研究确定并组织实施目标清晰、责任明确、措施具体的党建工作项目,加强党建联建,提高跨组织协作能力,充分发挥党的组织优势,协同推动企业改革、建设、发展中的重点、难点问题解决,为全面完成指挥部各项工作任务提供有力保障。

二、工作原则

(一)坚持围绕中心,服务大局的原则

围绕中心开展党建工作项目化管理,找准基层党建工作与指挥部重点工程建设项目、新业务培育拓展等中心工作的结合点,利用项目化运作方式解决实际工作中的瓶颈问题,切实把党的组织优势转化为推动企业发展的内生动力。

（二）坚持以人为本,服务群众的原则

将服务群众、做群众工作作为基层党组织的核心任务,把推进基层党建项目的过程,变成服务群众、做群众工作的过程,解决好群众最关心、最直接、最现实的利益问题。

（三）坚持强基固本,创先争优的原则

将抓基层、打基础作为基层党建项目的根本立足点,引导和带领基层党组织和党员结合实际,立足本职、创先争优,在支持项目、参与项目、服务项目、推进项目中发挥党支部战斗堡垒作用和党员先锋模范作用。

三、方法步骤

（一）项目申报

各党支部要根据自身工作实际,按照项目设置原则,于每年年初确定并申报1个与中心工作相结合、操作性强、能解决实际问题的党建项目,并填写申报表,说明立项理由、具体措施、预期目标、完成时限。申报既可以一个支部独立申报,又可以多个支部联合申报。机关党委将根据申报情况进行论证评估,审批立项。

（二）组织实施

各党支部根据项目评估意见,进一步细化完善党建项目实施方案,做到可操作、可衡量、可检查。对照实施方案,加强过程管理,根据推进节点,定期组织自查,分析评估推进成效,持续改进优化措施。项目完成后,要认真总结,形成项目成果报告。

（三）验收评定

每年第四季度,机关党委将围绕促进中心工作、党员群众满意和体现综合效益等维度,以成果评审交流和群众满意度测评等方式,对党建项目进行验收评定。评定结果作为支部年度工作考评加分的重要依据,同时对此项工作中形成的好做法、好经验及时总结推广。

四、工作要求

（一）明确责任

机关党委对实施党建项目牵头抓总。各基层党支部是实施党建项目的责任主体,各党支部书记作为工作推进的具体责任人,要负责全面推进,狠抓落实。

（二）全员参与

在项目的组织实施过程中,支部要善于集思广益、发挥集体智慧,激发党员群众工作热情,引导全员参与,努力提高党建工作吸引力。

（三）突出重点

以指挥部改革、建设、发展中的难点、热点问题为重点,开展党建工作项目管理,突破党建工作的体内循环,突显党组织围绕中心、服务改革发展的保障作用。

（四）延伸手臂

加强党建联建,延伸工作手臂,密切与参建、用户等单位的沟通协调,寻找最大公约数,努力打造利益共同体,合力推进瓶颈问题解决。

建设指挥部基层党建工作考评管理办法

加强企业党的建设是促进企业改革发展的重要保证。随着指挥部重大工程建设的持续推进和新业务的培育拓展，加强和改进指挥部党建工作，提高党建工作的科学考评显得十分必要。为深入推进全面从严治党，加强对基层党建工作的考评管理，进一步发挥考评管理的杠杆作用，促进指挥部党建各项任务全面落实，特制定本管理办法。

一、考评目的

依据新时期党建工作新任务、新特点、新要求，坚持实事求是、一切从实际出发，按照"务实管用"原则，积极探索基层党建工作考核科学化运作模式，着力改进党建工作考核的方式方法和衡量标准，通过加强党建工作考评管理，层层传递压力，层层激发动力，层层凝聚合力，充分发挥考核激励、鞭策、引导效能，确保年度党建各项工作落到实处。

二、考评范围

指挥部各基层党支部。

三、考评内容

1. 指挥部党组年度工作计划。

2. 机关党委季度重点工作安排。

3. 党支部年度绩效合约。

四、考评标准

1. 围绕中心工作紧不紧。

2. 党组织政治核心作用强不强。

3. 基层党员群众满意不满意。

五、考评机构

设立指挥部党建工作考评组，考评组组长由机关党委书记担任，副组长由机关党委副书记担任，考评组成员由组织人事部（纪检监察室）、机关工会、机关团委、各党支部负责人组成。组织人事部协助考评组实施日常相关管理工作。

六、考评方法

（一）日常考核

组织人事部根据机关党委的要求，每季度发布党建工作提示；党支部组织实施季度工作并自评；在党支部自评基础上，组织人事部开展季度支部工作考评。前三季度考评作为日常考核得分。

（二）年终考核

采用党支部书记述职和答辩、党员群众民主测评相结合的方式开展。

（三）专项考核

1. 党建项目管理、科技攻关活动是指挥部党建特色工作，也是党组织服务中心体现保障能力的重要载体，年终作为加分项另行考核，每项最高分值5分。

2. 对于支部或所在集体获集团级以上"先进党组织"（党建示范点）或"文明单位（部室）"荣誉称号的予以加分。其中，获集团级荣誉加2分，省部级以上荣誉加

5分,同类奖项不重复加分,取最高等级至多加5分。

3. 行政工作未达到绩效考核目标值的,应减相应比例分值。日常考核和年终考核总计100分,其中,日常考核占考评分值60%权重,年终考核占考评分值40%权重;专项考核根据实际结果加(减)分;综合日常、年终和专项考核形成党支部年度考评最终得分。

七、考评等次认定

考评成绩分为"优秀""良好""及格""有待改进"四档。考评得分在100分以上的为"优秀",90～99分为"良好",80～89分为"及格",79分以下为"有待改进"。

党支部年度党建工作考评情况纳入部门年度绩效考核,与年终绩效分配挂钩。年度党内各类先进评比,应从考核等次"优秀"的党支部中择优推选。

完善基层党支部考核工作的实践与思考

作为党的基层组织的党支部,是党的全部工作和战斗力的基础。加强对党支部的考核,是落实党支部建设责任制、检验党支部建设成效、推进服务型党支部建设的基础性工作。近年来,指挥部党组努力构建党支部工作考核体系,不断完善党支部考核工作,夯实了党建工作的基层基础,为完成中心工作提供了坚实的组织保证。本文结合指挥部党支部考核工作的实践,对完善党支部考核工作提出若干思考。

一、面上基层党支部考核工作的问题分析

近些年,各级党组织加强基层党支部考核工作,有力推进了基层党支部建设。但是从面上看,一些党支部考核工作并没有达到预期效果,党支部战斗堡垒作用发挥依旧不突出,党员先锋模范作用依旧不明显,党支部所在部门各项工作依旧不优秀。其重要原因在于:基层党支部考核工作存在诸多不完善问题,考核工作有失偏颇。

（一）党支部考核类别过多,影响考核的科学性

近几年,上级党组织对基层党支部考核的类别较多。如:有考核党支部达标创先活动的,其考核内容与创先争优的活动要求相吻合;有考核党支部分类定级的,其考核内容与相关文件的工作要求相匹配;有考核党支部党建责任制的,其考核内容与党建长效机制的健全要求相一致,等等。不同党支部考核类别的内容,不少基础性指标是相同的,但在不同考核类别的指标体系中,使基层党支部常常做些重复性的操作工作,多头应对,精力浪费,最后还弄不清楚党支部工作处在什么水平。同时,这些考核工作基本上都集中在年终进行,往往"终考定性"、"一考定局",导致党支部"为考而忙"、"视考为上",忽略日常性的自我检查、自我提升等党建工作,甚至本末倒置,把考核作为党建的主体工作,陷入"为年终考核结果而战"的工作动力误区。

（二）党支部考核"四多四少",影响考核的有效性

一是在考核内容上:自身建设的多,围绕中心的少。对党支部思想、组织、作风、廉洁等方面的考核要求比例很高,而对党支部发挥的作用、推进企业中心工作的考核要求比例很少,后者在考核的百分制设计中仅占10～15的分值,连1/5的比例都不到。就党建而党建的考核取向,使党支部建设自我循环,偏离围绕中心、服务大局的党建核心目标。

二是在考核指标上：定性指标多，定量指标少。定性指标是"质"的评估，主要运用"描述性"语言界定，呈现"事事虚估、较难把握"特征；定量指标是"量"的评估，主要运用"量化性"数字界定，呈现"事事记实、简便易评"特征。与经营管理领域相比，党建领域的不少工作难以量化，因此党支部考核指标中定性指标多于定量指标是指标结构的常态，但是定性指标多，党支部考核工作容易出现走过场的现象，考核工作难以真实反映党建工作水平，影响考核的准确性。

三是在考核方法上：结果性考核多，过程性考核少。不少党组织以为党支部考核只要年终一次性考核就可以了，往往把"达标创先"、"分类定级"等专项党建工作考核等同于党支部考核，满足于这些考核结果。忽略从年头到年终的过程性、跟踪性的考核，就很难发现党支部达标争先、分类定级、履行党建责任制等工作的动态状况，反过来影响了结果性考核的真实度，因为有的结果并非靠努力得来的。

四是考核效能上：注重形式多，求取实效少。不少党组织都有考核工作的文件、考核工作的机构、考核工作的流程等，但满足于制度性安排，忽略考核工作的效能和考核结果运用，往往使考核流于形式。不少单位的党支部考核工作是"认认真真走过场"，没有起到"激励、鞭策、引导"的考核效能。

二、提升党支部考核科学化的实践和探索

党组高度重视党支部考核工作。近年来，针对面上存在的党支部考核工作的问题，多次组织专题研究，积极探索提升基层党支部考核科学化的工作思路和运作模式，在"怎么考"和"考什么"上下功夫，推动了党支部考核工作的创新转型。

（一）考核理念由"被动完成"向"主动开展"转变

党组自我加压，摒弃"上级要考核"的被动性理念，树立"我要考核"的主动性理念，把党支部考核作为提升党建工作水平的重要抓手，作为夯实党建基层基础的重要工作，自觉抓、主动抓。一是按照《上海市支部建设纲要》要求，研究制订了针对性、操作性较强的考核方案及实施细则；二是紧密结合公司党建实际，自行设计了党支部争先创优网上考评软件；三是综合党建及"党建带群建"等条线工作要求，构建全方位、多层次的考核指标体系，变"粗放考核"为"精细考核"；四是设立由组织人事部、纪检、工团等部门组成的常设性考核小组，负责党支部考核的具体工作。

（二）考核内容由"纯党建"向"综合性"转变

党组从三个方面对党支部考核内容进行了优化。一是突出"服务中心工作"的党建考核要求。把党支部考核作为党建工作融入中心工作的有效抓手，提高"服务中心工作"考核内容所占的分值比例，并且纳入年度绩效管理目标，使党建管理成为企业管理的重要组成部分。二是统筹各类党建考评工作。将创先争优"评诺"、"分类定级"、党务公开等专项党建工作纳入党支部考核体系，既使创先争优、思想政治教育、党员发展、特色党支部、项目化党建、宣传报道、企业文化建设等各类党建工作要素糅合在一张考核表上，同时也能反映出各类党建考评指标要求，增强了考核效率。三是分类确定党支部的考核权重。按照各个党支部的工作特性，合理设计考核内容，如职能部门党支部侧重于考核服务保障作用发挥如何，

业务部门党支部侧重于考核业绩完成情况如何,使考核指标体系更加准确反映党支部工作成效。综合性的考核内容和考核方法,扩大了考核体系外延,克服了行政与党建"两张皮"、考核类别多忙于应付、多头考核管理重复劳动等现象。

（三）指标设置由"以定性为主"向"以定量为主"转变

党组对照上级党委对基层党建工作的要求,结合工程建设实际,细化指标设定。首先,量化自评、考评指标并细化流程。组织人事部根据党组每季度工作重点,在网上考评软件上分解、细化、调整、发布包括分值和项目在内的考核指标;党支部负责人上网登入后,结合本支部情况自评打分;组织人事部根据各支部党建工作和中心工作等任务完成情况进行考评打分;党组进行考核评价。其次,合理设计不同考评分值所占权重。根据实际情况,将考评项目以不同权重计入考核总分。其中,支部自评分值占权重 10%;组织人事部季度网上考评分值占权重 30%;党员民主测评分值占权重 20%;党组年终考评分值权重 40%。由此形成的以目标量化考核为核心的科学考核管理机制,使党支部考核目标更明确、考核标准更清晰,考核工作实现了无形与有形、抽象与具体的高度统一。

（四）考核方法由"年终一次性"向"3+1过程性"转变

所谓"3+1过程性"即"前三个季度考核+一次年终考核"模式。季度考核方法是:以网上考评软件为依托,以"支部自评、职能部门考评和机关党委点评"为形式。其中,支部自评和党办考评以分值衡量为主,机关党委点评以描述性语言为主,形成定量考核与定性考核手段交替使用、相辅相成的考核方式。如果季度考评分值过低,组织人事部会提醒支部,并与支部一起寻找问题症结。年终考核方法是:把党员民主测评、机关党委考核小组测评的考核分值,与支部自评、组织人事部考评的考核分值等,以不同权重计入总分。年终考核机构由党、纪、工、团各条线负责人组成,使党支部考核全面、客观的反映全年工作成效。以过程为导向的考核,体现了动态性、多层次、全方位、精细化的考核思路,并且通过机关党委对支部工作的实时监督、全程督导和具体指导,以及帮助党支部工作的持续改进、自我完善,有效提高了基层党支部工作的质量,推动了党支部建设的制度化、规范化、科学化。同时,党支部考核工作也回归"激励先进、鞭策后进"的根本目的。

三、进一步完善基层党支部考核工作的思考

近年来,世情、国情、党情继续发生深刻变化,给基层党建工作提出的新要求。基层党支部考核工作必须适应新形势和新要求,进一步增强动态性、开放性、融合性,不断提升科学化水平。

（一）要进一步体现党支部考核工作的动态性

"马克思主义具有与时俱进的理论品质"。党的理论建设、思想建设、作风建设、党风廉政建设和制度建设的形势任务是与时俱进的,基层党支部建设的形势任务也是与时俱进的,因而党支部考核工作也需要与时俱进。支部考核工作的与时俱进,主要体现于考核的动态性特点。一是考核内容保持动态,即及时把中央、市委及上级党组织的新精神新要求融入考核内容;二是考核指标保持动态,即适时增减相关考核指标,以使指标体系充分反映党建工作的时代性要求;三是考核方式保持动态,即及时改变不符合党支部工作实际和党员愿望的考核方法,等等。

建议完善党支部考核工作实施方案,制定《实施方案》年度版,如《建设指挥部党支部考核工作实施方案》,以此类推。

（二）要进一步体现党支部考核工作的开放性

马克思主义是开放的理论体系,中国特色社会主义理论也是开放性的理论体系。以开放性理论体系指导的党建工作必然具有开放性的特征,基层党支部考核工作也必然具有开放性的特征。一是考核内容及考核指标的开放性。上级党组织应当允许基层党组织依据实际情况修改考核的具体内容和指标体系,以更多体现各支部工作的特点与个性,增强党建考评的针对性。二是考核主体及考核机制的开放性。考核主体是上级党组织,但也可邀请职工群众全过程参与、监督考核工作,并建立透明的考核结果公布机制,使党支部的工作既向上级党组织负责,也向职工群众负责。结合党务公开,上级党组织可将党支部季度和年终考核结果以内网、公告栏等方式予以公布,接受党内外的监督。三是支部自我考评及考核结果运用的开放性。党支部考核工作既可采用闭环模式,即在党支部内部进行,也可邀请业务关联单位党支部参与,增强外部推动力。党支部考核结果的运用,既可作为组织绩效评定、先进集体评比重要依据,也可由党委召集考核工作交流会,相互激励、启发,形成支部之间"比、学、赶、帮、超"的工作格局,放大考核效应。建议选择若干党支部,进行开放性考核工作的试点,经验成熟形成开放性考核的相关制度,作为党支部考核工作的新亮点。

（三）要进一步体现党支部考核工作的融合性

中央、市委及上级党委对基层党支部建设高度重视,各种党建工作要求和举措都把党支部作为落实的基础环节,因此党支部考核的内容及指标并不相同的情况今后依然存在,坚持融合性应当成为一项基本原则。一是党支部考核机制与公司绩效管理相融合,增强对党支部"保障中心任务完成情况"的考核力度;二是党支部考核内容与基层党组织作用要素相融合,把"推动发展、服务群众、凝聚人心、促进和谐"等作用要素化为考核指标,并纳入绩效目标;三是党支部工作全面考核与其他专项党建工作考核相融合,避免出现"专项单干"的分散化考核状态,提升考核效能;四是党支部考核工作与党的群众路线教育活动相融合,把增强群众观念、整肃"四风"等要求纳入考核指标体系,增强考核的时代性。